EDA 技术及其应用

（活页式）

主　编　李　川　饶　静
副主编　郭丽君　肖贤勇　时　珍
参　编　汪文婷　周仕林　曹　博
　　　　杨雁冰　莫志宏　邹淼波

西南交通大学出版社
·成　都·

图书在版编目（CIP）数据

EDA 技术及其应用：活页式 / 李川，饶静主编. --
成都：西南交通大学出版社，2023.1（2024.1 重印）
ISBN 978-7-5643-9069-3

Ⅰ. ①E… Ⅱ. ①李… ②饶… Ⅲ. ①电子电路－电路设计－计算机辅助设计－教材 Ⅳ. ①TN702.2

中国版本图书馆 CIP 数据核字（2022）第 246283 号

EDA Jishu ji Qi Yingyong
EDA 技术及其应用
（活页式）

主编　李　川　饶　静

责任编辑	梁志敏
封面设计	原谋书装
出版发行	西南交通大学出版社（四川省成都市金牛区二环路北一段 111 号 西南交通大学创新大厦 21 楼）
营销部电话	028-87600564　028-87600533
邮政编码	610031
网址	http://www.xnjdcbs.com
印刷	四川玖艺呈现印刷有限公司
成品尺寸	185 mm × 260 mm
印张	18.5
字数	429 千
版次	2023 年 1 月第 1 版
印次	2024 年 1 月第 2 次
书号	ISBN 978-7-5643-9069-3
定价	58.00 元

课件咨询电话：028-81435775
图书如有印装质量问题　本社负责退换

前　言

2019 年，国务院发布《国家职业教育改革实施方案》，提出建设一大批校企合作开发的国家规划教材，倡导使用新型活页式教材并配套开发信息化资源。本书的编写遵循教材建设规律、职业教育教学规律和技术技能人才成长规律，内容紧扣产业升级和数字化改造，对接职业标准、国家职业技能等级证书标准和岗位（群）能力要求，融入职业院校技能大赛相关内容及规范。为了更贴近中等职业教学要求、贴近企业，编者事先进行了充分调研，了解技术技能人才需求变化，与企业工程师深度合作。本书可供中等职业学校电子信息技术、物联网技术应用等电子与信息大类专业使用，也可作为岗位培训用书。本教材创新之处有以下几点：

1. 院校企合作、活页编排，动态更新教材内容

基于产教融合，中职、高职、企业三方合作的模式开发，以典型工作任务为教学内容，服务于行业企业人才培养需要，实现了理论学习与实践教学相互融合、学生的学习活动与教师的工作过程相一致、学生的能力培养与实际工作岗位需求相统一。依托信息技术开发信息化教学资源并动态更新，及时融入新技术、新工艺、新规范等新内容。手册式、活页式的编排装订形式可将内容以模块组合方式灵活呈现，为专业教学和实训的开展提供最大便利，既便于组织教学，又提升了教材的使用效果。

2. 岗课赛证、线上线下，拓展配置教学资源

教材编写中引入嘉立创 EDA 公司典型岗位标准、全国职业院校技能大赛电子电路装调与应用赛项技术标准及集成电路版图设计 1+X 证书标准，探索岗课赛证互融互通。同步建设了“EDA 技术及应用”线上课程，教师可合理利用现代信息技术，实施线上线下混合式教学。

3. 中国制造、功能完整，突破技术平台制约

本教材的编写与深圳市嘉立创科技发展有限公司深度合作，该公司的嘉立创 EDA 软件完全由中国团队独立研发，拥有完全独立的自主知识产权。书中每个实际工作项目都由教师团队与嘉立创 EDA 技术人员共同设计和调试，突破了以往因没有正版、稳定的技术支持平台造成的诸多制约因素。

4. 立德树人，规范行为，专业与思政互融互通

为落实职业教育立德树人的根本任务，在教材中融入思政元素，将职业能力和思政内容落实在操作过程中，让专业教学与思政教育互融互通，将立德树人落在实处。

本书由武汉市仪表电子学校李川、饶静主编，武汉市仪表电子学校郭丽君、肖贤勇、时珍任副主编。全书由李川统稿，深圳市嘉立创科技发展有限公司莫志宏完成项目一的编写，武汉职业技术学院杨雁冰完成项目二的编写，汪文婷完成项目三的编写，郭丽君完成项目四的编写，饶静完成项目五的编写，肖贤勇完成项目六的编写，时珍完成综合训练的编写，湖北瑞华光电有限公司邹森波完成素养链接的编写，周仕林、曹博完成任务拓展、知识链接的编写。王筱琳、李煜参与信息化资源的制作。全书项目文件由深圳市嘉立创科技发展有限公司莫志宏工程师完成审定。

本书在编写过程中得到了湖北瑞华光电有限公司、武汉职业技术学院电子信息工程学院的支持与帮助，在此对他们表示衷心的感谢。

由于编者水平有限，书中疏漏之处在所难免，恳请专家、同行批评指正，同时也希望收到读者的意见与建议。

编　者

2022年10月

视频：课程项目及
学习方法介绍

资源目录

序号	资源名称	资源类型	页码	资源位置
1	课程项目及学习方法介绍	视频	—	前言
2	认识立创 EDA	视频	2	项目一
3	立创 EDA 的基本使用	视频	8	
4	立创电路仿真	三维动画	16	
5	流水灯印制电路板设计项目导入	视频	24	项目二
6	流水灯原理图设计	视频	24	
7	流水灯 PCB 设计	视频	40	
8	亚超声发射电路	二维动画	55	
9	声光控智能灯印制电路板设计项目导入	视频	61	项目三
10	声光控智能灯原理图设计	视频	62	
11	声光控智能灯原理图库设计	视频	77	
12	声光控智能灯 PCB 封装库设计	视频	82	
13	声光控智能灯 PCB 设计	视频	88	
14	延时定时器	视频	104	
15	数字显示温湿度计印制电路板设计项目导入	视频	109	项目四
16	数字显示温湿度计原理图设计	视频	110	
17	数字显示温湿度计原理图库设计	视频	125	
18	数字显示温湿度计 PCB 封装库设计	视频	132	
19	数字显示温湿度计 PCB 设计	视频	138	
20	电阻型传感器	二维动画	156	
21	光幻广州塔印制电路板设计项目导入	视频	163	项目五
22	光幻广州塔原理图设计	视频	164	

续表

序号	资源名称	资源类型	页码	资源位置
23	光幻广州塔原理图库设计	视频	180	项目五
24	光幻广州塔 PCB 封装库设计	视频	186	
25	光幻广州塔 PCB 设计	视频	194	
26	数模转换（D/A）电路	视频	212	
27	电子时钟印制电路板设计项目导入	视频	218	项目六
28	电子时钟原理图设计	视频	219	
29	电子时钟原理图库设计	视频	236	
30	电子时钟 PCB 封装库设计	视频	242	
31	电子时钟 PCB 设计	微课视频	250	
32	单片机智能防盗报警器	二维动画	269	

目　录

项目一　EDA 技术简介 ························ 1

任务一　认识立创 EDA ························ 2

任务二　立创 EDA 的基本使用 ························ 8

任务三　立创 EDA 电路仿真 ························ 16

项目二　流水灯印制电路板设计 ························ 23

任务一　流水灯原理图设计 ························ 24

任务二　流水灯 PCB 设计 ························ 39

项目三　声光控智能灯印制电路板设计 ························ 60

任务一　声光控智能灯原理图设计 ························ 62

任务二　声光控智能灯原理图库设计 ························ 77

任务三　声光控智能灯 PCB 封装库设计 ························ 82

任务四　声光控智能灯 PCB 设计 ························ 88

项目四　数字显示温湿度计印制电路板设计 ························ 108

任务一　数字显示温湿度计原理图设计 ························ 109

任务二　数字显示温湿度计原理图库设计 ························ 125

任务三　数字显示温湿度计 PCB 封装库设计 ························ 131

任务四　数字显示温湿度计 PCB 设计 ························ 138

项目五　光幻广州塔印制电路板设计 ························ 162

任务一　光幻广州塔原理图设计 ························ 164

任务二　光幻广州塔原理图库设计 ························ 180

任务三　光幻广州塔 PCB 封装库设计 …… 186
任务四　光幻广州塔 PCB 设计 …… 194

项目六　电子时钟印制电路板设计 …… 217
任务一　电子时钟原理图设计 …… 219
任务二　电子时钟原理图库设计 …… 236
任务三　电子时钟 PCB 封装库设计 …… 242
任务四　电子时钟 PCB 设计 …… 250

综合训练一　计时器印制电路板设计 …… 280

综合训练二　电动跑步机印制电路板设计 …… 284

项目一　EDA 技术简介

【项目导入】

印制电路板（PCB 线路板），又称印刷电路板，是电子元器件电气连接的提供者，如图 1-1、图 1-2 所示。在其出现之前，电子元件之间的互连都是依靠导线直接连接的，而采用印制电路板连接元器件大大减少了布线和装配的差错，提高了自动化水平和生产劳动率。那么印刷电路板是如何设计的呢？

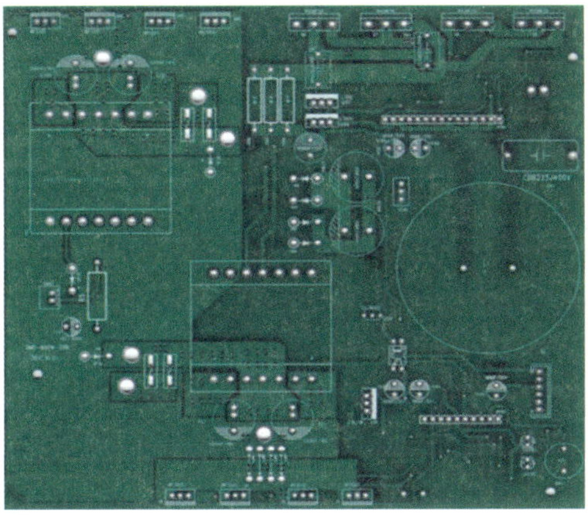

图 1-1　未装元件的印制电路板

图 1-2　装满元件的印制电路板

常见的印制电路板设计软件有 Protel 系列的 Protel 99、Protel 99 SE、Protel DXP 2004；Altium Designer 系列的 AD6、AD10、AD17 等。本教材采用深圳嘉立创科技发展有限公司开发的立创 EDA 软件进行印制电路板设计。

【项目目标】

1. 知识目标

（1）了解立创 EDA 产生的背景。

（2）了解立创 EDA 软件的启动方式。

（3）初步掌握立创 EDA 所包含的功能及各工具的使用方法。

2. 技能目标

（1）完成项目学习后能够启动立创 EDA 软件。

（2）完成项目学习后能说出立创 EDA 包含的功能。

（3）完成项目学习后能够准确地使用立创 EDA 中的各种工具。

3. 素质目标

（1）通过理实一体化的教学使学生获得较强的实践动手能力。

（2）培养学生规范的操作步骤，养成良好的职业行为习惯。

（3）通过国产软件的使用，增强学生的爱国意识，激发学生的爱国情怀。

任务一　认识立创 EDA

【任务目标】

1. 知识目标

（1）了解立创 EDA 产生的背景。

（2）了解立创 EDA 的功能特点。

视频：认识立创 EDA

2. 能力目标

掌握立创 EDA 的基本功能。

【任务实施】

一、立创 EDA 产生的背景

一直以来，印刷电路板设计的首选软件都是由澳大利亚的 Protel Technology 公司推出的 Protel 软件。

Protel 99、Protel 99 SE 是应用于 Windows9X/2000/NT 操作系统下的 EDA 设计软件。它们采用设计库管理模式，可进行联网设计，具有很强的数据交换能力、开放性及 3D 模拟功能，是一个 32 位的设计软件，可以完成电路原理图设计、印制电路板设计和可编程逻辑器件设计等工作。

Protel DXP 2004 是个庞大的 EDA 软件，完全安装需要 200 MB 以上的磁盘空间，它工作在 Windows95 环境下，是个完整的板级全方位电子设计系统，包含了电路原理图绘制、模拟电路与数字电路混合信号仿真、多层印制电路板设计（包含印制电路板自动布线）、可编程逻辑器件设计、图表生成、电子表格生成、支持宏操作等功能，并具有 Client/Server（客户/服务器）体系结构，同时还兼容一些其他设计软件的文件格式。

Protel 系列软件虽然应广泛，但容易受到国外的使用限制，另外，动辄十几万元的软件授权费用也让企业苦不堪言。教学中也存在类似的情况，国外正版软件价格昂贵，但缺少此类软件教学又无法正常进行。如果没有国产 EDA 出现，我们连设计电饭煲电路的软件都没有。立创 EDA 就是在这时应运而生的一款完全国产化的 EDA 软件。

立创 EDA 是一款基于浏览器的、友好易用且强大的 EDA（Electronics Design Automation，电子设计自动化）工具，于 2010 年由我国独立开发，拥有独立自主知识产权。立创 EDA 服务于广大电子工程师、教育者、学生、电子制造商和爱好者。致力于中小原理图、电路图的绘制、仿真，PCB 的设计。

立创 EDA 的出现完全颠覆了传统 PCB 的学习模式，只需要 2 小时就能入门，2 天可达到精通。该软件经过 8 年的持续研发，已得到了全球 70 多万工程师的信赖。

目前，全球至少有 1000 所大学使用立创 EDA 进行教学，不仅大幅度减轻了教师的工作量，也能帮助老师更好地进行教学过程管控，高效教学。

二、立创 EDA 的功能

1. 云端操作（见图 1-3）

- 随时随地，在线设计
- 工程导入导出
- 历史记录查看
- 回收站挽救文件
- 支持离线版本

图 1-3　云端操作

2. 仿真设计（见图 1-4）

- 在线仿真
- 波形分析
- 模型修改
- 导出 PCB

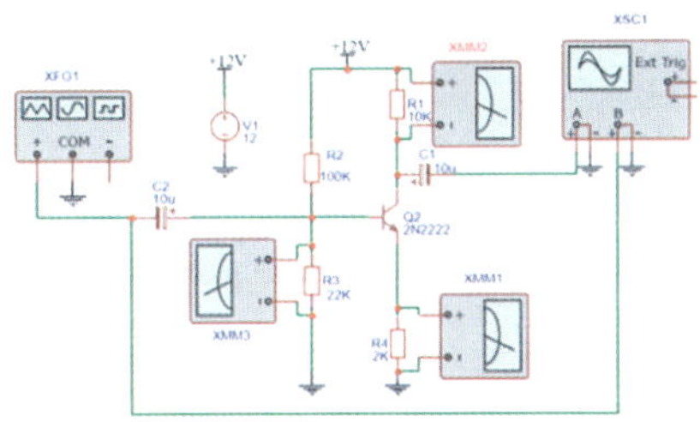

图 1-4　仿真设计

3. 教育版功能（见图 1-5）

- 在线学习，课堂管理
- 作业提交
- 工程日志查看
- 高效教学，省时省力

图 1-5　教育版功能

4. 原理图设计（见图 1-6）

- 原理图无缝转为 PCB
- 支持布局传递
- 一键生成 BOM 表
- 人性化的封装管理器

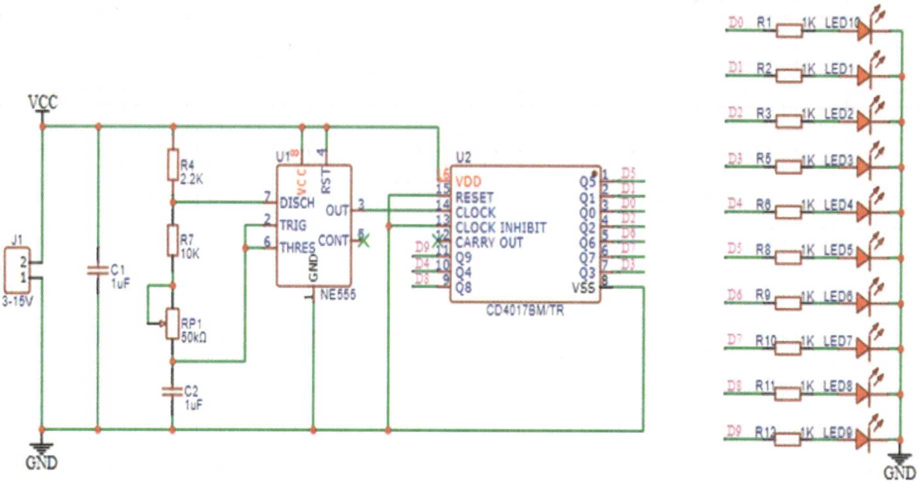

图 1-6　原理图设计

5. PCB 设计（见图 1-7）

- 多层板设计
- PCB 照片和 3D 预览
- 多种布线功能

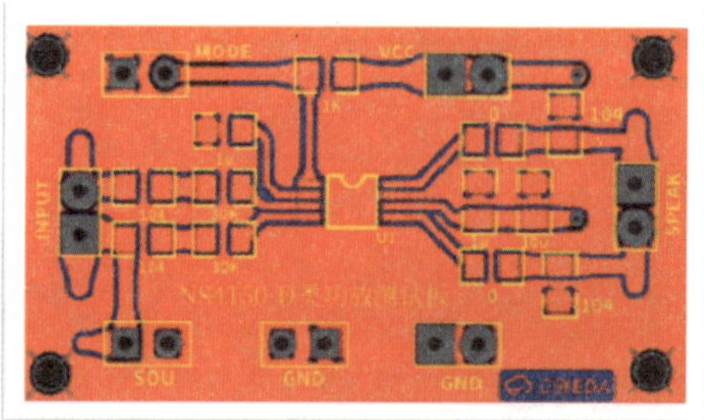

图 1-7　PCB 设计

6. 原理图和封装库的创建（见图 1-8）

- 原理图库向导
- 封装尺寸检查
- 库文件导入
- 原理图与封装匹配

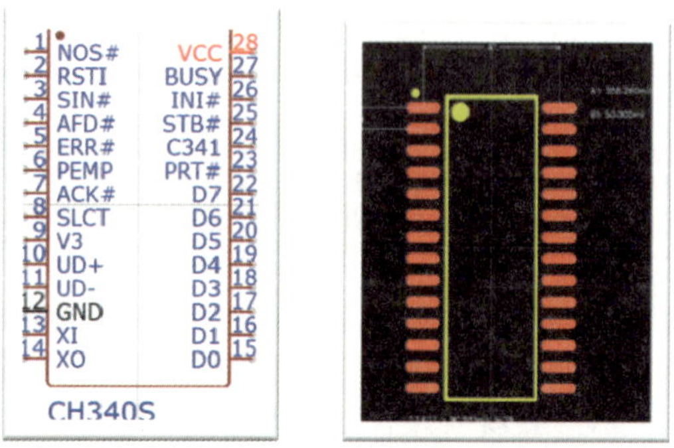

图 1-8　原理图和封装库创建

7. 团队管理（见图 1-9）

- 添加成员，工程共享
- 多人协作，提高效率
- 互相交流，共同进步

图 1-9　团队管理

8. 工程广场（见图 1-10）

- 海量开源硬件
- 参考设计，取长补短
- 实际项目，便捷应用

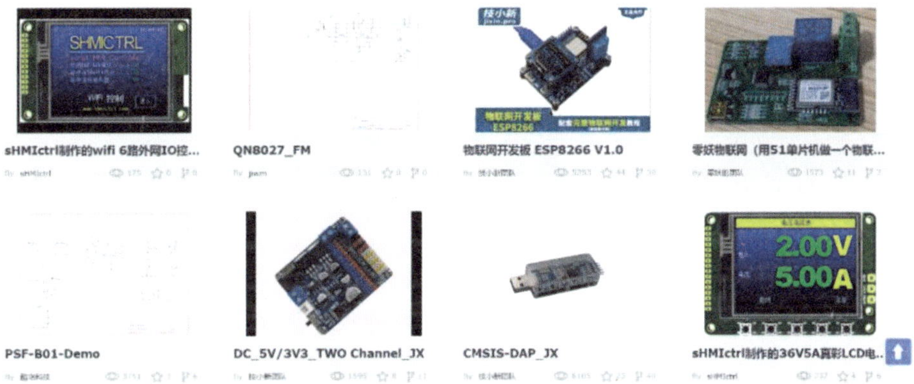

图 1-10　工程广场

三、立创 EDA 的使用界面介绍

立创 EDA 拥有一个友好、简洁且美观的使用界面，如图 1-11 所示。有三个区域非常重要，分别是上面的主菜单栏、左边的导航面板和右边的属性面板。工程、元件库、设计管理器等均可以在导航面板找到，在此选择所需项目，在属性面板可以查看和修改各种属性。

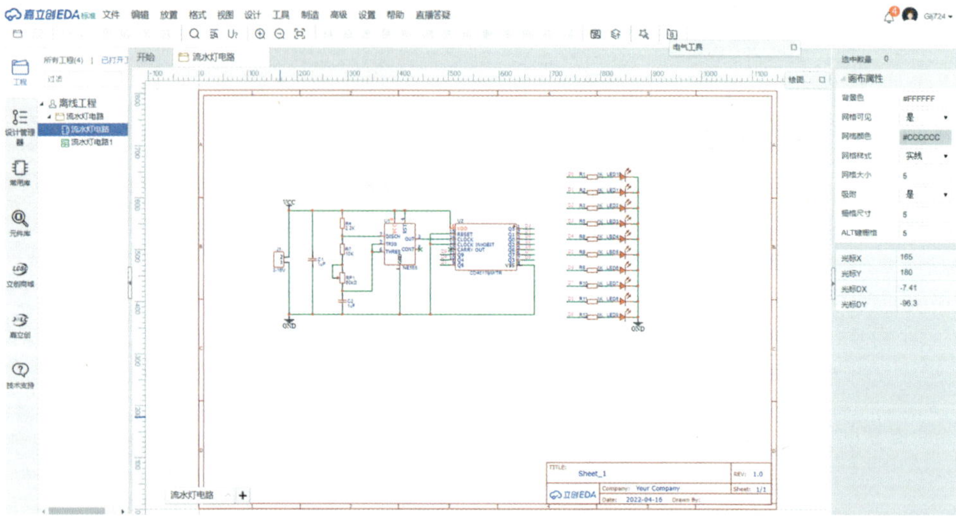

图 1-11　立创 EDA 使用界面图

1. 主菜单栏

主菜单栏提供明确清晰的文字菜单，分组明确，在图标上面移动鼠标可以显示该图标对应的菜单名称，如图 1-12 所示。

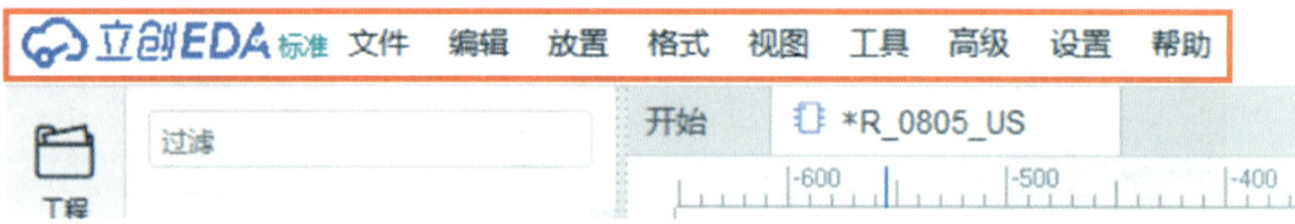

图 1-12　主菜单栏

2. 导航面板

导航面板是立创 EDA 非常重要的一个组成模块，可以在这里找到设计的工程、系统常用库、设计管理器、元件库、他人共享的文件等，如表 1-1 所示。

表 1-1　导航面板功能表

名称	功能描述
工程	所有工程及文件，包括私人的和共享的文件。可以直接复制其他工程文件，支持右键菜单
常用库	包含各种常用的库文件，调用时只需鼠标单击后将其移动至原理图画布即可。该处不允许自定义。点击右下角的小三角图标可以切换常用库符号
元件库	包含了符号库和封装库，其中包括系统库和用户共享库。个人库文件也在这里
设计管理器	在原理图下可以方便地检查每个零件和每条网络；在 PCB 模式下还可以查看设计规则错误（DRC）

3. 属性面板

点击画布空白处，可以在右边面板查看与修改画布属性。也可以单击右键，选择画布属性打开属性对话框，设置背景色、风格颜色、网格样式、网格大小、栅格尺寸等属性，如图 1-13 所示。

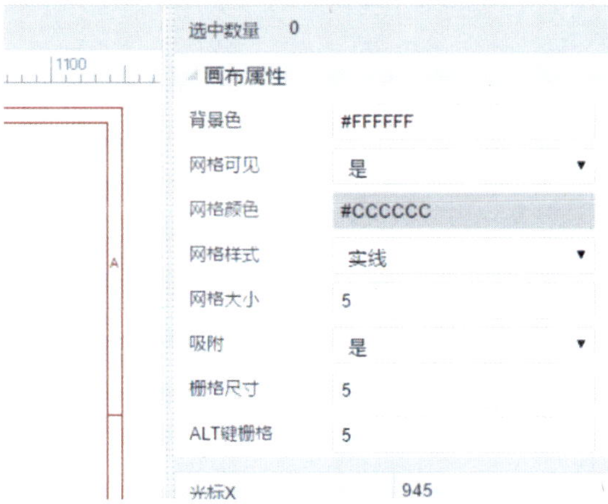

图 1-13　画布属性

4. 画　布

画布是设计操作的主要工作区域，在这里可完成原理图的创建、绘制和编辑；库文件符号的绘制和编辑；PCB 的创建、布局和编辑；仿真原理图的创建、绘制编辑和波形查看等，如图 1-14 所示。

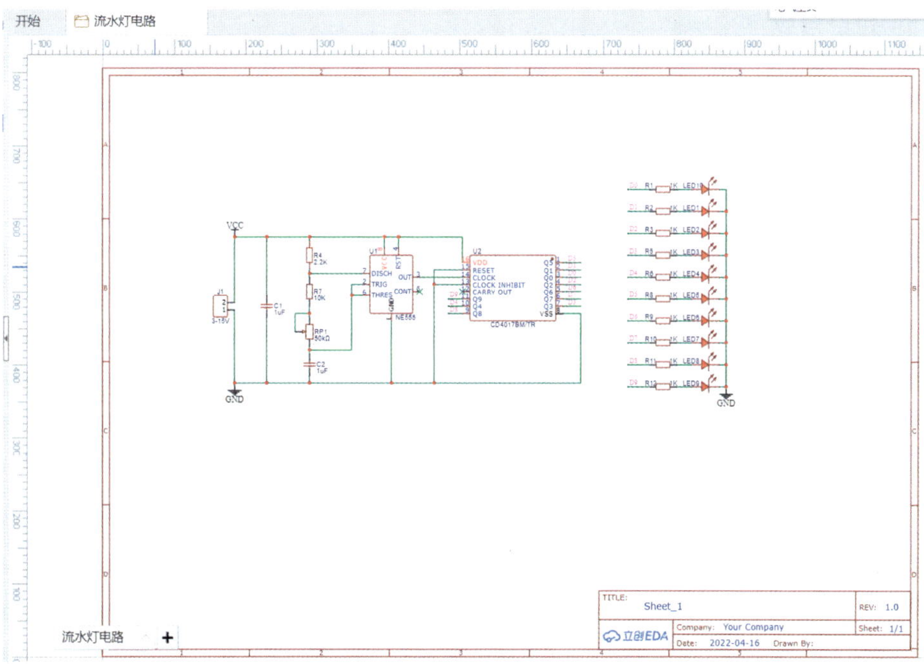

图 1-14　原理图设计画布

另外，界面会根据不同的编辑类型显示不同工具栏。如图 1-15 所示是原理图设计界面的电气工具和绘图工具。

图 1-15　原理图电气和绘图工具

任务二　立创 EDA 的基本使用

【任务目标】

1. 知识目标

掌握立创 EDA 设计流程。

2. 能力目标

掌握立创 EDA 常用功能。

视频：立创 EDA 的基本使用

【任务实施】

一、设计流程

立创 EDA 进行印制电路板设计的步骤包括创建新原理图、原理图绘制、原理图转 PCB、PCB 设计、设计规则检查、导出文件等，具体设计流程如图 1-16 所示。

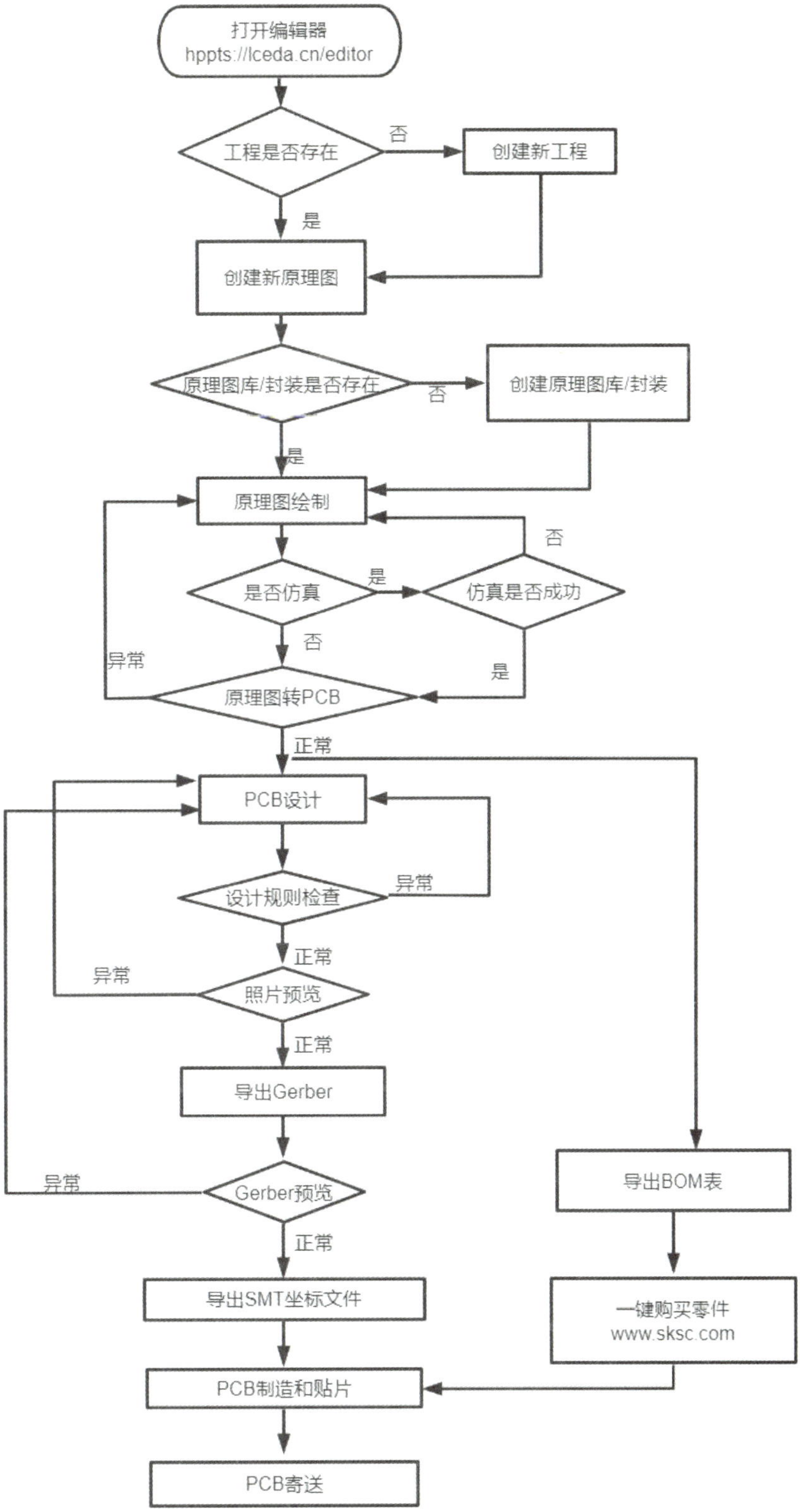

图 1-16 立创 EDA 设计流程

二、立创 EDA 的打开方式

1. 浏览器打开

立创 EDA 是一个基于云端平台的工具，在使用过程中离不开网络的支持，所以我们可以在浏览器的地址栏上输入网址：https://lceda.cn,或者在百度搜索“立创 EDA”打开立创 EDA 的主页。建议下载立创 EDA 客户端，如果使用浏览器，推荐使用最新版的谷歌或火狐浏览器。

2. 客户端打开

立创 EDA 为用户提供了一个小巧的客户端，进入主页（见图 1-17）之后，可以看到立即下载和在线使用两个选项，点击立即下载后会出现如图 1-18 所示页面，选择合适的版本下载安装即可。

图 1-17　立创 EDA 主页

图 1-18　客户端下载页面

三、工程创建及管理

1. 工程创建

注册登录账号后，在编辑器页面的主菜单栏点击“文件”→“新建”→“工程”，会弹出新建工程栏（见图 1-19）。

图 1-19　工程新建

选择工程所有者、标题、工程描述，如图 1-20 所示。

图 1-20　工程设置

设置完成后会自动弹出一个原理图图纸界面，如图 1-21 所示。按“ctrl” + “s”键保存，则将这个原理图添加到工程中。

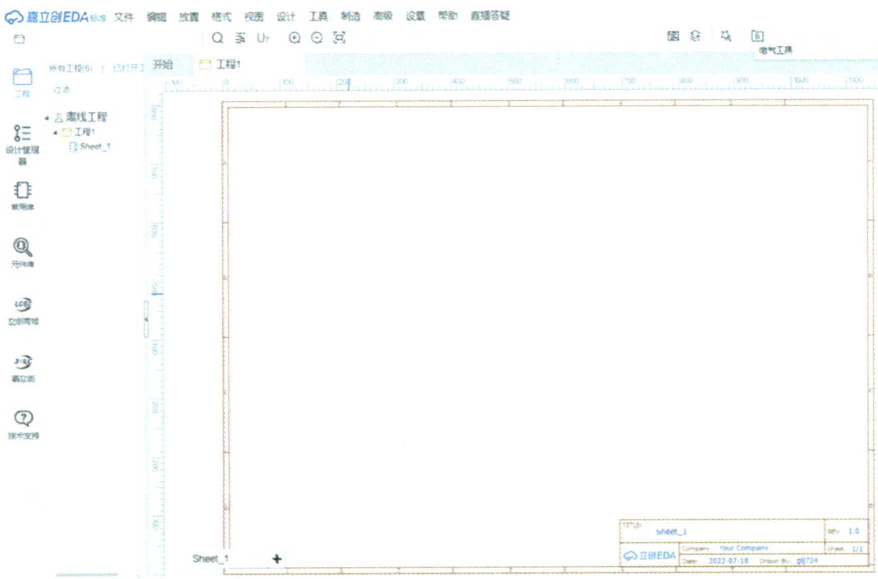

图 1-21　自动生成原理图

2. 工程管理

在工程文件上点击鼠标右键，弹出工程管理子菜单（见图 1-22），可以对工程进行管理，包括查看工程详情、编辑工程内容、添加成员、下载删除、版本切换、分享以及新建原理图/PCB 图/仿真图。

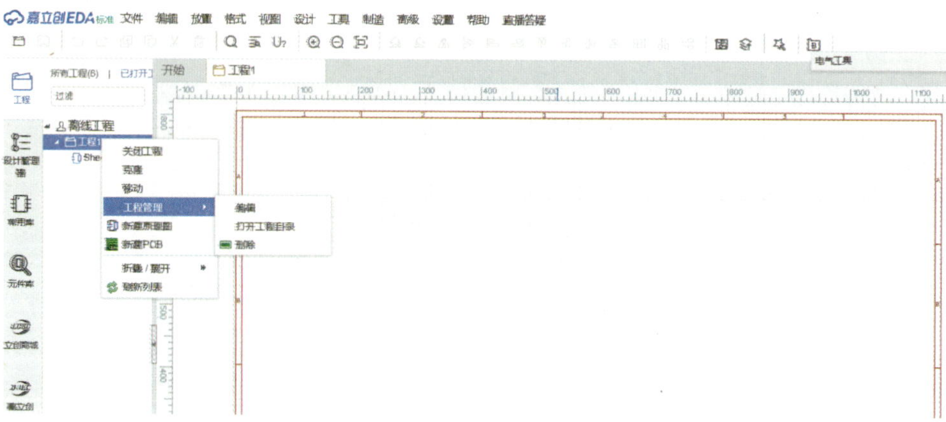

图 1-22　工程管理菜单

四、原理图设计

本节讲述工程创建后如何使用立创 EDA 进行原理图库以及原理图的设计，这里只做基础讲解，详细介绍见后续章节。

（一）原理图库

立创 EDA 提供基础库和元件库，包含上百万元器件，基本可以满足设计要求，但遇上特殊情况，我们也需要在原理图库中创建满足要求的元器件。

1. 基础库

基础库中包含了电容、电阻、接插件等常用器件，如图 1-23 所示，选择器件时，在右下角会出现一个倒三角形，展开可以看到该原理图对应的一些常用封装，直接选用所需要的封装。选中器件后在所选器件上点击鼠标左键就可以在右边的图纸上放置原理图器件了。如果需要多次放置可多次点击右键（每按一次就会放置一个），点击右键也可取消放置，同一器件的标号会自动叠加命名。

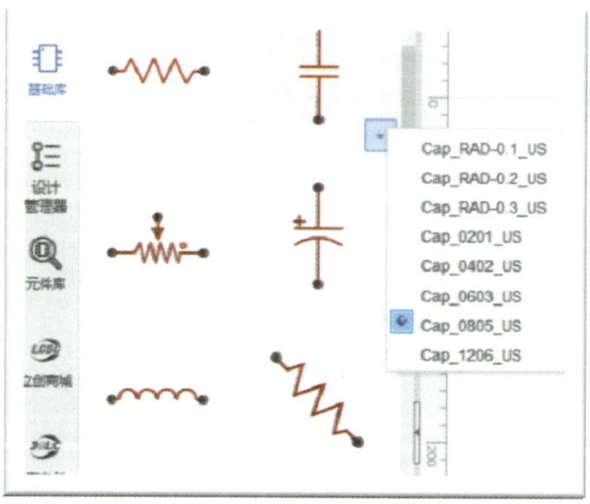

图 1-23　基础库

2. 元件库

除基础库之外，立创 EDA 充分发挥云端优势，设置了元件库查找功能，将立创商城上在售的所有器件的原理图和封装库都提供给用户使用。同时，我们还可以使用其他用户提供的原理图和封装库。此处以搜索 74HC595 为例，搜索结果如图 1-24 所示。

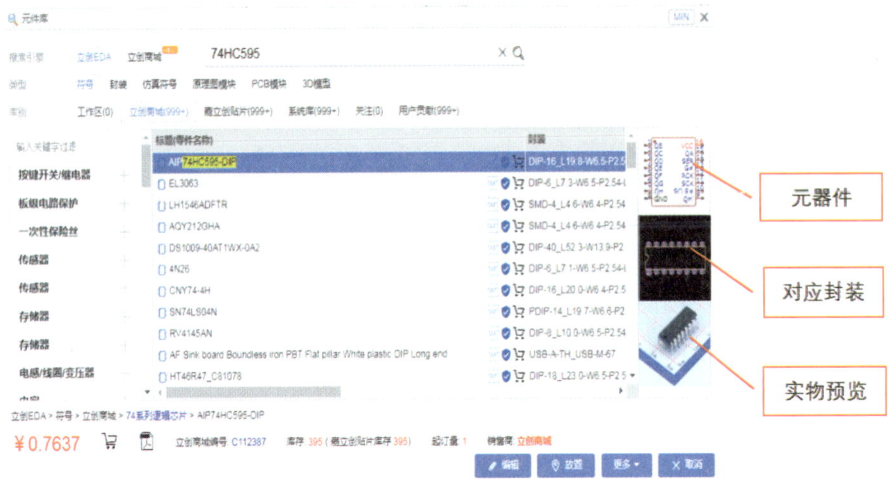

图 1-24　在元件库中搜索 74HC595

（二）封装管理

1. 系统封装

立创 EDA 提供了封装管理器，用于原理图设计完成后对元件的封装进行检查，如图 1-25 所示。

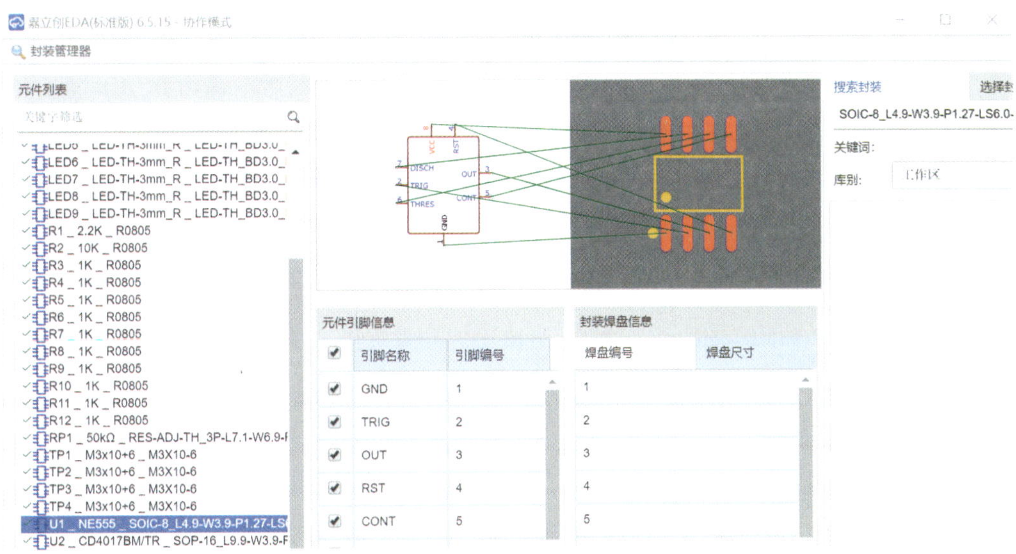

图 1-25　封装管理器

2. 自制封装

在实际绘图中，会遇到基础库和元件库中都没有的新型元器件，我们需要自己绘制元件封装库（具体操作详见后续章节）。

五、PCB 设计

（一）原理图转 PCB

原理图设计完成之后，接下来就该进行 PCB 设计了，转化过程中应注意：

（1）如果新建工程时没有创建 PCB 工程，选择主菜单栏 “原理图转 PCB”按钮，即可转化为 PCB。

（2）如果事先已经创建好 PCB 文件，选择主菜单中的“设计”→“原理图转 PCB”可以生成 PCB 文件。

（3）在画图过程中，对原理图进行修改只需要选择“原理图转 PCB”按钮下的“更新 PCB”即可。

（二）PCB 设计

1. PCB 布局

原理图转成相应的 PCB 文件后，首先需要进行 PCB 布局。PCB 的布局有三种方式：

（1）直接根据原理图的器件编号在 PCB 图上自由选择器件进行布局。

（2）在原理图页面先框选某一模块的电路之后，点击主菜单栏上的“工具”→“交叉选择”选项，会直接跳到 PCB 设计页面，原理图选中的器件会在 PCB 图上以高亮的形式选中，用鼠标将这些器件拉到旁边进行布局。

（3）点击主菜单栏上的“工具”按键后选择“布局传递”后会跳到 PCB 页面，同时 PCB 页面上会根据原理图所选择的器件排布方式在 PCB 图上排列一致。这种方式更加便捷，可以根据原理图上的布局转到 PCB 图上面，减少 PCB 布局时间。

2. PCB 布线

立创 EDA 在 PCB 布线中最多支持 34 层走线，可以在图 1-26 所示的“层与元素”中选择所需要的层。选中后会看到在该层的方框内有一支笔指示，若需要隐藏该层，点击对应层右边的眼图即可。

在 PCB 设计画布中有“PCB 工具”的悬浮窗，如图 1-27 所示，窗口上可以选择导线、焊盘、过孔、覆铜等基本功能。点击右上角的“—”号可以最小化页面。

图 1-26　PCB 设计常用工具

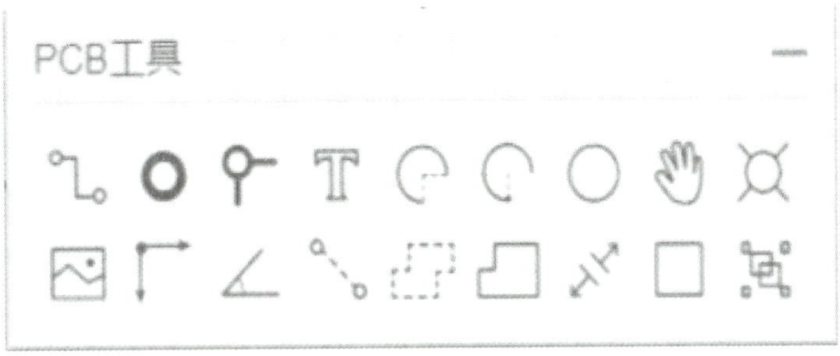

图 1-27　层管理器

在布线的过程中，可以在页面右边的属性框内对画布进行参数设置，导线宽度可以在绘制的时候按住键盘上“Tab”键进行修改。在 PCB 布线中还可以选择移除回路的功能，如果两个焊盘直接需要走两条或两条以上的路径时（见图 1-28），则需要将右侧画布属性中的“移除回路”改为“否”。

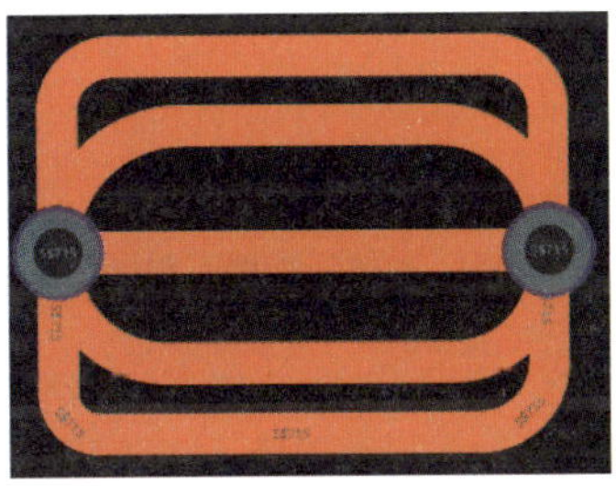

图 1-28　多条路径

3. 覆　铜

为提高印制板的抗干扰能力，要对 PCB 上没有布线的部分填充固体铜，即覆铜。在 PCB 边框外部绘制一个略大的矩形框，点击“PCB 工具”中 “覆铜”快捷键，即可对当前层进行覆铜。除此方法外，还可以通过“PCB 工具”中的“实心填充”快捷键实现覆，如图 1-29 所示。

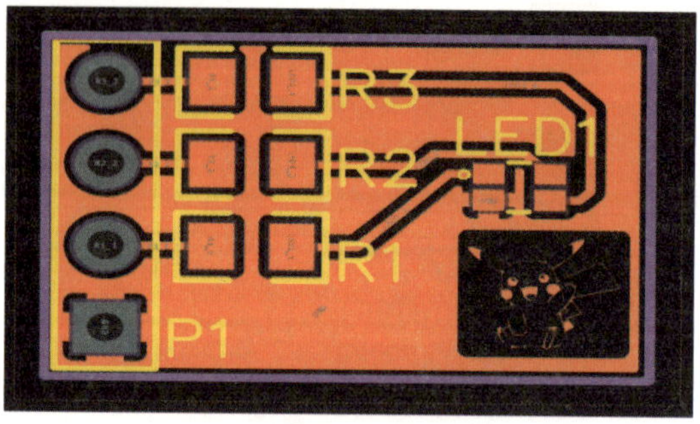

图 1-29　覆铜效果

任务三　立创 EDA 电路仿真

【任务目标】

1. **知识目标**

掌握立创 EDA 电路仿真功能。

三维动画：立创电路仿真

2. **能力目标**

掌握立创 EDA 仿真界面的基本操作及常用仪表的使用方法。

【任务实施】

立创 EDA 不仅能绘制原理图和 PCB 图，还能对电路进行仿真。下面我们以流水灯电路为例介绍其仿真功能。

1. *启动立创 EDA 仿真界面*

在编辑器首页将“标准”改为“仿真”，点击图 1-30 中的“标准”，可切换为图 1-31 的“仿真”模式。

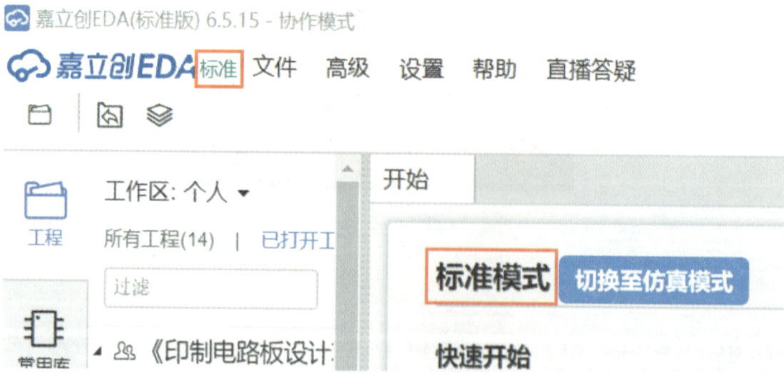

图 1-30 标准模式

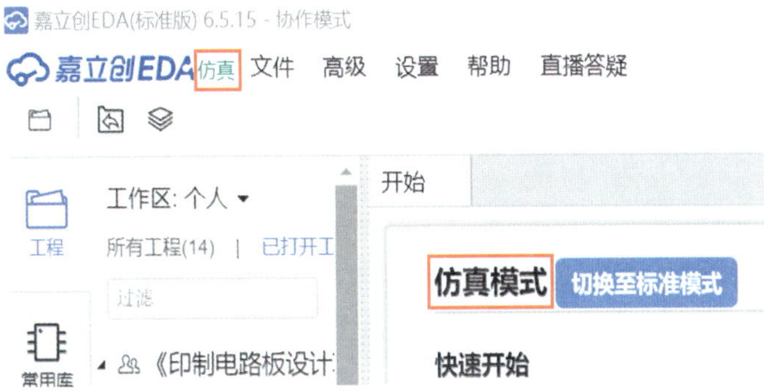

图 1-31　仿真模式

2．新建工程

点击主菜单“文件”→“新建”→“工程”，弹出新建工程对话框，如图 1-32 所示。

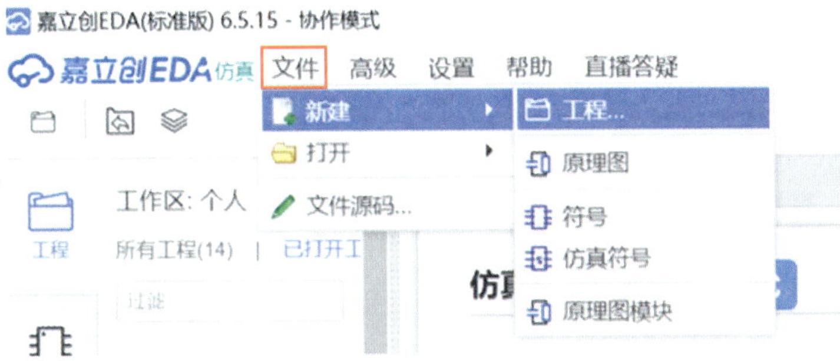

图 1-32　新建工程

在新建工程对话框的标题处命名为流水灯电路仿真，点击“保存”，如图 1-33 所示。

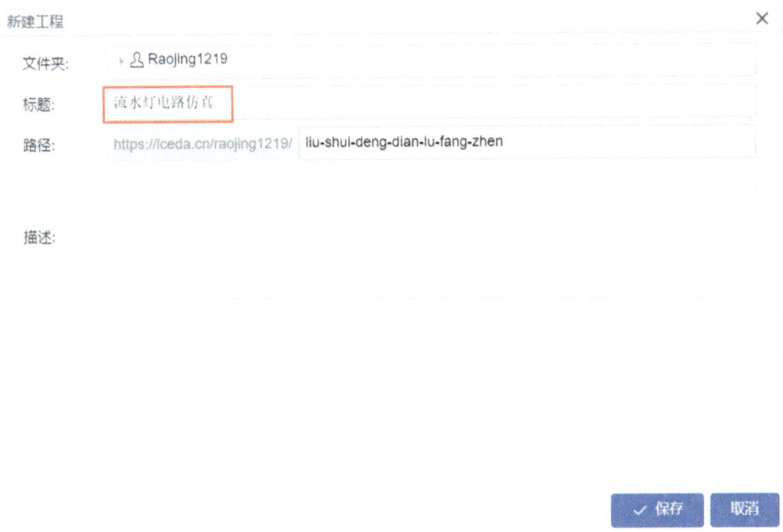

图 1-33　新建流水灯电路仿真工程

3. NE555 多谐振荡器仿真

流水灯电路主要由多谐振荡器和移位计数器组成。为保证整个电路的仿真正常，分别对 NE555 组成多谐振荡器和 CD4017 组成的移位计数器进行仿真。先绘制多谐振荡器原理图，如图 1-34 所示。

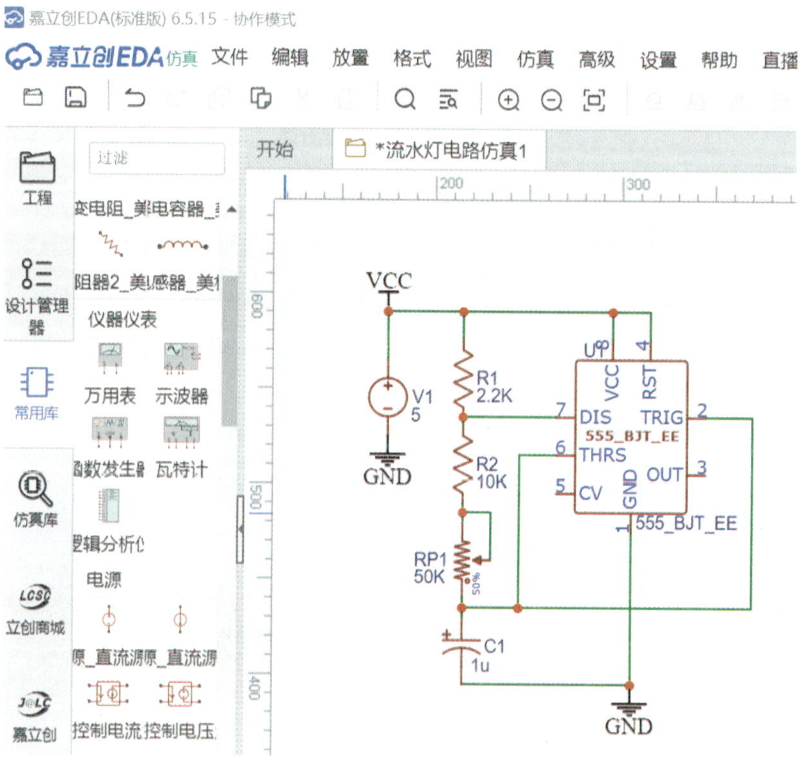

图 1-34 NE555 多谐振荡器原理图

当电源接通时，NE555 芯片的 3 脚初始状态为高电平，电源通过 R1、R2 和 RP1 向电容 C1 充电；当 C1 电容充电到电源的 2/3 时，3 脚电压变成低电平，NE555 芯片内部放电管导通，电容 C1 通过 R2 和 RP1 向 7 脚放电；当 C1 电容慢慢放电到电源的 1/3 时，3 脚又从低电平变成高电平。持续循环电容充放电过程，改变 RP1 的阻值将改变 3 脚输出频率。

电容充电到电源 2/3 电压的时间（高电平持续时间）：

$T_{w1} = 0.7（R_1+R_2+R_{P1}）*C_1$，将图中参数带入得 $T_{w1} = 26$ ms

电容放电到电源 1/3 电压的时间（低电平持续时间）：

$T_{w2} = 0.7（R_2+R_{P1}）*C_1$，将图中参数带入得 $T_{w2} = 24.5$ ms

一个周期的时间为

$T = T_{w1}+T_{w2} = 0.7（R_1+2R_2+2R_{P1}）*C_1$，将图中参数带入得 $T = 50.5$ ms。

在常用库中选择直流电源，设置电源电压为 5 V，定义 VCC 和地。再选择示波器，将 NE555 的 3 脚连至示波器 A 通道，如图 1-35 所示。

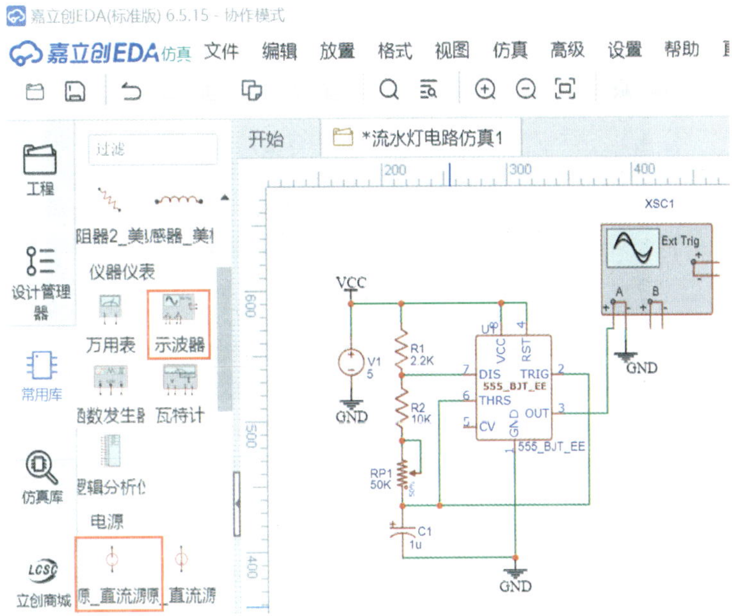

图 1-35　连接电源和示波器

点击主菜单“文件”→“保存”，将电路保存，如图 1-36 所示。

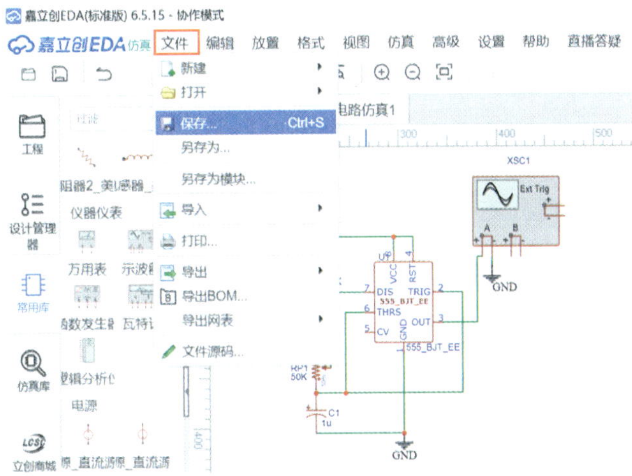

图 1-36　保存文件

再点击主菜单“仿真”→“运行仿真”，如图 1-37 所示。

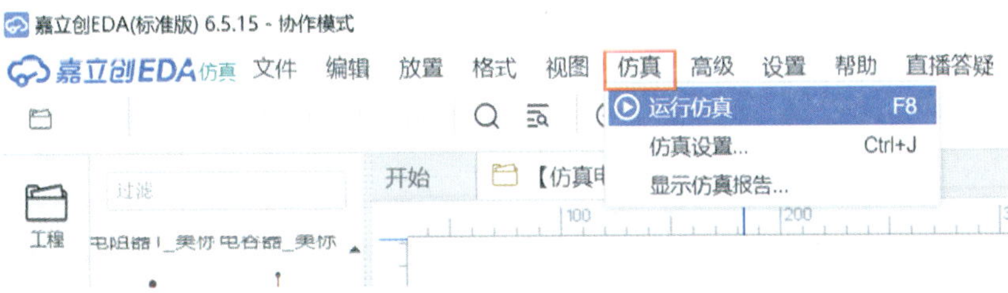

图 1-37　运行仿真

在弹出的窗口中可以看到 3 脚输出波形，如图 1-38 所示。

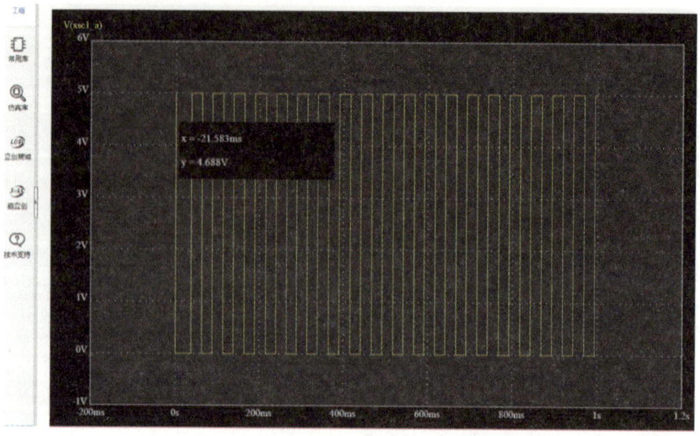

图 1-38　示波器显示仿真波形

还可以在原理图编辑界面点击示波器，在最右边窗口中点击“查看仪表”，如图 1-39 所示。此时可以看到 3 脚输出波形，对其测量可知输出波形周期约为 50 ms，如图 1-40 所示，与前面理论计算周期一致。

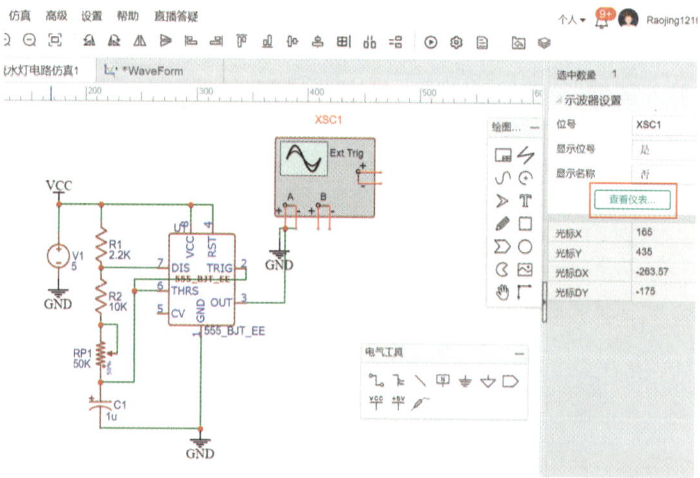

图 1-39　查看仪表

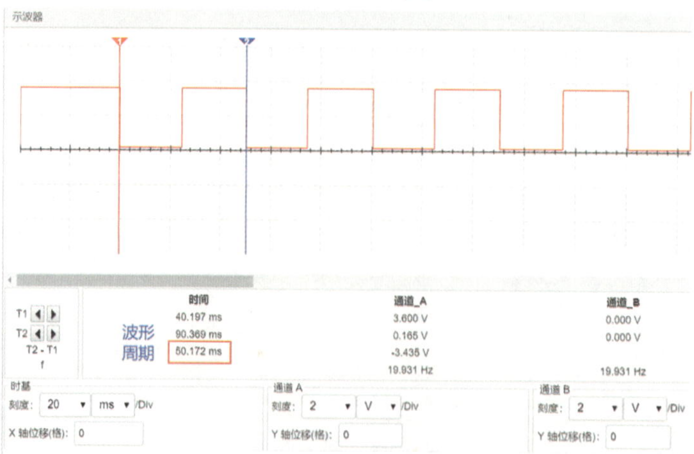

图 1-40　示波器显示仿真波形周期

4. CD4017 移位计数器仿真

当 NE555 输出波形仿真结束后，绘制下一级 CD4017 组成的移位计数器电路图，并用逻辑分析仪对其输出波形进行检测。点击常用库，选择逻辑分析仪放置画布，如图 1-41 所示。

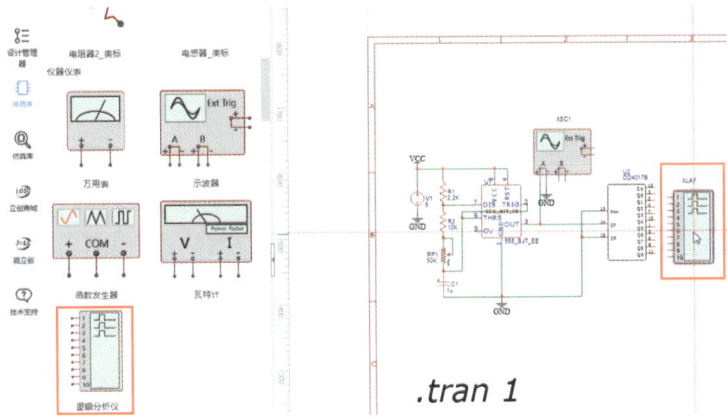

图 1-41　放置逻辑分析仪

将时钟频率改为 10 Hz，点击查看仪表，如图 1-42 所示，可显示每一路输出信号的仿真形波，如图 1-43 所示。

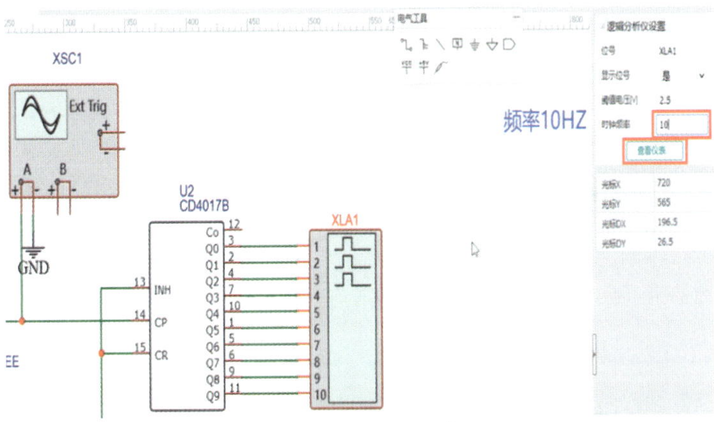

图 1-42　查看仪表

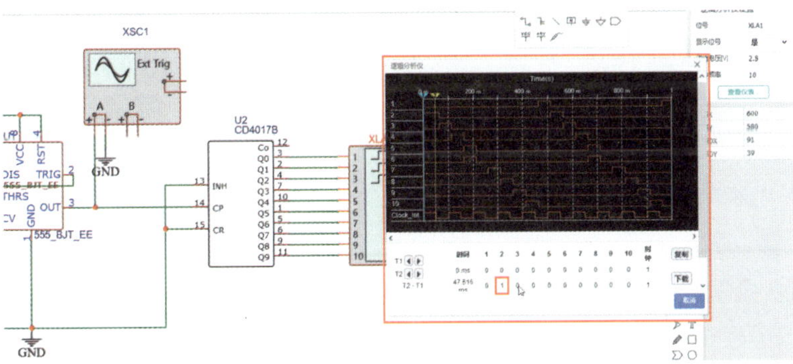

图 1-43　输出波形

此时可以看到 CD4017 的十路输出依次为高电平。

5. 流水灯电路仿真

先将流水灯电路绘制完整，点击保存，并运行仿真就可以看到 CD4017 输出的十个发光二极管依次轮流发光，如图 1-44 所示。

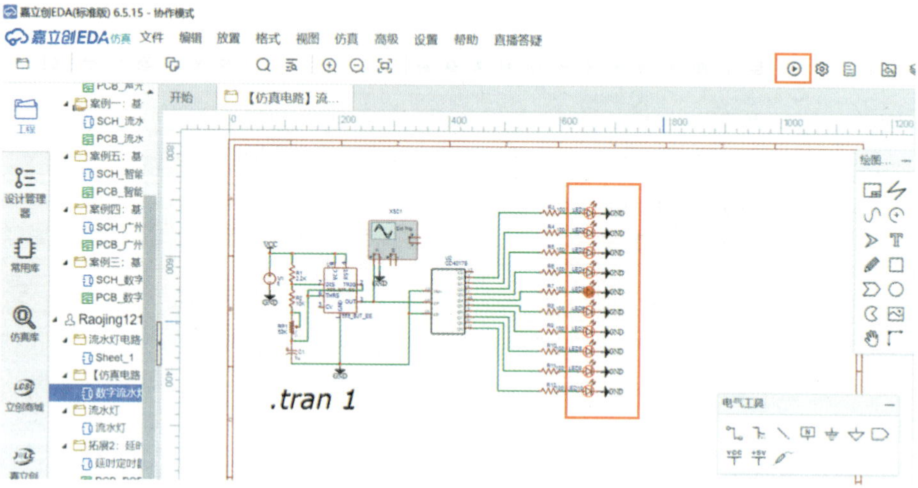

图 1-44　流水灯电路原理图

项目二　流水灯印制电路板设计

【项目导入】

灯光璀璨的都市夜景、应接不暇的灯光秀（见图 2-1、图 2-2）总是令人流连忘返，成就这道风景的基本电路就是流水灯电路。该电路由多谐振荡器、十进制计数器两部分组成。利用多谐振荡器产生的矩形波作为时钟脉冲，将其送到十进制计数器 CD4017 计数，计数器输出端逐个输出高电平，使二极管逐个点亮。

图 2-1　都市夜景

图 2-2　灯光秀

本项目提供流水灯电路元件清单（见表 2-1），引导学生进行电路原理图设计、PCB 设计，从而完成印制电路板设计。

表 2-1　流水灯电路元件清单

序号	名称	位号	封装	数量
1	1uF	C1,C2	C0805	2
2	3-15V	J1	HDR-M-2.54_1X2	1
3	LED-TH-3mm_R	LED0,LED1,LED2,LED3,LED4,LED5,LED6,LED7,LED8,LED9	LED-TH_BD3.0_RED	10
4	2.2K	R1	R0805	1
5	10K	R2	R0805	1
6	1K	R3,R4,R5,R6,R7,R8,R9,R10,R11,R12	R0805	10
7	50kΩ	RP1	RES-ADJ-TH_3P-L7.1-W6.9-P2.50-L_3362P	1
8	M3x10+6	TP1,TP2,TP3,TP4	M3X10-6	4
9	NE555	U1	SOIC-8_L4.9-W3.9-P1.27-LS6.0-BL	1
10	CD4017BM/TR	U2	SOP-16_L9.9-W3.9-P1.27-LS6.0-BL	1
11	USB-Micro_2	USB1	MICRO-USB-SMD_5P_C40957	1

立创 EDA 软件还提供印制电路板的 2D 仿真示图，从而更直观地展示设计完成的印制电路板（见图 2-3）。

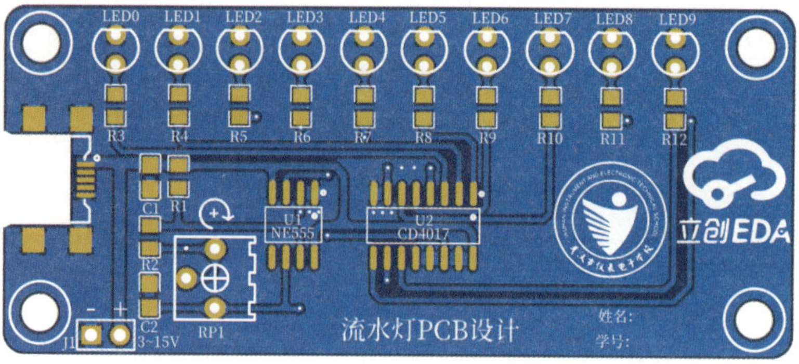

图 2-3　流水灯印制电路板成品

视频：流水灯印制电路板设计项目导入

【项目目标】

1. 知识目标

（1）了解流水灯电路原理图设计、PCB 设计的基本流程。

（2）掌握流水灯电路原理图设计、PCB 设计的设计步骤。

2. 技能目标

（1）学会使用 EDA 绘图工具。

（2）能根据设计要求绘制原理图及 PCB 图。

3. 素质目标

（1）培养学生严谨的学习态度。

（2）鼓励学生参与课堂活动，形成良好的学习氛围，提高学习兴趣。

（3）通过学生之间多层次、多方位的合作，培养学生团结协作，互助友爱的精神。

任务一　流水灯原理图设计

【任务目标】

视频：流水灯原理图设计

1. 知识目标

（1）掌握原理图设计的基本流程。

（2）掌握画布设置的方法。

（3）掌握网格、栅格的区别以及设置参数的方法。

2. 能力目标

（1）掌握创建原理图文件的步骤。

（2）掌握放置元件符号的方法。

（3）掌握对元件符号属性进行设置的方法。

（4）掌握元件布局原则，并完成导线连接。

【任务实施】

一、流水灯原理图的设计流程

流水灯电路原理图设计有 7 个步骤，分别为新建工程、新建原理图文件、设置相关参数、封装配置、放置元器件、连线和检查电路。电路原理图设计流程如图 2-4 所示。

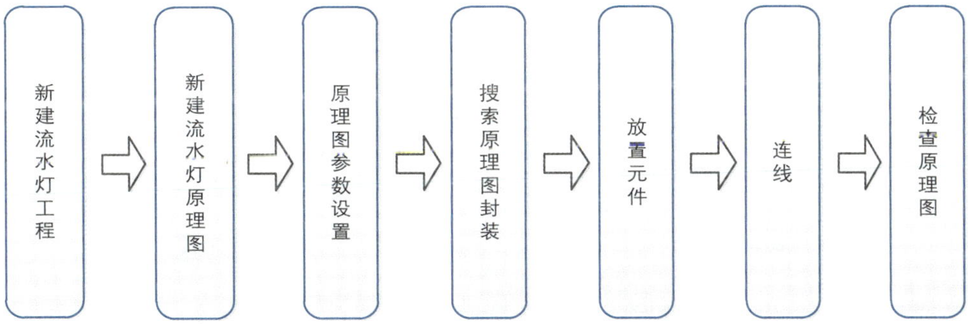

图 2-4　流水灯电路原理图设计流程

（1）新建流水灯电路工程。用鼠标单击："开始" → "程序" → "立创 EDA" 或双击桌面图标，启动软件，新建流水灯电路工程文件。

（2）新建流水灯电路原理图。在流水灯电路工程文件中，新建一个流水灯电路原理图文件，进入原理图编辑器。

（3）原理图参数设置。在绘制原理图之前，应首先设置好工作环境，对图纸大小、方向、网格参数等进行设置。

（4）搜索原理图封装。在立创 EDA 元件库中搜索原理图对应的原理图封装。

（5）放置元器件。一般情况下，电路中所需元器件在立创 EDA 常用库中都可以找到，只要从库中选择所需类型添加到原理图中就可以了，但是有些元器件需要在元件库中搜索找到编辑后再进行放置。

（6）元器件连线。将添加并排列好的元器件引脚用导线、网络标签连接起来，形成完整的电路。

（7）检查原理图。利用立创 EDA 提供的设计管理器对电路的元件和网络进行检查，并根据检查结果对原理图进行调整和修改。

二、新建工程

（一）启动立创 EDA 软件

用鼠标单击 "开始" → "程序" → "立创 EDA"，或双击桌面图标，启动软件操作界面，如图 2-5 所示。

图 2-5　立创 EDA 操作界面图

（二）创建工程文件

1. 新建工程

点击顶部“菜单”→“文件”→“新建”→“工程”，新建工程，如图 2-6（a）所示。也可点击界面中“快速开始”下面的“新建工程”图标新建工程，如图 2-6（b）所示。

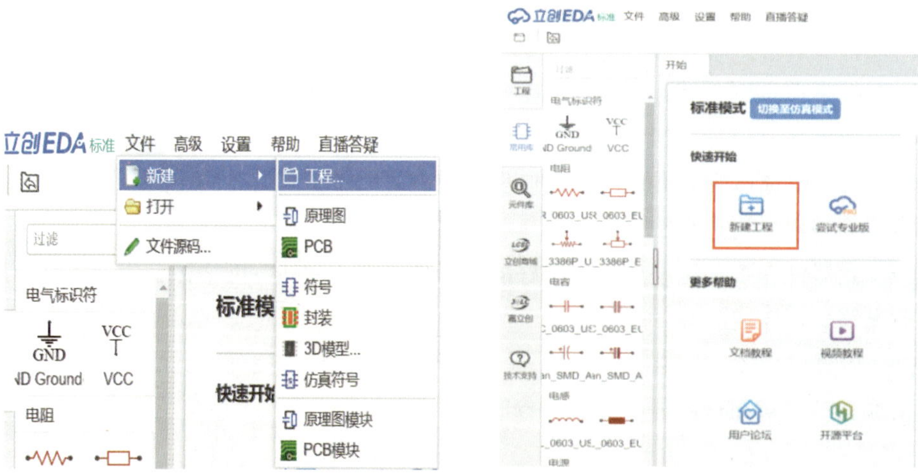

（a）　　　　　　　　　　　　（b）

图 2-6　新建工程

2. 工程文件命名及保存

在新建工程界面的标题处对工程进行命名，也可以对工程进行简单的描述，最后点击“保存”，如图 2-7 所示。

图 2-7 工程命名及保存

三、新建原理图文件

1. 新建原理图

点击顶部“菜单”→“文件”→“新建”→“原理图”即可新建原理图，系统默认原理图文件名为 Sheet _ 1，如图 2-8 所示。或是选择流水灯电路工程文件并单击鼠标右键，在下拉菜单中选择“新建原理图”，也可在流水灯工程下新建一个原理图文件。

图 2-8 新建原理图

2. 重命名原理图

选择 Sheet _ 1 文件，单击鼠标右键在下拉菜单中选择修改命令修改文件名，如图 2-9 所示。

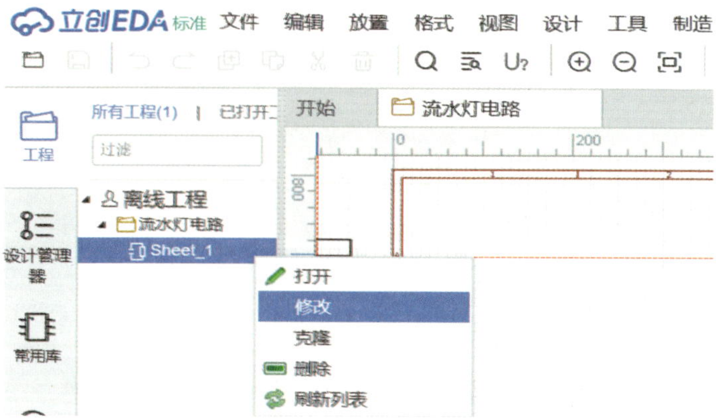

图 2-9　重命名原理图

在“修改文档信息”对话框中将原理图标题修改为“流水灯电路”，还可以根据需要添加相关描述，如图 2-10 所示。最后单击“确定”按钮即可看到原理已被重命名。

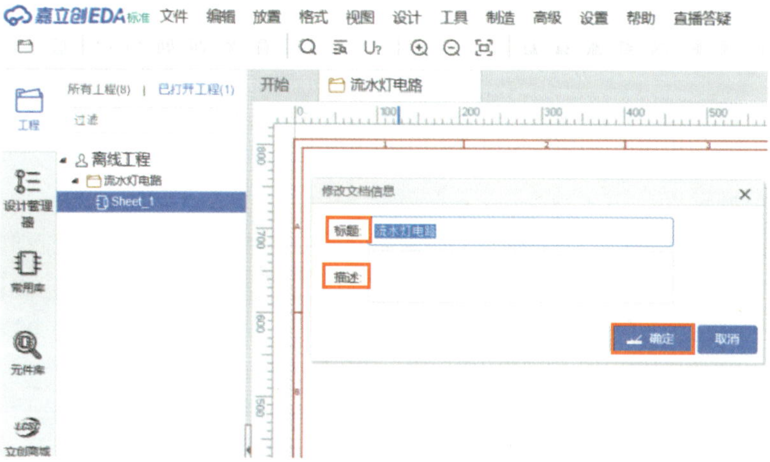

图 2-10　重命名原理图

新创建的流水灯原理图设计界面如图 2-11 所示。

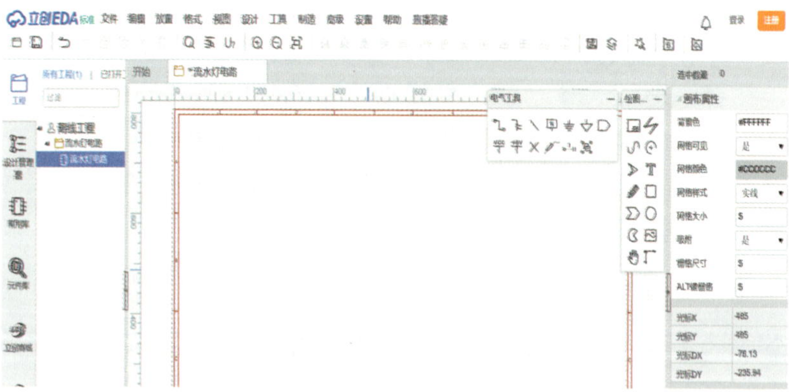

图 2-11　原理图设计界面

四、原理图参数设置

在绘制原理图之前，我们需要对其进行参数设置，内容包括：网格大小、栅格尺寸、画布规格和 Title Block 等 4 个方面。

1. 设置网格大小

网格大小是用于标识间距和校准元件符号的线段，便于将元件摆放整齐。网格默认的大小为 5，如图 2-12 所示，可根据需要进行设置。

2. 设置栅格尺寸

栅格尺寸是指光标移动时的步进距离，便于使元件与布线对齐。栅格尺寸越小，元件和布线的步进距离就越小，也越精准，ALT 键栅格是指按“Alt”键，然后移动元件时的步进距离。栅格和 ALT 键栅格默认尺寸均为 5，如图 2-13 所示。

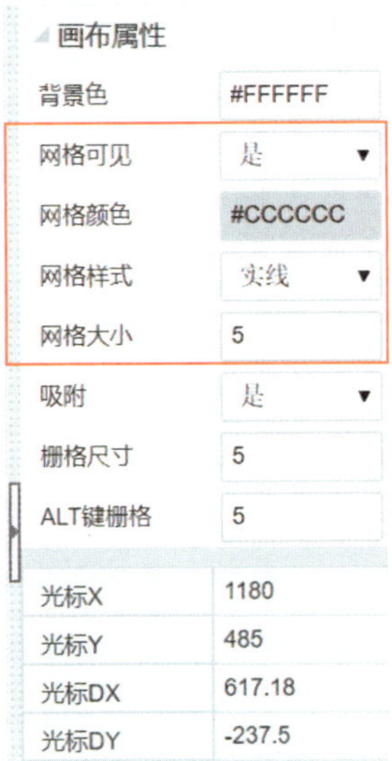

图 2-12　设置网格尺寸

图 2-13　设置栅格大小

3. 设置画布规格

根据电路的难易程度，单击绘图工具中的进行画布大小的设置，如图 2-14 所示。立创 EDA 的画布默认规格为 A4，流水灯电路相对较简单，A4 大小的画布就可以容纳所有元件。

图 2-14　设置画布规格

4. 设置 Title Block

在 Title Block 中双击对应的文本就可以修改标题名称、版本等相关信息，如图 2-15 所示。

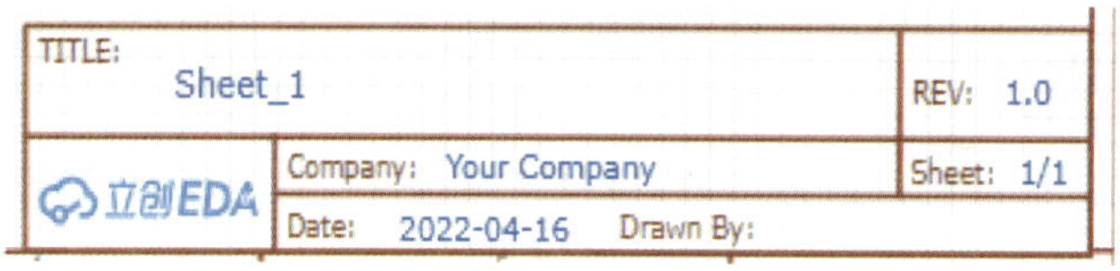

图 2-15　设置 Title Block

（1）修改 TITLE：双击 Sheet_1，在弹出的文本框中输入“流水灯电路”即可完成修改。

（2）版本号（REV）：Sheet 保持默认设置。将时间设置为设计时间，在 Drawn 处输入作者。

（3）修改 Title Block 文本属性：选中 Title Block 中的文本，在原理图设计界面右侧的“文本属性”面板中可以修改文本的颜色、字体、字体大小等属性，如图 2-16 所示。

（4）可以添加 LOGO：单击绘图工具中的可以向 Title Block 中添加图片，在弹出的图片属性对话框中输入图片网址或是从本地上传图片，单击“确定”，如图 2-17 所示。

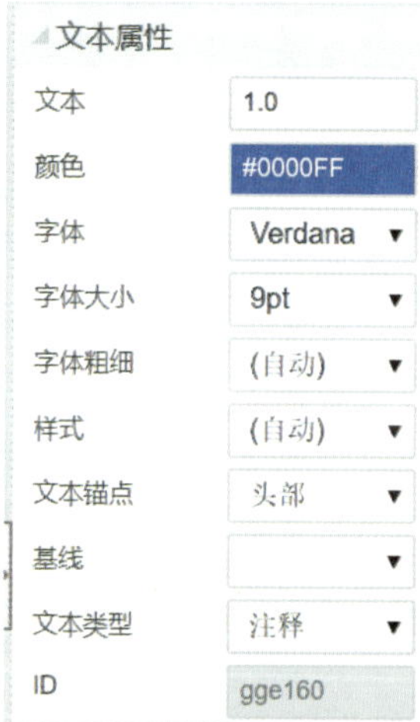

图 2-16　修改 Title Block 文本属性

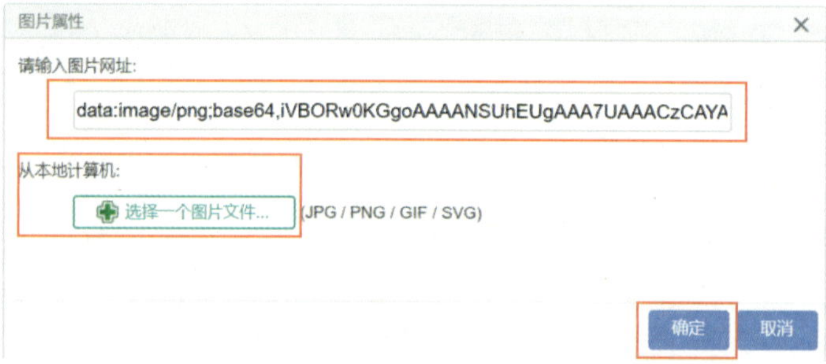

图 2-17　导入图片

（5）上述参数修改完成后，Title Block 设置完成，如图 2-18 所示。

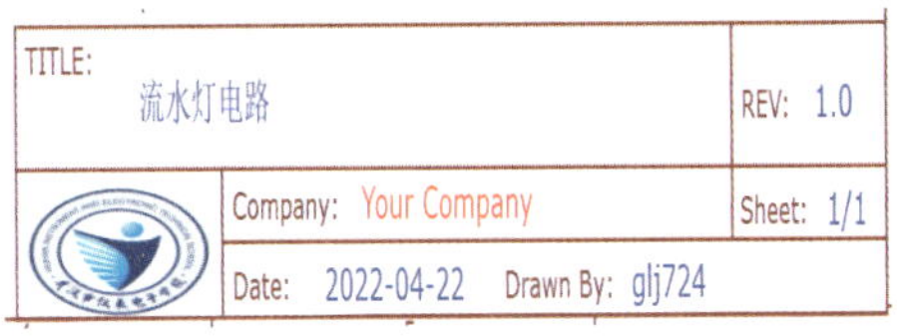

图 2-18　Title Block 设置完成

五、放置元件

在原理图设计中有两个库，即常用库和元件库。

常用库包含一些常用的元件，不支持自定义。在常用元件库中单击元件，然后移动指针到画布，单击鼠标左键即可放置元件。常用库中的元件只包含元件名称和封装，信息不够完善，在流水灯电路中用到了电阻、电容、发光二极管、接地端 GND 和 VCC 等。

NE555 和 CD4017 要从元件库中获取。下面以“NE555 芯片”为例介绍如何从元件库中获取元件。单击原理图设计界面左侧的 元件库 按钮，或是按快捷键“Shift”+“F”打开“元件库”对话框。在搜索引擎中输入 NE555，单击 或是按回车键进行搜索，如图 2-19 所示。

图 2-19　搜索 NE555

根据元件的封装和制造商等信息在搜索结果中选择所需元件，如图 2-20 所示。

图 2-20　选择 NE555

选择完成以后，单击图 2-20 中的“放置”按钮，然后在原理图中单击就可以放置所选元器件。放置时元件的引脚要放置在格点上，以方便后续导线的连线，如图 2-21 所示。元件不建议放置在如图 2-22 所示，两个栅格之间的位置，因此在设置网格和栅格的尺寸时一定要合适。

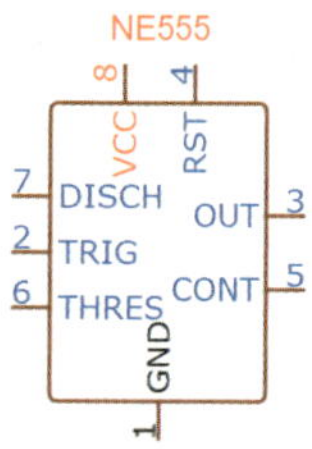

图 2-21 引脚正确放置

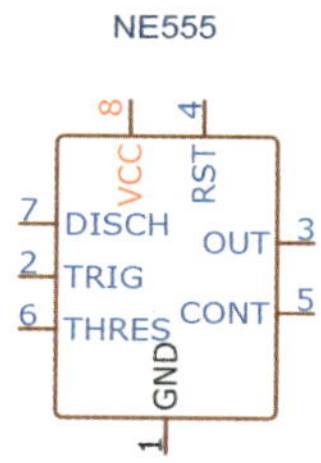

图 2-22 引脚错误放置

放置元件之后，在原理图设计界面右侧的“元件属性”中对元件的属性进行设置，位号设置为 U1，如图 2-23 所示。使用同样的方法搜索 CD4017 进行放置并对其属性进行设置。

图 2-23 元件属性设置

按照以上的方法将流水灯电路中的所有元件全部放置完成并完成相应的属性设置，如图 2-24 所示。

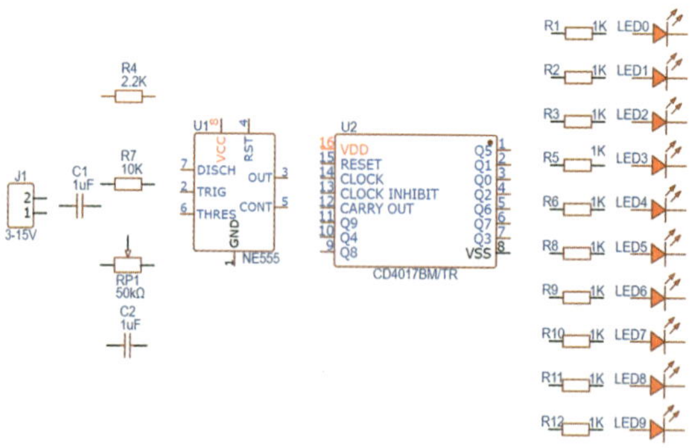

图 2-24 流水灯电路元件

在流水灯电路中 R2、R3、R4、C1、C2 这 5 个元件需要旋转 90°放置，选中需要旋转的元件按空格键即可完成元件角度调整，如图 2-25 所示。

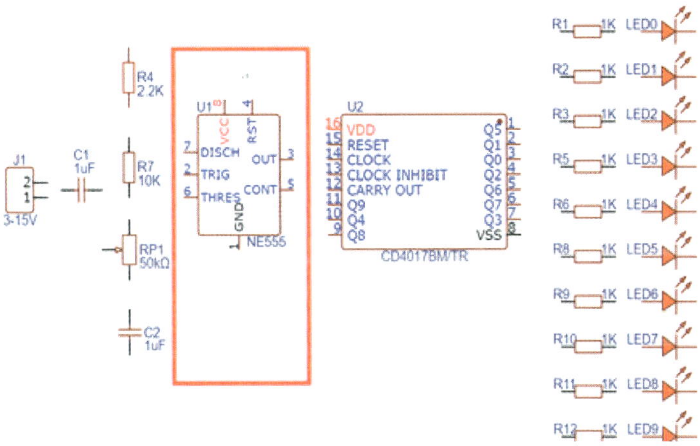

图 2-25　元件角度调整

一个完整的电路包括元件、导线、电源和接地端。因此在元件都放置好后还需要添加接地端和电源。单击“常用库”按钮，在“电气标识符”中选择（GND）和电源（VCC），如图 2-26 所示。点击右下角的可以选择电路中所需的形式，选择完后进行放置，如图 2-27 所示。

图 2-26　电气标识符

图 2-27　接地形式

还可以在标识符属性框中对颜色、字体、字体大小等属性进行修改，如图 2-28 所示。

图 2-28　属性修改

将数字显示温湿度计电路的元件、电源、接地端放置完成后电路如图 2-29 所示。

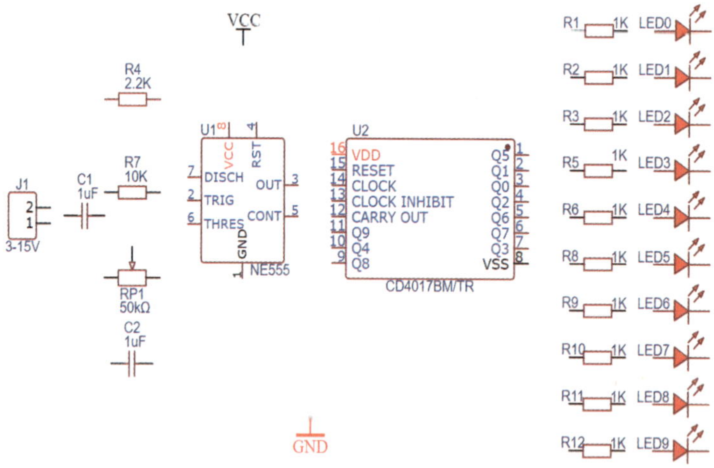

图 2-29　放置流水灯电路的元件、电源、接地端

六、连　线

当所有元件放置完成后，需要将元件用导线或是网络标签进行电气连接。导线是具有电气性质、用来连接元件电气点的连线。导线上的任一点都具有电气性质。元件之间的电气连接主要通过导线来实现的。单击电气工具中的 按钮进入连线模式。将指针移动到需要连接的元件引脚上，这时会在引脚的端点处出现一个灰色的圆点，单击即可放置导线的起点，如图 2-30 所示。移动指针到需要连接的引脚，在引脚的端点处出现一个灰色圆点，单击即可完成两个引脚之间的连接，此时指针仍处于连线模式，重复上述操作可继续连接其他引脚。单击鼠标右键或是按 Esc 键，即可退出连线模式。另外，导线的属性也是可以修改的，如图 2-31 所示。

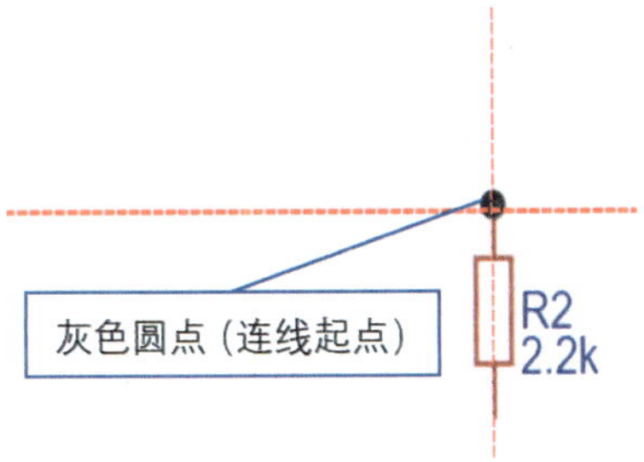

图 2-30　连接元件

图 2-31　导线属性

“网络标签”也是一种电气连接方式，具有相同网络标签的导线是连在一起的。使用网络标签可以避免电路中出现较长的连线，使电路原理图连线更清晰。

放置网络标签的方法是：单击电气工具中 按钮，然后按“Tab”键，在弹出的“属性”对话框中修改网络标签名称，如图 2-32 所示。另外一种修改网络标签的方法是：双击要修改的网络标签，在弹出的文本框中输入新的网络标签名，如图 2-33 所示。

图 2-32　设置标签（1）

图 2-33　设置标签（2）

网络标签也可对其属性就行修改，单击选中的网络标签，在“网络标签”面板中修改标签的名称、颜色、字体和字体大小，如图 2-34 所示。本书使用默认属性。

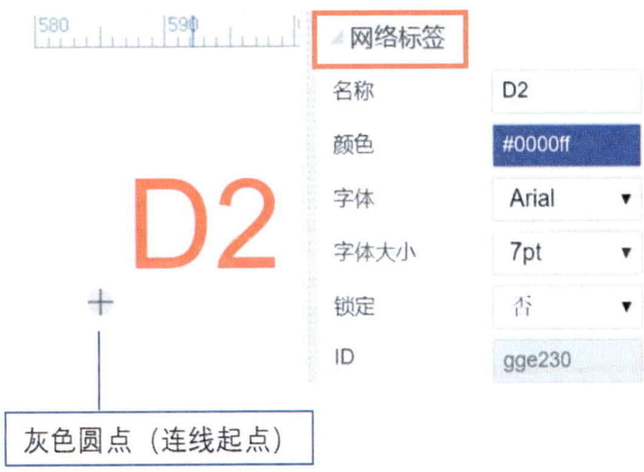

图 2-34　修改标签属性

在流水灯电路 U17 的 5 脚、U2 的 12 脚不需要连接任何网络或是元件，这时要给悬空的引脚添加“非连接标志”。单击“电气工具”中的 ✕ 按钮，将其放置在悬空的引脚上。完整的流水灯设计电路图如图 2-35 所示。

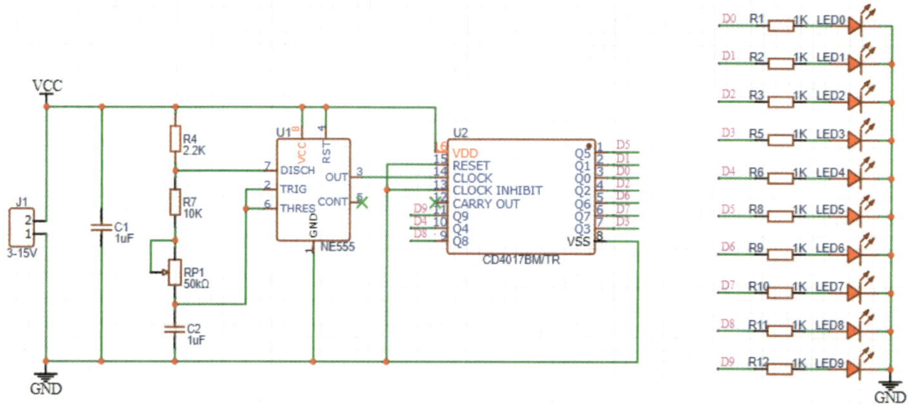

图 2-35　流水灯设计电路图

七、原理图检查

原理图设计完成后，需要对原理图的电气连接性进行检查。最常见的检查项目有元件的 PCB 封装和网络的连接。单击原理图设计界面左侧的“设计管理器”按钮，可见检查元件及网络列表，如图 2-36 所示。

点击元件列表，可检查元件是否都有 PCB 封装（元件编号后面的括号内为 PCB 封装名称），如图 2-37 所示。

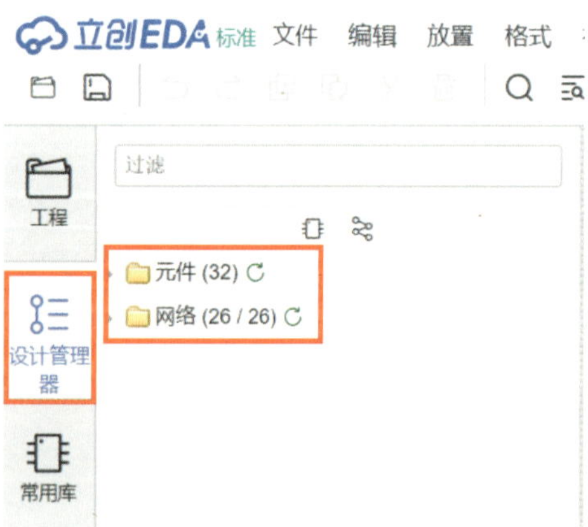

图 2-36　检查元件及网络

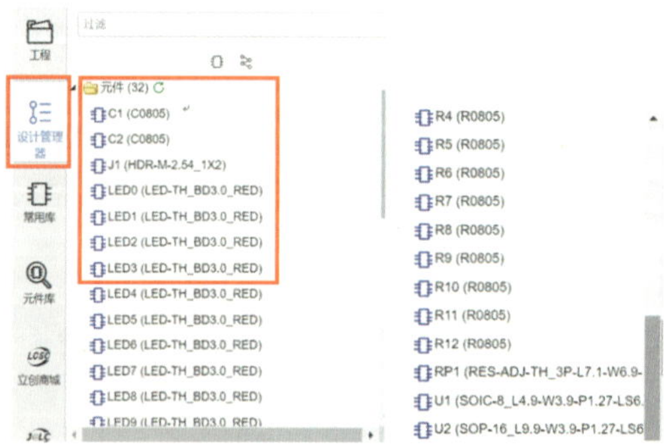

图 2-37　检查元件

在元件列表中单击某一元件，系统将自动在原理图中定位该元件的位置。例如，若要定位 U1，单击元件 U1 就可以实现，如图 2-38 所示，同时单击元件引脚可以定位该引脚，如图 2-39 所示。

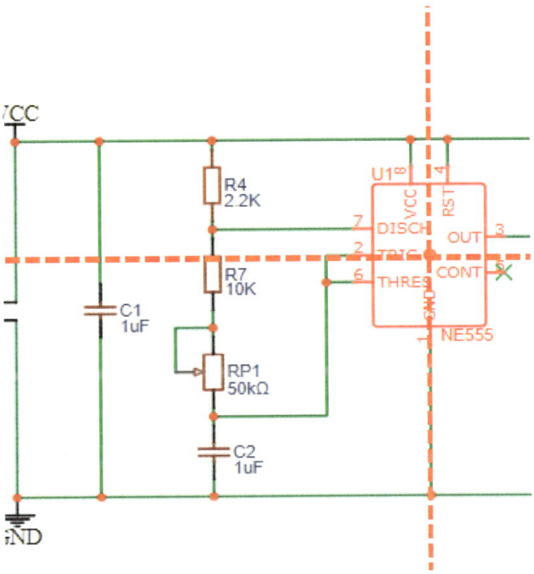

图 2-38　定位元件

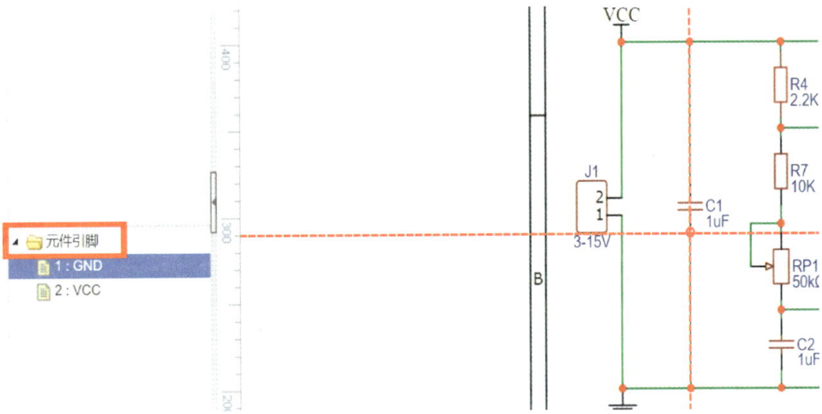

图 2-39　定位元件引脚

最后检查网络是否连接。点击设计管理器中的网络查看网络连接情况，如果存在网络没有连接，则会在列表中的网络名称前显示警告标志 ⚠，如图 2-40 所示。把带有警告标志的网络进行连接，显示就可恢复正常。

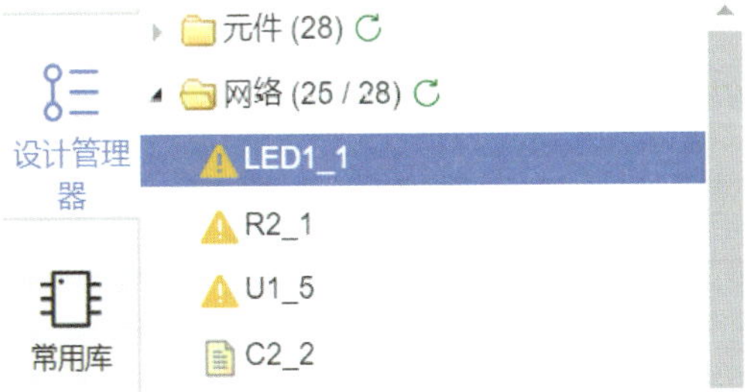

图 2-40　网络检查

【任务评价】

流水灯原理图设计评价表如表 2-2 所示。

表 2-2　流水灯原理图设计任务评价

项目名称：____________________

姓名：__________　　　　班级：__________　　　　学号：__________

<table>
<tr><th>评价内容</th><th colspan="2">评价标准</th><th>评价要求</th><th>分值</th><th>得分</th></tr>
<tr><td>考勤纪律
（10%）</td><td colspan="2">无迟到、早退、旷课情况；
遵守课堂各项纪律</td><td>迟到、早退一次扣 1 分；
旷课一次扣 2 分；
影响上课秩序一次扣 2 分</td><td>100</td><td></td></tr>
<tr><td>职业规则
（10%）</td><td colspan="2">爱护公共设施、爱护个人及公共环境卫生、不得带饮料及食品进机房</td><td>视具体情况扣分</td><td>100</td><td></td></tr>
<tr><td rowspan="8">实施步骤
（80%）</td><td>1. 新建文件</td><td>按要求新建工程文件，保存到指定路径；
按要求新建原理图文件，保存到指定路径</td><td>无操作失误</td><td>10</td><td></td></tr>
<tr><td>2. 画布属性设置</td><td>按要求设置画布属性</td><td>与要求不符不给分</td><td>10</td><td></td></tr>
<tr><td>3. 常用库元件调用</td><td>能正确调用元件；
按样图放置元件；
对元件属性进行修改</td><td>每错一处扣 1 分</td><td>10</td><td></td></tr>
<tr><td>4. 元件库使用</td><td>能在库进行元件搜索；
能对元件属性进行修改；
按照样图放置元件；
能对库中元件进行编辑</td><td>每错一处扣 1 分</td><td>20</td><td></td></tr>
<tr><td>5. 放置连线</td><td>按照样图正确绘制连线</td><td>每错一处扣 1 分</td><td>20</td><td></td></tr>
<tr><td>6. 放置网络标签</td><td>按照样图正确修改网络标签属性并放置网络标签</td><td>与要求不符不给分</td><td>10</td><td></td></tr>
<tr><td>7. 原理图检查</td><td>查看原理图中所有元件封装是否符合要求；
查看网络是否完整</td><td>每错一处扣 1 分</td><td>10</td><td></td></tr>
<tr><td>8. 保存文件</td><td>文件上传至 D 盘：\××班级提交资料\</td><td>与要求不符不给分</td><td>10</td><td></td></tr>
<tr><td colspan="4">合　计</td><td>100</td><td></td></tr>
</table>

【任务小结】

流水灯电路原理图设计任务总结如图 2-41 所示。

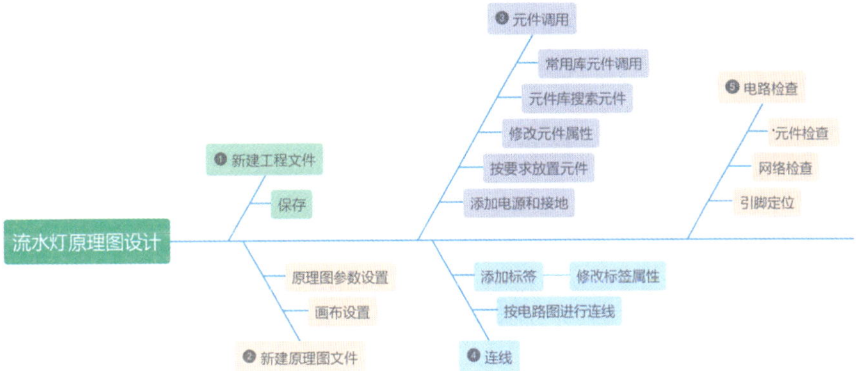

图 2-41　流水灯电路原理图设计任务总结

【任务拓展】

设计如图 2-42 所示计数器电路原理图，要求采用 A4 画布，横向放置，背景色为灰色，栅格、网格尺寸为默认值。

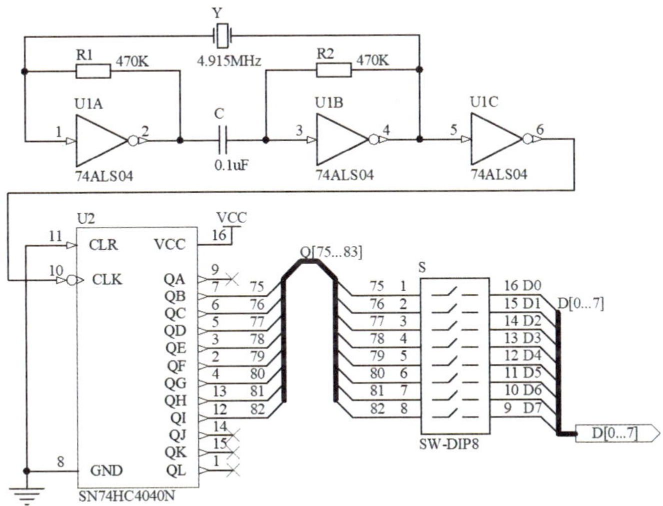

图 2-42　计数器电路图

任务二　流水灯 PCB 设计

【任务目标】

1. 知识目标

（1）了解使用立创 EDA 进行 PCB 设计的流程。

（2）了解如何将原理图导入 PCB 文件。

（3）熟悉边框、定位孔设计方法和 PCB 规则设置。

视频：流水灯 PCB 设计

2. **能力目标**

（1）掌握创建 PCB 文件的步骤。

（2）掌握元件布局操作方法。

（3）掌握 PCB 布线方法。

（4）能按照要求完成流水灯 PCB 设计。

【任务实施】

一、流水灯 PCB 设计流程

流水灯电路的 PCB 设计包含新建 PCB 文件、将原理图导入 PCB 文件、在 PCB 设计环境中设置 PCB 设计规则、设计印制板图的边框和定位孔等，具体流程如图 2-43 所示。

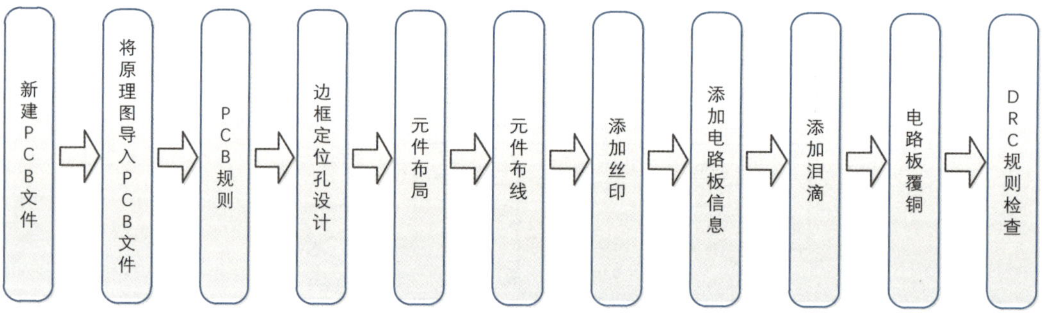

图 2-43　流水灯电路 PCB 设计流程

（1）新建 PCB 文件。在流水灯电路工程文件，新建一个流水灯电路 PCB 文件，进入 PCB 编辑器。

（2）将原理图导入 PCB 文件。将流水灯电路原理图导入到新建的流水灯电路 PCB 编辑器中。

（3）PCB 规则设置。在 PCB 的设计环境中设置 PCB 的设计规则

（4）边框、定位孔设计。在 PCB 编辑器中设计流水灯电路 PCB 板的边框和定位孔。

（5）元件布局。在边框和定位孔设计好后，按照元件布局的原则对元件进行合理的布局。

（6）元件布线。在合理的布局后选择布线工具，根据布线原则以及布线注意事项在正确的层进行布线操作。

（7）添加丝印。为了方便电路板的焊接、调试、安装和维修在布线完成以后在电路板上进行丝印添加。添加时要注意丝印字符布置原则。

（8）添加电路板信息。在电路板中添加电路板信息方便对电路板进行版本管理。

（9）添加泪滴。在电路板设计过程中，常常需要在导线和焊盘或过孔的连接处补泪滴，这样做一来可以避免在电路板受到撞击时免于断裂，二来避免 PCB 在生产过程中蚀刻不均或是过孔偏位导致的裂缝。

（10）电路板覆铜。覆铜可以提高电源效率，与地线相连的覆铜可以减少环路面积。

（11）DRC 规则检查。根据设计规则对 PCB 设计进行检查。在 PCB 设计环境下，单击“设计管理器”刷新“DRC 错误”，一旦检查出错误，错误信息将会出现在目录下。

二、新建流水灯 PCB 文件

PCB 设计的第一步就是新建 PCB 文件，如图 2-44 所示，选中流水灯工程文件夹并单击右键，在右键快捷菜单中选择“新建 PCB”命令。

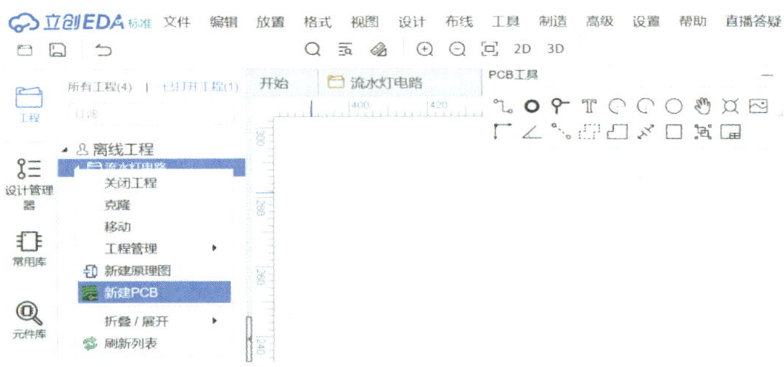

图 2-44　新建 PCB 文件

三、定义 PCB 边框大小

在新建对话框中按照图 2-45 所示设置参数，最后点击“应用”按钮。设置边框效果如图 2-46 所示。

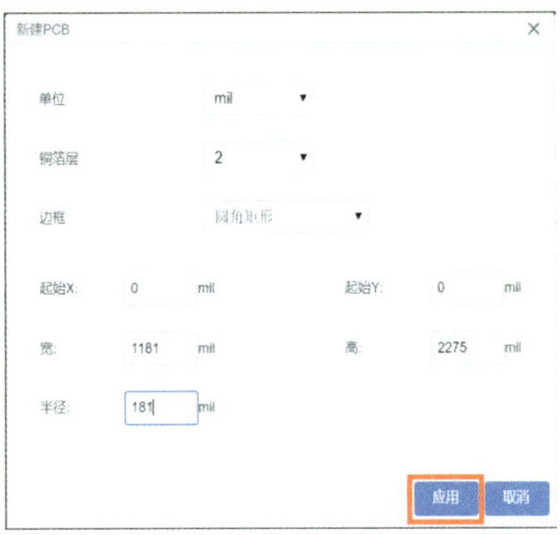

图 2-45　新建 PCB 文件图

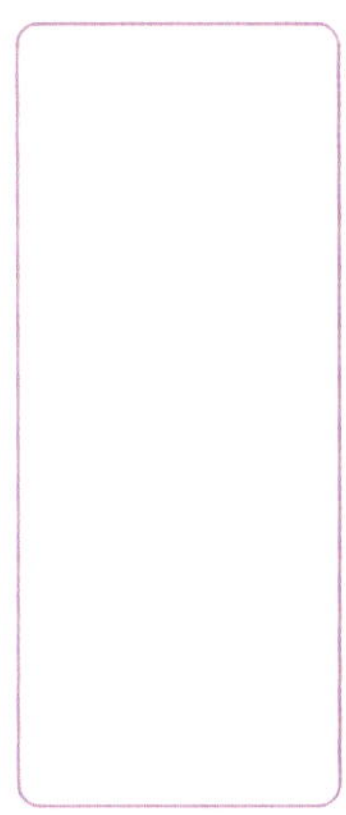

图 2-46　PCB 边框效果

如果需要重新定义边框，则单击工具栏“工具”→“边框设置”，如图 2-47 所示，然后在弹出的“边框设置”对话框中重新设置所需参数，设置完成后点击应用即可，如图 2-48 所示。

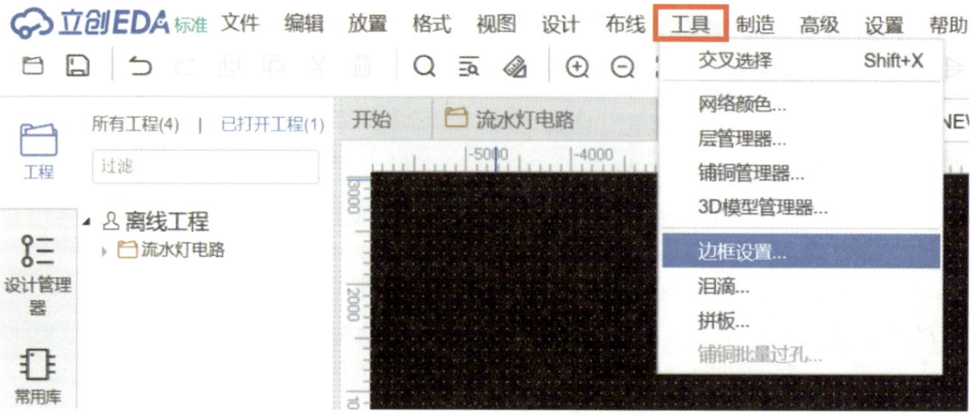

图 2-47　进入 PCB 边框设置

图 2-48　重新设置 PCB 边框参数

四、原理图转 PCB

在 PCB 设计环境中，单击主菜单中“设计”→“原理图转 PCB”就可以将元件从原理图导入到 PCB 中，如图 2-49 所示。

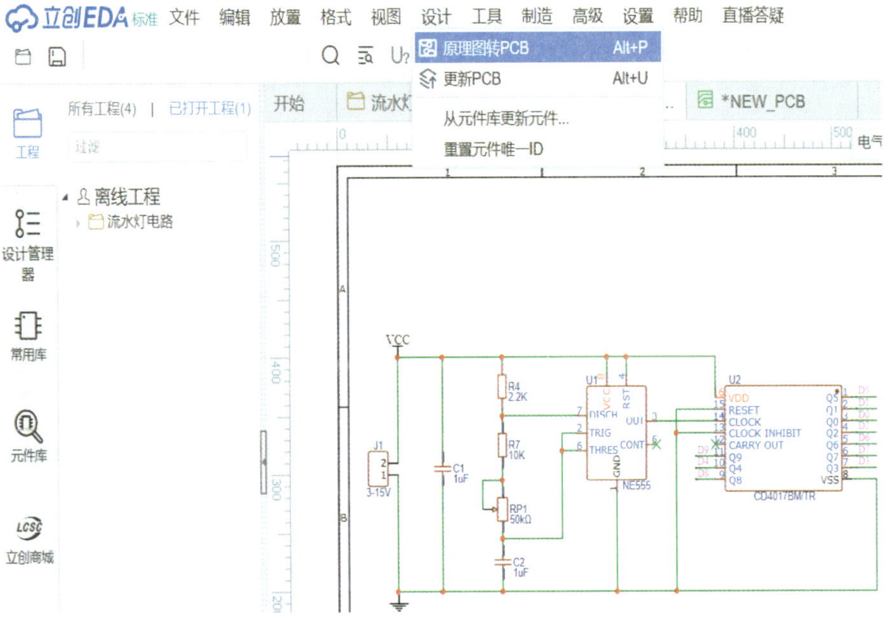

图 2-49　原理图转 PCB

当所有的元件由原理图转换为印制板图后，可得到如图 2-50 所示效果。

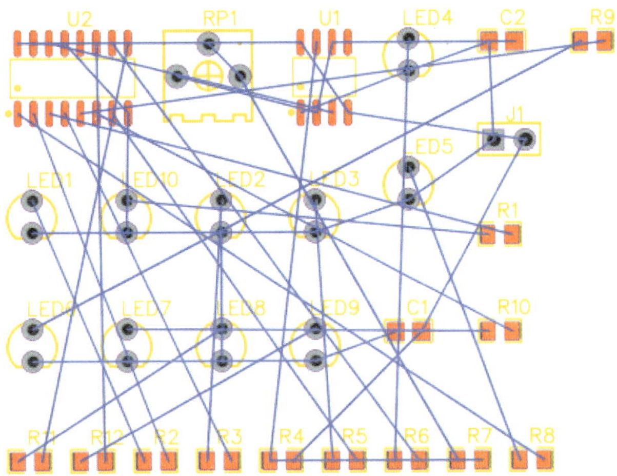

图 2-50　原理图转 PCB 效果图

五、绘制定位孔

在 PCB 的实物中，电路板的 4 个顶角需要各安放一个定位孔。单击 PCB 工具中的〇按钮，在 PCB 上绘制一个圆，然后单击选中该圆，在 PCB 设计界面右侧的“圆属性”面板中设置圆的参数，如图 2-51（a）所示。属性设置完成后的圆如图 2-51（b）所示。

（a）　　　　　　　　（b）

图 2-51　绘制定位孔

继续单击选中该圆，再单击鼠标右键，在右键快捷菜单中选择“转为槽孔”命令，如图 2-52 所示。转成槽孔之后的圆如图 2-53 所示。

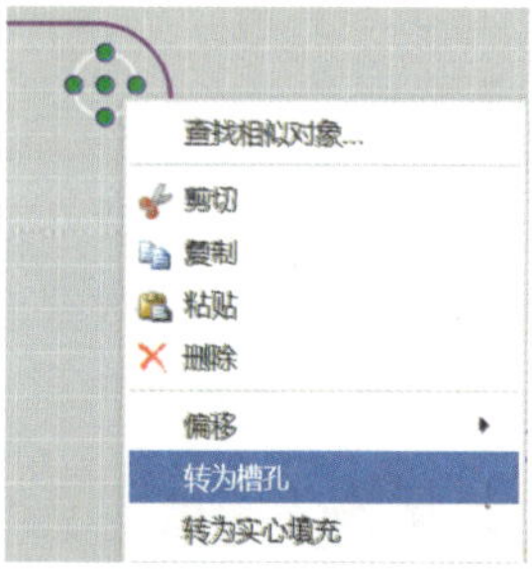

图 2-52　转为槽孔

图 2-53　转为槽孔效果图

在设计 PCB 时，常常会在定位孔的外侧增加一个丝印圈，为的是提醒设计者在进行 PCB 布线时不要距离定位孔太近，以避免 PCB 打样钻孔时将布线切掉。

在层与元素面板中选择顶层丝印层；然后单击 PCB 工具中的○按钮，在 PCB 中绘制一个圆，单击选中该圆，在 PCB 设计界面右侧的“圆属性”面板中设置圆的参数，如图 2-54 所示。通过同样的方式或是分复制、粘贴将其他丝印圈放好，如图 2-55 所示。

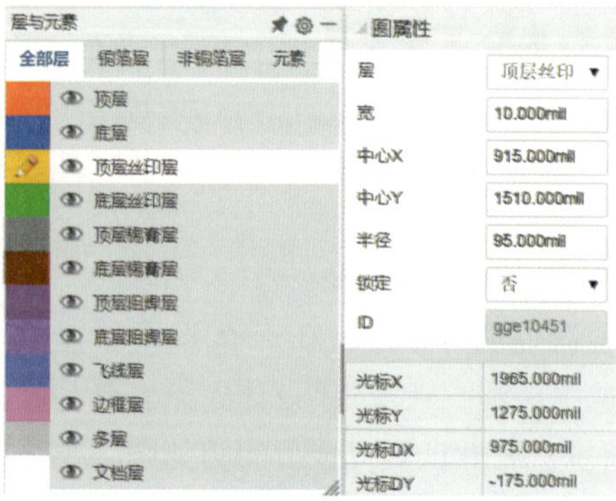

图 2-54　设置定位孔丝印圈属性

图 2-55　定位孔丝印圈效果图

六、元件的布局

布局是将元件按照一定的规则在 PCB 中摆放的过程。布局合理，接下来的布线才会相对容易。

1. 布局原则

布局一般要遵循以下原则：

（1）布线最短原则。例如，集成电路的去耦电容应尽量放置在相应的 VCC 和 GND 引脚之间，且距离集成电路尽可能近，使之与 VCC 和 GND 之间形成的回路最短。

（2）将同一功能模块集中原则。即实现同一功能的相关电路模块中的元件就近集中布局。

（3）“先大后小，先难后易”原则。即重要的单元电路、核心元件应优先布局。

（4）布局应参考原理图，根据电路的主信号流向规律放置主要元件。

（5）元件的排列要便于调试和维修，即小元件周围不能放置大元件，需调试的元件周围要有足够的空间。

（6）同类型插件元件在 X 轴或 Y 轴方向上应朝同一个方向放置。同一种类型的有极性分立元件也要尽量在 X 轴或 Y 轴方向上保持一致，以便于生产和检验。

（7）布局时，位于电路边缘的元件，离电路板边缘一般不小于 2 mm，如果空间容许，建议距离设置为 5 mm。

（8）布局晶振时，应尽量靠近集成电路，且与晶振相连的电容要紧邻晶振。

2. 布局基本操作

进行元件布局时，应掌握以下基本操作：

（1）交叉选择：用于切换原理图符号和 PCB 封装之间的对应位置。在原理图中选中一个元件，单击工具栏中的“工具”按钮，在下拉菜单中选择“交叉选择”命令，如图 2-56 所示。或是使用快捷键“Shift+X”，即可切换至 PCB 封装并高亮显示该元件的 PCB 封装。

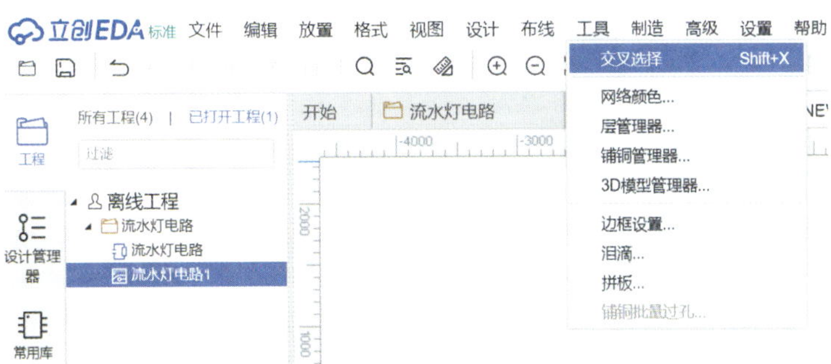

图 2-56　交叉选择

注意，在使用该功能之前，应确保 PCB 已经保存；如果没有打开 PCB，编辑器会自动打开；若工程内含有多个 PCB 且都尚未打开，则编辑器会自动打开第一个。

（2）布局传递：在原理图中，同一模块电路中的元件一目了然，但是当原理图中的元件被更新到 PCB 之后，具有相同封装的元件会被放置在同一列，无法区分各模块电路中的元件，为此，立创 EDA 提供了“布局传递”功能。布局传递是将元件在原理图中的布局位置传递到 PCB 中的元件封装布局位置。

（3）元件复选：按下“Ctrl”键，同时单击元件，即可实现多个元件的复选。

（4）元件对齐：首先选中需要对齐的元件，然后单击工具栏中的“格式”按钮，在下拉菜单中选择所需要的对齐操作即可实现元件的对齐摆放，如图 2-57 所示。

（5）原件旋转：单击选中待旋转的元件，然后单击工具栏中的“格式”按钮，在下拉菜单中选择需要的操作即可实现元件的旋转，如图 2-58 所示。也可选中元件，按空格键实现元件旋转。注意，PCB 封装不支持镜像操作。

图 2-57　元件对齐

图 2-58　元件旋转

流水灯电路布局完成后的效果如图 2-59 所示。

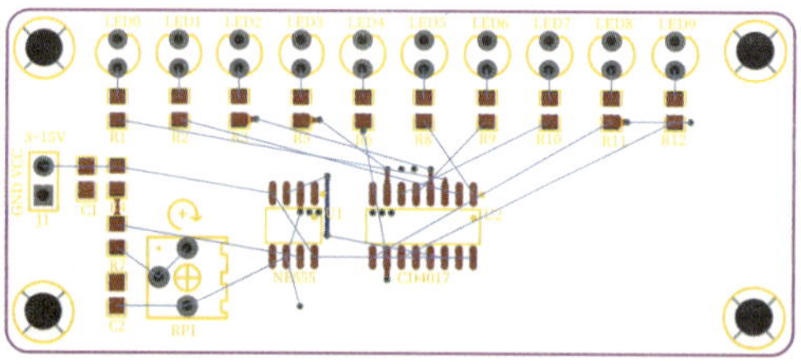

图 2-59　流水灯电路 PCB 布局完成效果图

图 2-59 的效果图中有飞线，这些飞线会影响视觉效果，可以把飞线隐藏，如图 2-60 所示。

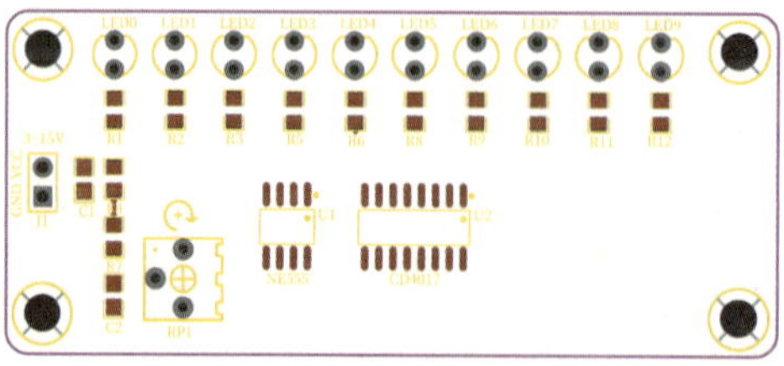

图 2-60　流水灯电路 PCB 布局完成效果图（隐藏飞线）

七、元件的布线

（一）布线基本操作

1. 关闭飞线

飞线是基于相同网络产生的，当两个焊盘的网络相同时，将会出现飞线，表示这两个焊盘可以通过导线连接。如果需要关闭某条网络的飞线（即隐藏飞线），可以在设计管理器中取消勾选该网络，待布线完成后再打开，这样可以减少飞线对布线的干扰。如图 2-61、图 2-62 所示。

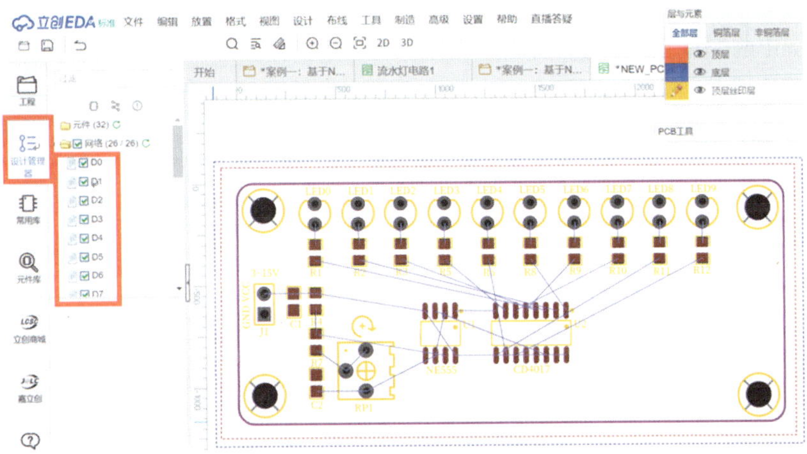

图 2-61　关闭飞线前效果图

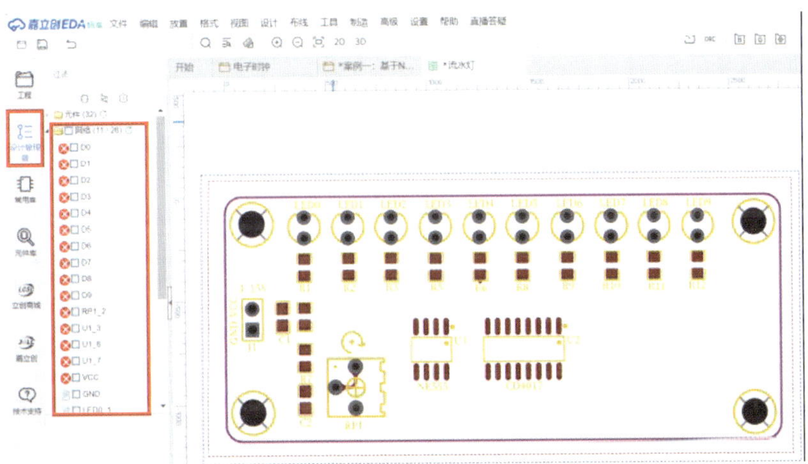

图 2-62　关闭飞线后效果图

2. 选择布线工具

单击 PCB 工具中的按钮，或按快捷键“W”，在画布上单击“开始绘制”，再次单击“确认”布线，单击鼠标右键可取消布线，再次单击鼠标右键即可退出布线模式。布线时要选择正确的层，铜箔层和非铜箔层都可用该布线工具绘制导线。

3. 修改导线属性

首先选择待修改属性的一段导线，然后在 PCB 设计环境右侧的“导线属性”面板中修改即可，如图 2-63 所示。

图 2-63　修改导线属性

4. 切换布线活动层

在顶层绘制一段导线，单击“确认”布线，然后按“B”键，可以自动添加过孔，并自动切换到底层继续布线。按“T”键可由底层切换至顶层。

5. 调节导线线宽

在布线过程中，按“+”、“-”键可以调节当前导线线宽，线宽以 2 mil 的幅度递增或递减。也可以按 Tab 键修改线宽的参数。如果在布完一段导线后，要增大下一段导线的线宽，则先按“L”键，再按“+”键调整。

6. 移动导线线段

单击选中一段导线，拖动即可调节其位置。

7. 切换布线角度

在布线过程中，按“L”键可以切换布线角度。布线角度有 4 种：90°布线、45°布线、任意角度布线和弧形布线。按空格键可以切换当前布线的角度。

8. 高亮显示网络

单击选中待高亮显示的网络的其中一段导线，按“H”键可以高亮显示该网络的所有导线，再次按“H”键，可以取消高亮显示。

9. 删除导线

在布线的过程中，要撤销上一段布线可以通过按“Delete”键实现；要删除导线的某一线段，可以按下“shit”键，同时双击要删除的线段，或者选中要该线段，然后单击鼠标右键，在右键快捷菜单中选择“删除线段”命令即可实现。

10. 布线冲突

在 PCB 设计过程中，需要打开布线冲突中的“阻挡”功能，如图 2-64 所示。这样在布线过程中，不同网络之间将不相连。

11. 布线吸附

在布线过程中，需要打开“吸附”功能，如图 2-65 所示，这样布线时将自动吸附在焊盘的中心位置。

图 2-64　布线冲突

图 2-65　布线吸附

（二）布线注意事项

（1）电源主干线原则上要加粗（尤其是电路板的电源输入输出线）。

（2）PCB 布线不要距离定位孔和电路板边框太近，否则在进行 PCB 钻孔加工时，导线很容易被切掉一部分甚至被切断，如图 2-66 所示。

图 2-66　布线吸附

（3）同一层禁止 90°拐角布线，不同层之间允近过孔 90°布线。此外，布线时尽可能遵守一层水平布线、另一层垂直布线的原则。

（4）高频信号线不要加粗，尽可能布线在同一层。

根据布线规则，流水灯电路布线完成效果如图 2-67 所示。

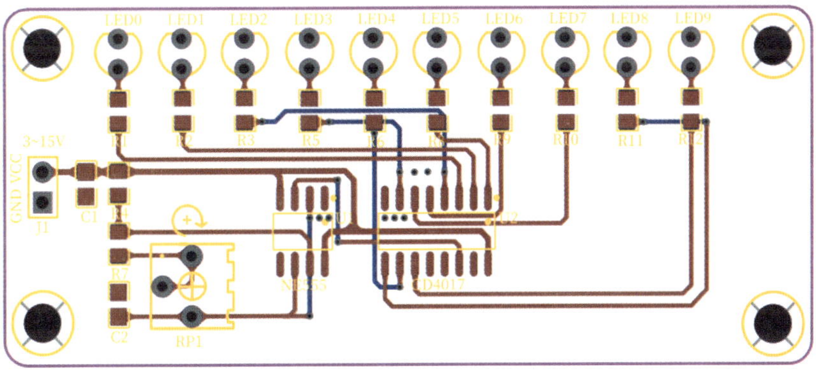

图 2-67　流水灯电路布线效果图

八、丝　印

丝印是指印刷在电路板表面的图案和文字，丝印字符布置原则是“不出歧义，见缝插针，美观大方”。添加丝印就是在 PCB 的上下表面印刷上所需要的图案和文字等，主要是为了方便电路板的焊接、调试、安装和维修等。

（一）添加丝印

1. 在顶层丝印层添加丝印

在“层与元素”面板中选择“顶层丝印层”，如图 2-68 所示。

单击 PCB 工具中的 T 按钮，这时指针处会出现 TEXT 字符，接着按“Tab”键，在弹出的“属性”文本框中输入要添加的丝印文本，如图 2-69 所示，然后单击“确定”按钮。

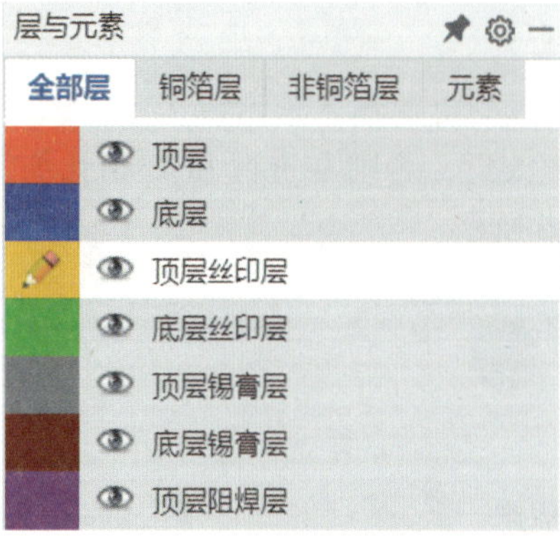

图 2-68　选择顶层丝印层

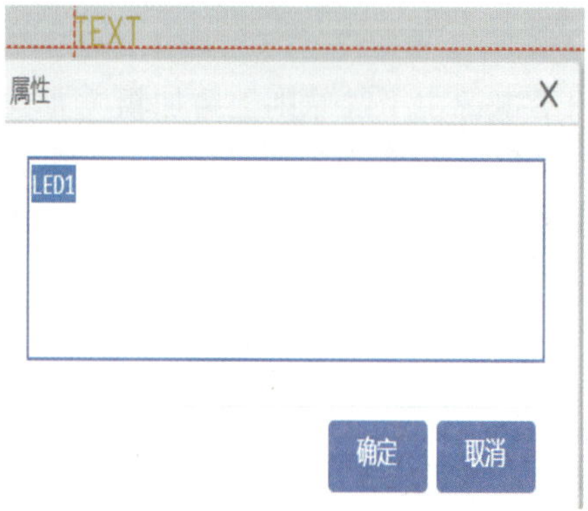

图 2-69　输入丝印文本

这时指针处的 TEXT 文本变成 LED1，单击放置在 PCB 相应的位置上。然后，单击选中丝印 LED1，在 PCB 设计环境右侧的“文本属性”面板中修改文本的线宽、高等参数，如图 2-70 所示。

2. 在底层丝印层添加丝印

在“层与元素”面板中选择“底层丝印层”，其余操作与在顶层丝印层添加丝印相似，也可在“文本属性”面板中的“层”下拉菜单中选择“底层丝印”，将顶层丝印切换为底层丝印。顶层丝印和底层丝印效果图如图 2-71 所示，两者呈镜像关系。

图 2-70　修改文本丝印属性

图 2-71　顶层丝印和底层丝印

（二）丝印方向

丝印的摆放方向应遵守“从左到右，从上到下”的原则。也就是说，如果丝印是横排的，则首字母须位于左侧；如果丝印是竖排的，则首字母须位于上方。

九、添加电路板信息

为了便于产品管理，可在电路板上添加电路板名称。下面详细介绍如何添加电路板名称。

在“层与元素”面板中选择“顶层丝印层”，单击 PCB 工具中的“T”按钮，然后按“Tab”键，在弹出的“属性”。文本框中输入“流水灯 PCB 设计”。也可以设置文本属性，然后放置在合适的位置，如图 2-72 所示。

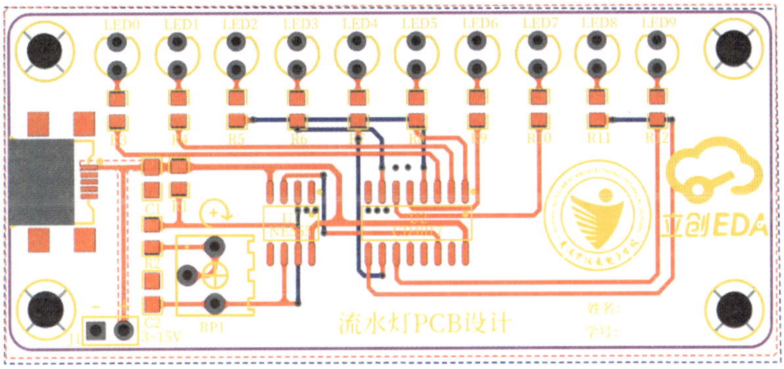

图 2-72　流水灯 PCB 名称设置

十、覆　铜

覆铜是指将电路板上没有布线的部分用固体铜填充，又称为灌铜，一般与电路的一个网络相连，大多数情况与 GND 网络相连。对大面积的 GND 或电源网络覆铜将起到屏蔽作用，可提高电路的抗干扰能力。此外，覆铜还可以提高电源效率，与地线相连的覆铜可以减小环路面积。

对于流水灯项目，将覆铜网络设置为 GND。以顶层覆铜为例，首先在“层与元素”面板中选择“顶层”，单击 PCB 工具中的按钮，或按“E”键开始绘制覆铜。在 PCB 边框外部沿着绘制一个比边框略大的矩形框，结束绘制时单击鼠标右键，系统将自动填充，如图 2-73 所示。

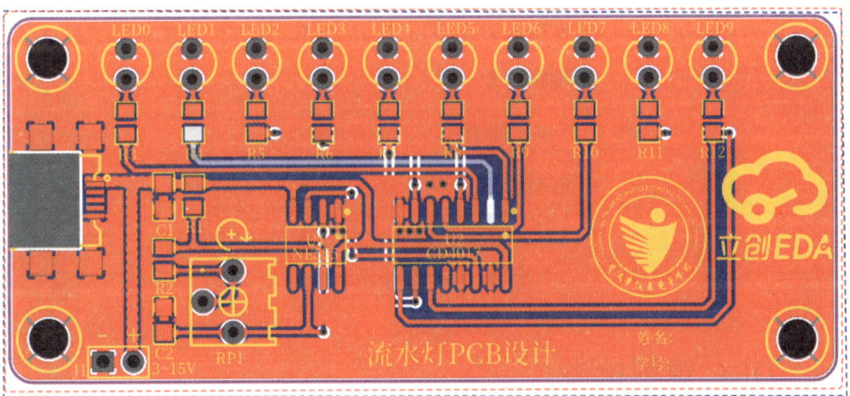

图 2-73　顶层覆铜

完成顶层覆铜后，按照同样的方法给底层进行覆铜，底层覆铜后如图 2-74 所示。

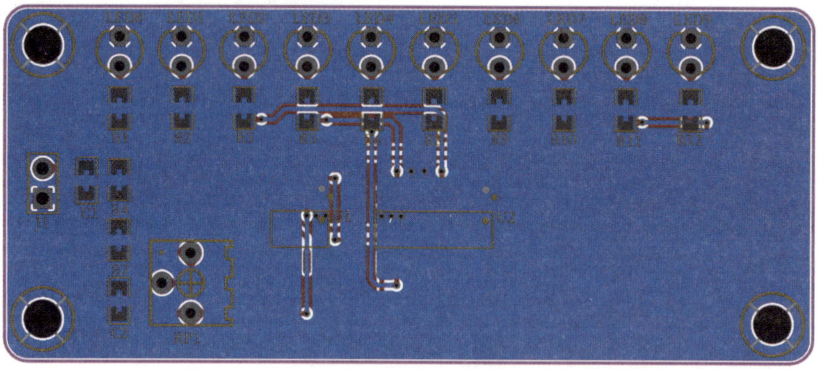

图 2-74　底层覆铜

选中覆铜线框，可在 PCB 设计环境右侧的“覆铜属性”面板中修改属性，如图 2-75 所示。如果对 PCB 做了修改，或者修改了覆铜属性，则可通过单击“重建覆铜区”按钮或按快捷键“Shift+B”重建所有覆铜区而无须重新绘制覆铜区。如果要清除所有覆铜区，可按快捷键“Shift+M”。

图 2-75　覆铜属性

十一、DRC 规则检查

DRC 规则检查是根据设计者设置的规则对 PCB 设计进行检查。在 PCB 设计环境下，单击打开“设计管理器”，然后刷新“DRC 错误”，如图 2-76 所示。一旦检查出 PCB 有违反规则的地方，错误信息将会显示在“DRC 错误”目录下。

图 2-76　DRC 规则检查

【任务评价】

流水灯电路 PCB 设计评价表如表 2-3 所示。

表 2-3　流水灯电路 PCB 设计评价表

项目名称：________________

姓名：________　　班级：________　　学号：________

评价内容	评价标准		评价要求	分值	得分
考勤纪律（10%）	无迟到、早退、旷课情况；遵守课堂各项纪律		迟到、早退一次扣 1 分；旷课一次扣 2 分；影响上课秩序一次扣 2 分	100	
职业规则（10%）	爱护公共设施、爱护个人及公共环境卫生、不得带饮料及食品进机房		视具体情况扣分	100	
实施步骤（80%）	1.新建 PCB 文件	在 PCB 工程中新建 PCB 文件并保存	无操作失误	5	
	2.将原理图导入 PCB 文件	能把原理图直接转换成 PCB 文件	无操作失误	5	
	3.PCB 规则设置	能按要求设置 PCB 边框参数；完成间距设置、线宽设置、孔外径设置、孔内径设置、线长设置	每错一处扣 2 分，扣完为止	10	
	4.定位孔设计	能准确绘制定位孔	与要求不符不给分	20	
	5.元件布局	能按要求及原则进行 PCB 元件布局	无操作失误	10	
	6.元件布线	能按要求及原则进行 PCB 布线	无操作失误	10	
	7.添加丝印	能按要求添加丝印	每错一处扣 1 分，扣完为止	10	
	8.添加电路板信息	能按要求添加电路板信息	每错一处扣 1 分，扣完为止	10	
	9.电路板覆铜	能按要求进行双面或单面覆铜	无操作失误	10	
	10.DRC 规则检查	DRC 规则检查无误	无操作失误	10	
合　计				100	

【任务小结】

流水灯电路 PCB 印制板设计总结如图 2-77 所示。

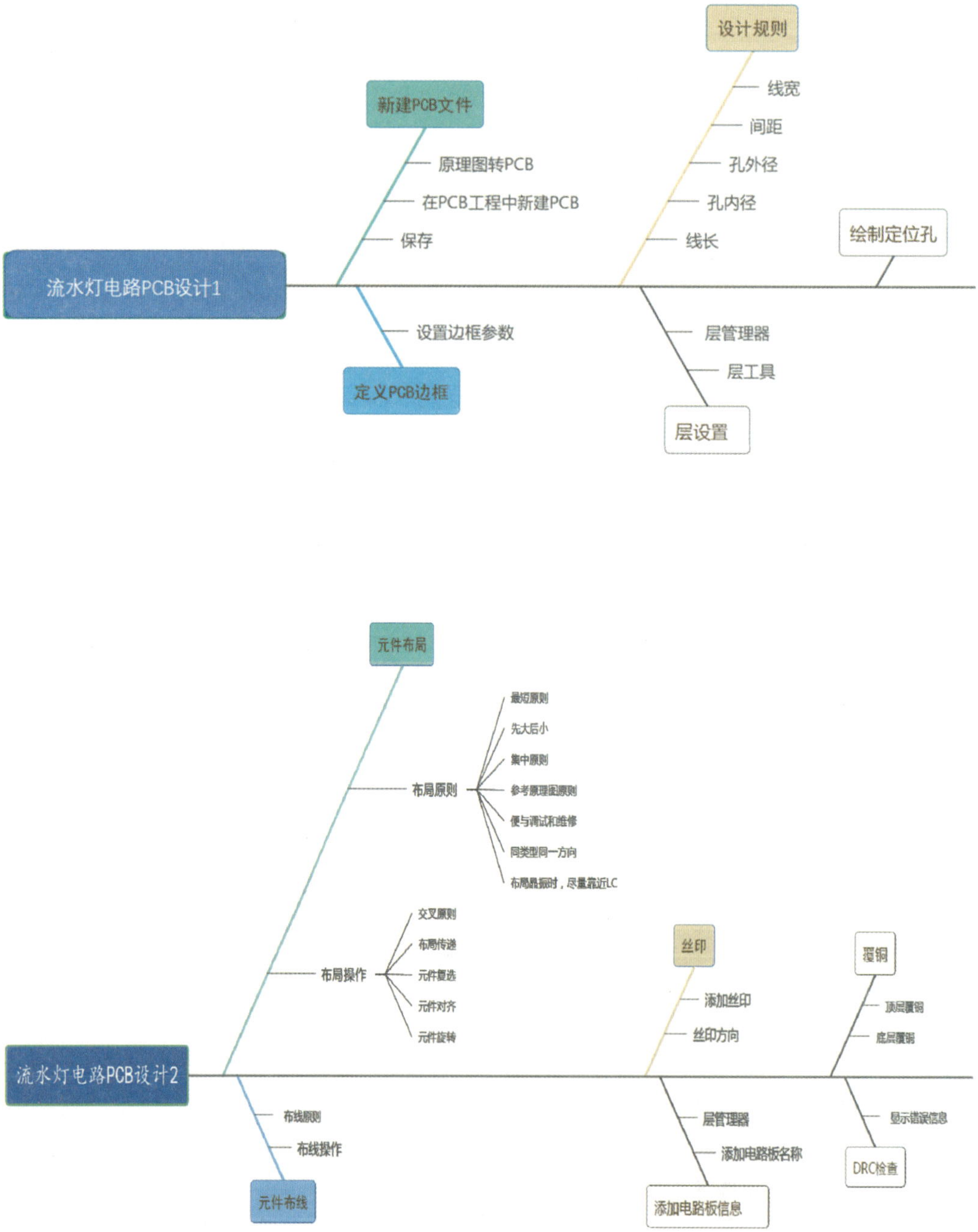

图 2-77　流水灯电路 PCB 设计总结

【任务拓展】

亚超声发射电路印制电路板设计

亚超声发射电路采用 NE555 定时器、晶振、三极管、电阻、电容、开关等元件构成。

下面提供电路的参考元件清单（见表 2-4）及印制电路板 2D、3D 预览图（见图 2-78、图 2-79），请根据相关要求绘制电路原理图及 PCB 图。

表 2-4　亚超声发射电路元件清单

编号	元件名称	位号	封装	数量
1	12MHz	B1	HC-49US_L11.5-W4.5-P4.88	1
2	1nf	C4	CAP-TH_L4.3-W2.4-P5.08	1
3	10nf	C5	CAP-TH_L4.3-W2.4-P5.08	1
4	K2-3.6×6.1_SMD	K7,K8	sW-TH_4P-L6.0-W6.0-P4.50-LS6.5	2
5	805	Q7	TO-92-3_L4.9-W3.7-P1.27-L	1
6	1k	R12,R13	RES-TH_BD2.3-L6.5-P10.50-DO.5	2
7	2k	RW1,RW2	RFS-ADJ-TH_3P-L10.0-W10.0-P2.50-BL-BS	2
8	NE555	U1	BIP-8_L9.7-W6.6-P2.54-LS7.6-BL	1

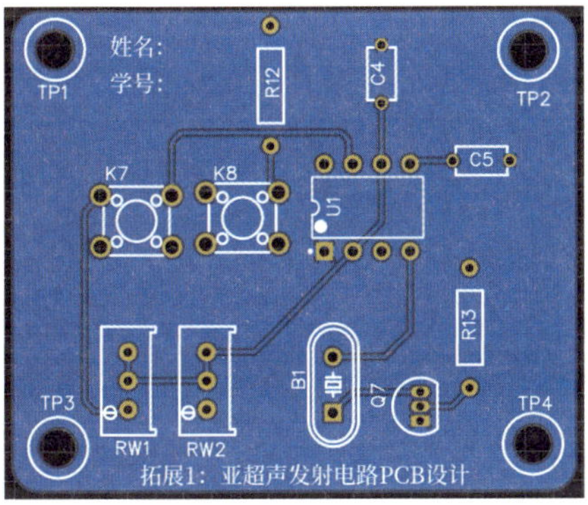

图 2-78　亚超声发射印制板 2D 预览

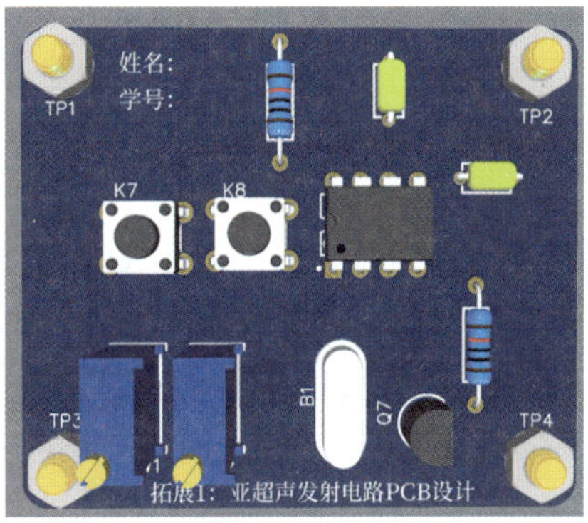

图 2-79　亚超声发射印制板 3D 预览

1. 绘制原理图

建立名为亚超声发射电路原理图文件，并设置原理图图纸尺寸为 A4。

2. 绘制 PCB 图

要求：

（1）使用双面板；电路板尺寸为不大于：4000 mil（宽）×3 800 mil（高）；

（2）信号线宽 10 mil，VCC 线宽 20 mil，接地线宽 30 mil；

（3）对地线在整板的顶层和底层放置铺铜。

3. 扫码观看参考案例

二维动画：亚超声发射电路

【项目评价】

总结项目实施情况，填写表 2-5 所示的项目评价表。

表 2-5　项目小结评价表

项目名称：________________

姓名：________　　班级：________　　学号：________

<table>
<tr><td colspan="5">一、项目小结及自评（100 分）</td></tr>
<tr><td rowspan="3">完成哪些任务</td><td colspan="4"></td></tr>
<tr><td colspan="4"></td></tr>
<tr><td colspan="4"></td></tr>
<tr><td>遇到的难点</td><td colspan="4"></td></tr>
<tr><td>解决的方法</td><td colspan="4"></td></tr>
<tr><td colspan="2">收获了哪些知识与技能</td><td colspan="3"></td></tr>
<tr><td colspan="2">体会到哪些职业素质（团队协作精神，勤奋敬业精神、钻研创新精神等）</td><td colspan="3"></td></tr>
<tr><td colspan="5">二、小组互评（100 分）</td></tr>
<tr><td>语言沟通能力</td><td colspan="4"></td></tr>
<tr><td>团队合作精神</td><td colspan="4"></td></tr>
<tr><td colspan="5">三、师评（100 分）</td></tr>
<tr><td>按时完成情况</td><td colspan="4"></td></tr>
<tr><td>项目完成质量</td><td colspan="4"></td></tr>
<tr><td>解决问题的能力</td><td colspan="4"></td></tr>
<tr><td>任务创新点</td><td colspan="4"></td></tr>
<tr><td rowspan="2">项目综合评价</td><td>自评（35%）</td><td>互评（15%）</td><td>师评（50%）</td><td>项目综合得分</td></tr>
<tr><td></td><td></td><td></td><td></td></tr>
</table>

【知识链接】

团队创建和预览

1. 团队创建

立创 EDA 提供强大的团队管理功能，创建者通过创建一个团队将成员加入并赋予权限就可以共同对工程的设计，在工程设计中实现分工协作，使工程效率更高。通过团队管理的方式可以使团队成员对一个工程的理解更加深入，更有助于该工程的完善，体现团队协作的优势。在团队里面的工程文件同样可以设置版本管理的功能，团队之间就可以根据一个项目设计多个版本，不同的团队成员可以设计不同的版本，促进相互间的学习、交流和进步。

如何创建一个团队呢，首先点击团队头像，进入个人中心页面选择团队，或用鼠标左键创建团队，进入创建团队的页面，如图 2-80 所示。

图 2-80　创建团队

在团队创建页面输入团队名称和团队简介之后就可以创建一个团队了，团队成员可以在创建团队的时候添加，也可以在创建成功后添加。类似组建 QQ 群一样，创建者相当于群主，可以进行管理员设置。在立创 EDA 团队管理中，分为以下几种管理权限：

所有者：个人工程的所有者。对工程有全部的操作权限。

管理员：拥有工程文档、设置、下载和工程成员的操作权限。

开发者：拥有工程文档、附件创建编辑权限。

成　员：拥有对工程文档、附件查看权限。

2. 预　览

立创 EDA 可以随时进行 2D 的照片预览和立体的 3D 预览（见图 2-81、图 2-82），其图标在主菜单栏上为 2D3D。我们可以在右侧的属性框修改预览的板子和焊盘的颜色。通过预览的功能可以很直观地看到板子实际生产出来会是一个什么样的效果，也可以通过预览发现错误加以修改。

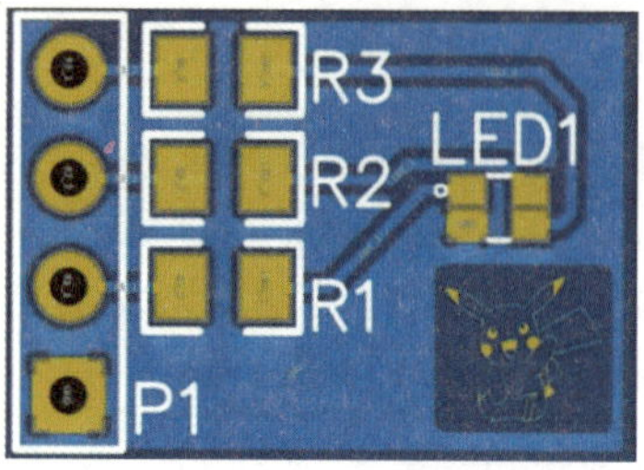

图 2-81　照片预览效果

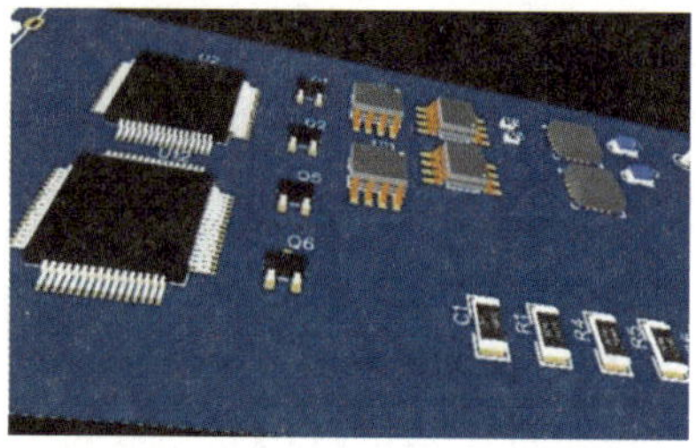

图 2-82　3D 预览效果

【素养链接】

国产 EDA 软件快速发展，加速替代国外 EDA 软件

EDA 是电子设计自动化的简称（见图 2-83），它是电子设计与制造技术的核心。

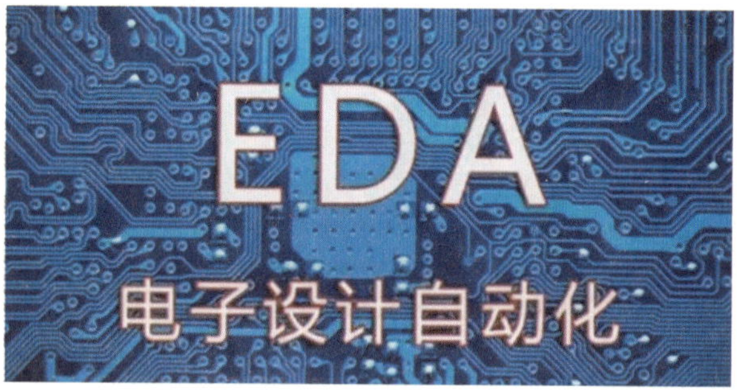

图 2-83　EDA 技术

EDA 技术是以计算机为工具，融合应用电子技术、计算机技术、智能化技术最新成果而研制成的电子 CAD 通用软件包，主要能辅助进行三方面的设计工作，即 IC 设计、电子电路设计和 PCB 设计。

2022 年 6 月，中国科学院（简称中科院）公布以 300 多万元采购北京乾元信通科技有限公司的 EDA 系统，这已是中科院连续两个月大手笔采购国产 EDA 软件，显示出对国产 EDA 软件的高度认可，国产 EDA 软件替代国外 EDA 软件的时代正在到来。

这几年芯片行业受到国内业界的高度关注，芯片制造行业，特别是芯片制造的关键设备——光刻机由此为国人所熟知。其实芯片制造是一条相当长的产业链，EDA 软件同样是其中的关键一环。2020 年，由于哈尔滨工大学、华为海思先后被美国 EDA 软件企业暂停授权，人们开始认识到 EDA 软件的重要性。

如今的芯片是极为复杂的产品，例如，手机 SOC 芯片就集成了 CPU、GPU、基带等芯片，由此手机 SOC 芯片的晶体管数量高达百亿颗，如此高度复杂的芯片自然不可能用人手绘图，芯片制造企业也不可能接受手工绘图，EDA 软件就解决了这个问题。

芯片设计企业以全球通用的 EDA 软件设计出芯片结构，然后由台湾积体电路制造股份有限公司（简称台积电）等芯片制造企业接收设计图纸投入生产。此前全球的 EDA 软件主要由 Cadence、Synopsys、Mentor 三家美国公司垄断，曾占据了 95%的市场份额。

2020 年国内一些企业和机构的遭遇促进了国内 EDA 软件的发展，在各方的支持下，国内涌现了一大批 EDA 软件企业，从那时候的 20 多家猛增到如今的 50 多家，经过近两年时间的发展，国产 EDA 软件已在部分领域替代了国外 EDA 软件的功能。

中科院作为国内科研行业的领军者，在支持国产 EDA 软件发展方面义无反顾地担起重任，而率先引入国产 EDA 软件。分别于 2022 年 4 月，以 500 多万采购了华大九天的 EDA 软件，6 月 1 日又以 300 多万采购北京乾元信通科技软件，体现出积极支持国产 EDA 软件的态度。

国产 EDA 软件能够取得长足的发展，在于之前打下的基础，其实国内一直都有 EDA 软件，不过众多芯片企业为了方便与全球同行软件兼容，多数优先采用 Cadence、Synopsys、Mentor 三家美国公司的 EDA 软件，直到认识到完全依赖美国 EDA 软件可能带来的后果，才开始支持国产 EDA 软件。

如今，美国 EDA 软件在国内市场的份额已跌穿九成至 78%左右，凸显出越来越多企业开始采用国产 EDA 软件，同时也说明国产 EDA 软件的技术确实达到了较高的水平，能够实现相当多的芯片设计任务。

随着国产 EDA 软件得到重视，国产 EDA 软件也已在更先进的光芯片、量子芯片的 EDA 软件上进行布局，中科院院士郭光灿所带领科研团队就成功攻克了量子芯片 EDA 软件核心技术，这意味着中国在未来芯片行业已开始打基础。

从芯片制造设备到 EDA 软件，中国如今正努力打造自己完善的芯片产业链。相信依靠中国庞大的芯片市场，中国芯片产业链在国内芯片市场的滋养下，必然会形成一条独立自主的产业链，总有一天将无需再依赖国外芯片产业链。

项目三　声光控智能灯印制电路板设计

【项目导入】

声光控智能灯集声控、光控、延时自动控制技术为一体，内置声音感应元件、光效感应元件。白天光线较强时，受光控自锁，有声响也不通电开灯；傍晚环境光线变暗后，开关自动进入待机状态，遇有说话声、脚步声等声响时，会立即通电亮灯，延时 30s 后自动断电，该技术能延长灯泡寿命 6 倍以上，节电率达 90%；既可避免摸黑找开关造成的摔伤碰伤，又可杜绝楼道灯有人开、没人关的现象。生活中声光控智能灯随处可见，如图 3-1 所示为庭院中的智能景观灯，图 3-2 所示为起夜灯。

图 3-1　庭院中的智能景观灯

图 3-2　起夜灯

本项目为声光两级控制照明电路，照明灯开关对光线强弱的感应控制是第一级开关，对声强的感应控制是第二级开关。延时控制功能通过 555 定时器构成的单稳态触发电路实现。下面提供声光控智能灯电路元件清单（见表 3-1），引导学生进行电路原理图设计、PCB 设计，从而完成印制电路板设计。

表 3-1　声光控智能灯电路元件清单

序号	名称	位号	封装	数量
1	104	C1,C2	CAP-TH_L5.0-W2.5-P2.54-D0.7	2
2	10uF	C3	CAP-TH_BD4.0-P1.50-D0.8-FD	1
3	103	C4	CAP-TH_L5.0-W2.5-P2.54-D0.7	1
4	CONN-TH_3P-P5.00	CN1	CONN-TH_3P-P5.00	1
5	1N4007	D1	D0-41_BD2.4-L4.7-P8.70-D0.9-RD	1
6	MG-52B	LDR	RES-TH_L7.0-W5.9-P5.00-D0.5	1
7	GMI6050P-60DB	MIC	MIC-TH_BD6.0-P1.90-D0.4-L-RD	1
8	LED-TH-3mm_R	POWER,VOUT	LED-3MM	2
9	9013H	Q1	T0-92-3_L4.9-W3.7 P1.27 L	1
10	S8050	Q2,Q3	T0-92-3_L4.9-W3.7-P1.27-L	2
11	1K	R1	RES-TH_BD2.5-L6.5-P10.50-D0.6	1
12	22K	R2	RES-TH_BD2.2-L6.5-P10.50-D0.6	1
13	2M	R3	RES-TH_BD2.2-L6.5-P10.50-D0.6	1
14	1M	R4	RES-TH_BD2.2-L6.5-P10.50-D0.6	1
15	33K	R5	RES-TH_BD2.2-L6.5-P10.50-D0.6	1
16	4.7K	R6,R11	RES-TH_BD2.2-L6.5-P10.50-D0.6	2
17	10K	R7	RES-TH_BD2.5-L6.5-P10.50-D0.6	1
18	120K	R8	RES-TH_BD2.5-L6.5-P10.50-D0.6	1
19	49.9K	R9	RES-TH_BD2.4-L6.3-P10.30-D0.6	1
20	1.2K	R10	RES-TH_BD2.2-L6.5-P10.50-D0.6	1
21	10k	R12	RES-TH_BD2.2-L6.5-P10.50-D0.6	1
22	1M	RP1	RES-ADJ-TH_3296W	1
23	SW-SPDT	S1	SW-TH_SS-12DO2-VG4	1
24	M3x10+6	TP1,TP2,TP3,TP4	M3X10-6	4
25	NE555P	U1	DIP-8_L9.8-W6.6-P2.54-LS7.6-BL	1
26	USB-Micro_2	USB1	MICRO-USB-SMD_5P_C40957	1

立创 EDA 软件还提供印制电路板的 2D 仿真示图，从而更直观地展示设计完成的印制电路板（见图 3-3），本项目导入详细内容请扫二维码进行观看。

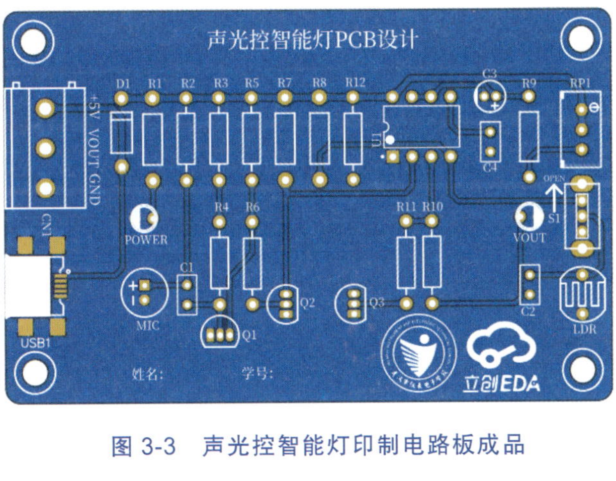

图 3-3　声光控智能灯印制电路板成品

视频：声光控智能灯印制电路板设计项目导入

【项目目标】

1. 知识目标

（1）了解声光控智能灯原理图设计、原理图库设计、PCB 封装库设计、PCB 板设计的基本流程。

（2）掌握声光控智能灯原理图设计、原理图库设计、PCB 封装库设计、PCB 板设计的设计步骤。

2. 能力目标

（1）通过学习会使用 EDA 绘图工具。

（2）能根据要求准确的绘制印制电路板。

3. 素质目标

（1）通过理实一体化，使学生获得较强的实践动手能力。

（2）培养良好的操作规范，养成良好职业行为习惯。

（3）在项目教学过程中，锻炼学生的团队合作能力、专业技术交流的表达能力。

任务一　声光控智能灯原理图设计

【任务目标】

视频：声光控智能灯原理图设计

1. 知识目标

（1）掌握原理图设计的基本流程。

（2）掌握画布设置的方法。

（3）掌握网格、栅格的区别以及设置参数的方法。

2. 能力目标

（1）掌握创建原理图文件的步骤。

（2）掌握放置元件符号的方法。

（3）掌握对元件符号属性进行设置的方法。

（4）掌握元件布局原则，并完成导线连接。

【任务实施】

一、原理图的设计流程

声光控智能灯电路原理图设计有 7 个步骤，分别为新建工程、新建原理图文件、设置相关参数、封装配置、放置元器件、连线和检查电路。电路原理图设计流程如图 3-4 所示。

（1）新建声光控智能灯工程。用鼠标单击：“开始”→“程序”→“立创 EDA”或双击桌面图标，启动软件，新建声光控智能灯工程文件。

（2）新建声光控智能灯原理图。在声光控智能灯工程文件，新建一个声光控智能灯原理图文件，进入原理图编辑器。

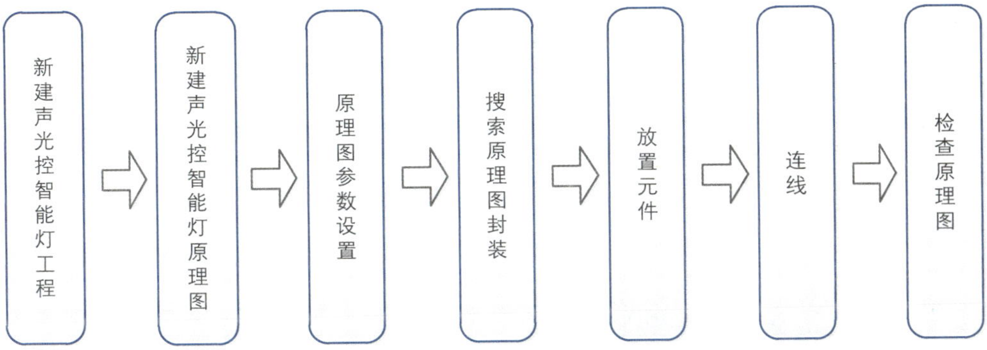

图 3-4　声光控智能灯电路原理图设计流程图

（3）原理图参数设置。在绘制原理图之前，应首先设置好工作环境，对图纸大小、方向、网格参数等进行设置。

（4）搜索原理图封装。在立创 EDA 元件库中搜索原理图对应的原理图封装。

（5）放置元器件。一般情况下，电路中所需元器件在立创 EDA 常用库中都可以找到，只要从库中选择所需类型添加到原理图中就可以了，但是有些元器件需要在元件库中搜索找到编辑后再进行放置。

（6）元器件连线。将添加并排列好的元器件引脚用导线、网络标签连接起来，形成完整的电路。

（7）检查原理图。利用立创 EDA 提供的设计管理器对电路的元件和网络进行检查，并根据检查结果对原理图进行调整和修改。

二、新建工程

（一）启动立创 EDA 软件

用鼠标单击“开始”→“程序”→“立创 EDA”，或双击桌面图标，启动软件操作界面，如图 3-5 所示。

图 3-5　立创 EDA 操作界面图

（二）创建工程文件

1. 新建工程

点击顶部菜单“文件”→“新建”→“工程”，新建工程，如图 3-6 所示。也可点击界面中“快速开始”下面的“新建工程”图标新建工程。

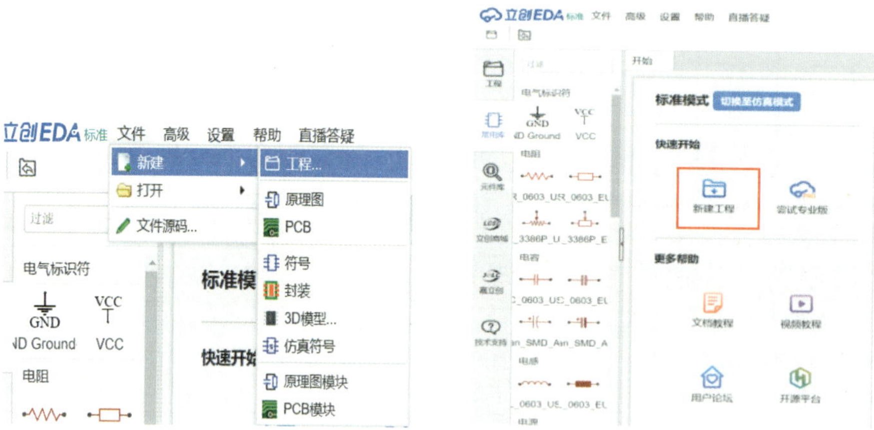

图 3-6　新建工程

2. 工程文件命名及保存

在新建工程界面的标题处对工程进行命名，也可以对工程进行简单的描述，最后点击“保存”，如图 3-7 所示。

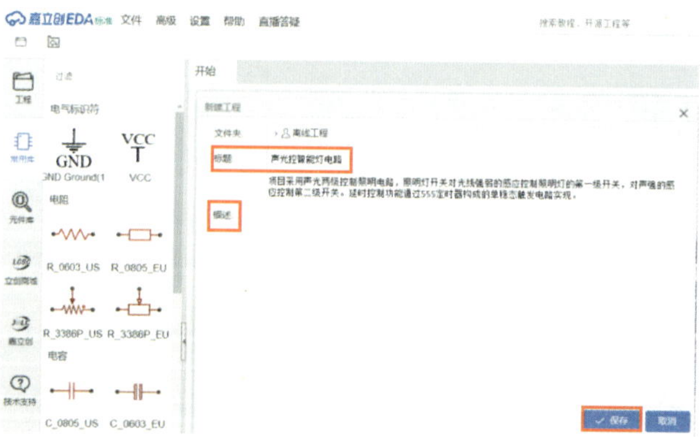

图 3-7　工程命名及保存

三、新建原理图文件

1. 新建原理图

点击顶部菜单的“文件”→“新建”→“原理图”即可新建原理图，系统默认原理图文件名为 Sheet_1，如图 3-8 所示。或是选择数字显示温湿度计电路工程文件并单击鼠标右键，在下拉菜单中选择“新建原理图”，也可在数字显示温湿度计工程下新建一个原理图文件。

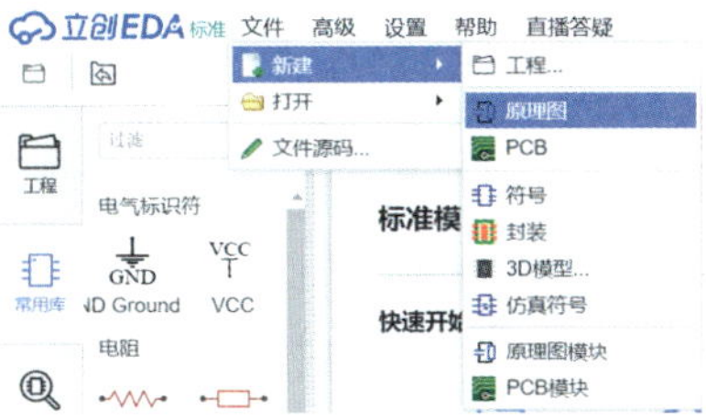

图 3-8 新建原理图

2. 重命名原理图

鼠标选择 Sheet _ 1 文件，右键在下拉菜单中选择修改命令，如图 3-9 所示。

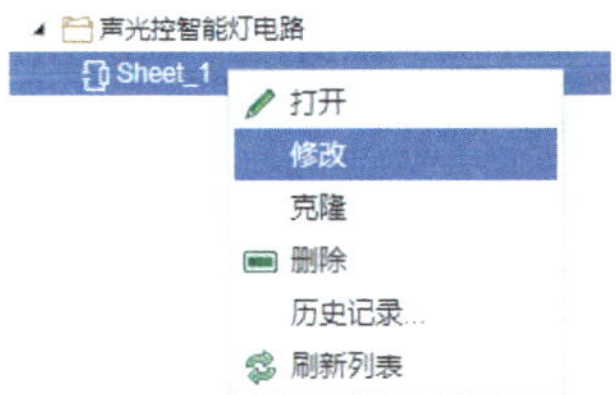

图 3-9　重命名原理图

在“修改文档信息”对话框中将原理图标题修改为“声光控智能电路”，可以根据需要添加相关描述，如图 3-10 所示。最后单击“确定”按钮即可看到原理已被重命名。

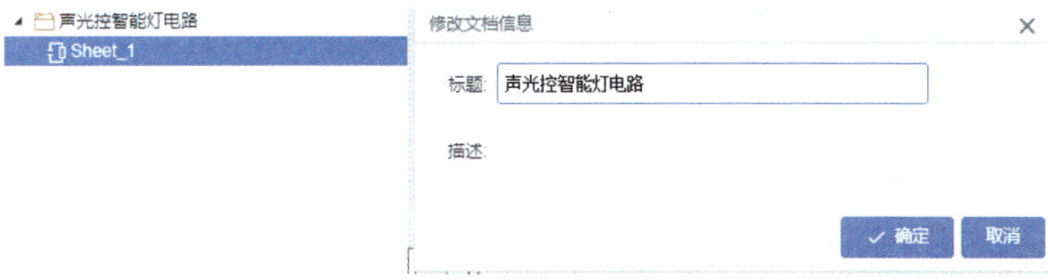

图 3-10　重命名原理图

创建新原理图设计界面，如图 3-11 所示。

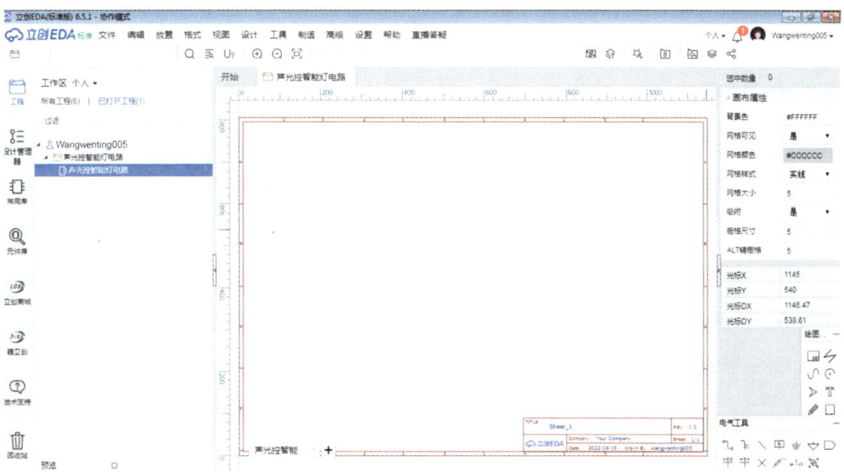

图 3-11　原理图设计界面

四、原理图参数设置

在绘制原理图之前，需要对相关参数进行规范化设置。常规参数包括网格大小、栅格尺寸、画布规格和 Title Block，下面进行详细说明。

1. 设置网格大小

网格大小是用于标识间距和校准元件符号的线段，便于将元件摆放整齐。网格默认的大小为 5，如图 3-12 所示，可根据需要进行设置。

图 3-12　设置网格大小

图 3-13　设置栅格尺寸

2. 设置栅格尺寸

栅格尺寸是指光标移动时的步进距离，便于将元件与布线对齐。栅格尺寸越小，元件和布线移动的步进距离就越小，也越精准，ALT 键栅格是指按下“Alt”键，然后移动元件时的步进距离。栅格和 ALT 键栅格默认尺寸均为 5，如图 3-13 所示。

3. 设置画布规格

根据电路的难易程度，单击绘图工具中的进行画布大小的设置，如图 3-14 所示。立创 EDA 的画布默认规格是 A4，数字显示温度湿度计电路采用 A4 大小的纸就可以容纳所有元件。

图 3-14　设置画布规格

4. 设置 Title Block

在 Title Block 中双击对应的文本就可以修改标题名称、版本、公司信息、日期和作者等相关信息，如图 3-15 所示。

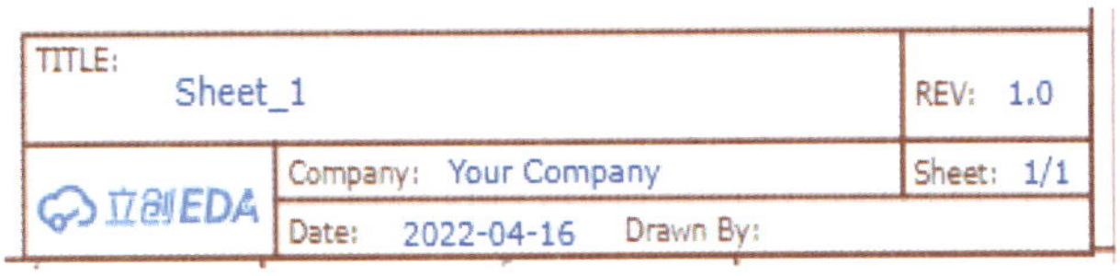

图 3-15　设置 Title Block

（1）修改 TITLE：双击 Sheet_1，在弹出的文本框中输入“SCH_声光控智能灯”即可完成修改。

（2）版本号（REV）修改为 V1.0；Sheet 保持系统默认设置；Date 设置为设计时间；Drawn By 处输入作者姓名。

（3）修改 Title Block 文本属性：选中 Title Block 中的文本，在原理图设计界面右侧的“文本属性”面板中可以修改文本的颜色、字体、字体大小等属性，如图 3-16 所示。

图 3-16　修改 Title Block 文本属性

（4）可以添加 LOGO：单击绘图工具中的可以向 Title Block 中添加图片，在弹出的图片属性对话框中输入图片网址或是从本地上传图片，单击“确定”。如图 3-17 所示。

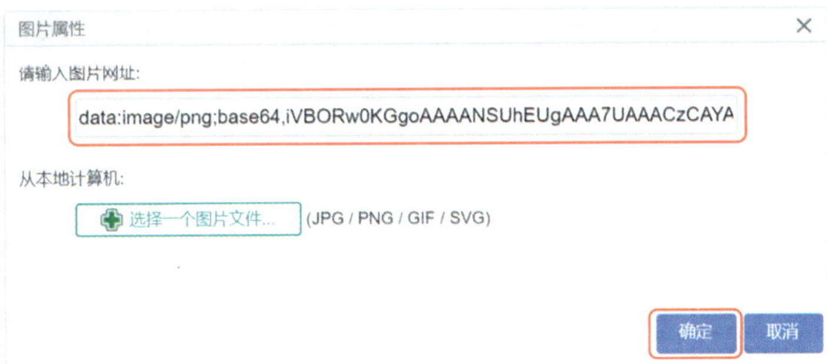

图 3-17　导入图片

（5）上述参数修改完成后，Title Block 设置完成，如图 3-18 所示。

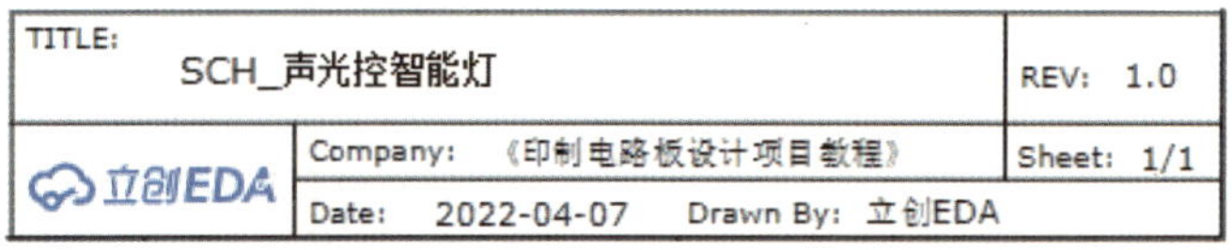

图 3-18　Title Block 设置完成图

五、放置元件

在原理图设计中，用来存放元器件的库有常用库和元件库。

常用库包含的是一些常用的元器件，它不支持自定义。在常用元件库中单击元件，然后移动指针到画布，单击鼠标左键即可放置元件。元件库中的元件需要先进行搜索找到需要的元件再进行放置才可以使用。在声光控智能灯电路中用到了电阻、电容、二极管、三极管、开关、排母、接地端 GND 和 VCC。咪头 GMI6050P-60DB 要从元件库中获取。下面以“GMI6050P-60DB”为例介绍如何从元件库中获取元件。

单击原理图设计界面左侧的元件库 按钮，或是使用快捷键“Shift+F”打开“元件库”对话框。在搜索引擎中输入 GMI6050P-60DB，单击 或是按“回车键”进行搜索，如图 3-19 所示。

图 3-19　搜索 GMI6050P-60DB

根据元件的封装和制造商等信息在搜索结果中选择所需元件，如图 3-20 所示。

图 3-20　选择 GMI6050P-60DB

选择完成以后单击图 3-20 中的“放置”按钮，然后在原理图中单击就可以放置所选元器件。放置时元件的引脚要放置在格点上，以方便后续导线的连线，如图 3-21 所示。元件不建议放置在如图 3-22 所示，两个栅格之间的位置，因此在设置网格和栅格的尺寸时一定要合适。

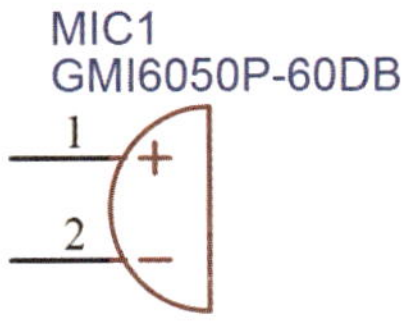

图 3-21　引脚放置正确

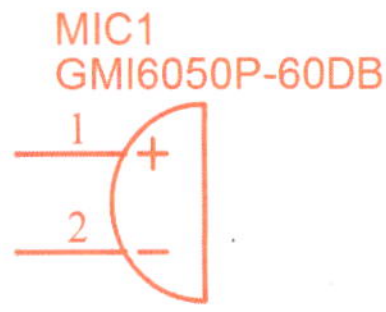

图 3-22　引脚放置错误

元件放置之后，在原理图设计界面右侧的“元件属性”中对元件的属性进行设置。例如将位号设置为 MIC，如图 3-23 所示。使用同样的方法搜索原理图中其他元件进行放置，并对其属性进行修改。

图 3-23　元件属性设置

在声光控智能灯电路中，“MIC”的名称可省略，选中名称，单击右键即可删除，如图 3-24 所示。若元件需要旋转后放置的，可选中元件然后按空格键实现旋转功能。

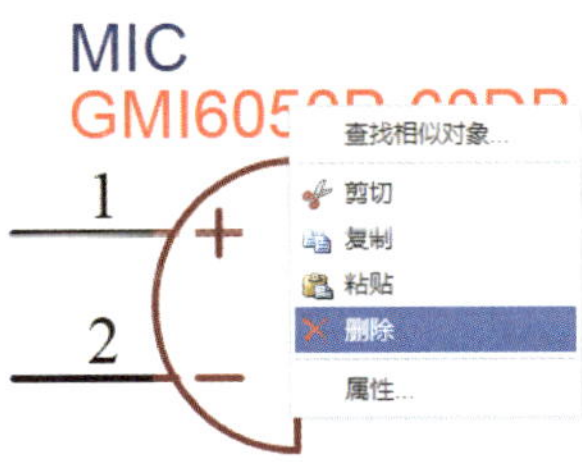

图 3-24　元件名称删除

声光控智能灯电路中的所有元件全部放置并完成相应的属性设置后如图 3-25 所示。

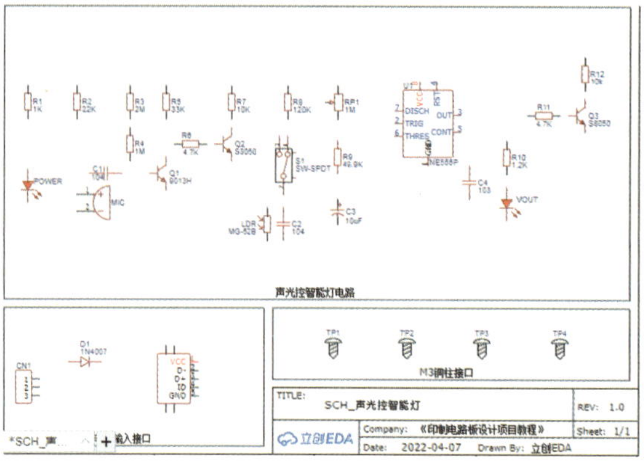

图 3-25　声光控智能灯电路元件放置

一个完整的电路包括元件、导线、电源和接地端。因此，在元件放置结束后还需要添加电源和接地端。单击“常用库”按钮，在“电气标识符”中选择“GND”和“电源（VCC）”，如图 3-26 所示。点击右下角的可以选择电路中所需的形式进行放置，如图 3-27 所示。

图 3-26　电气标识符

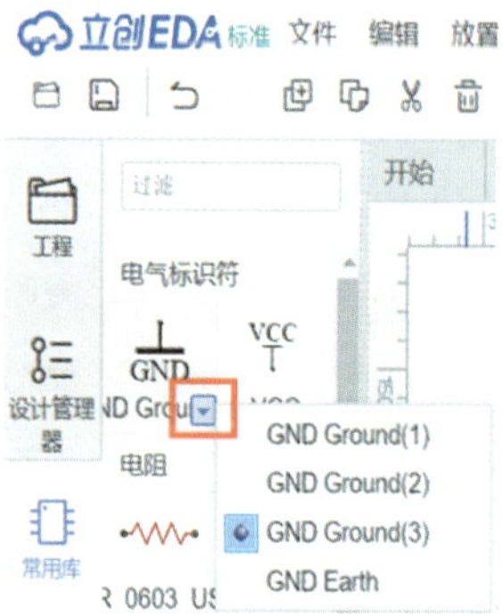

图 3-27　接地形式

还可以在标识符属性框中对颜色、字体、字体大小等属性进行修改，如图 3-28 所示。

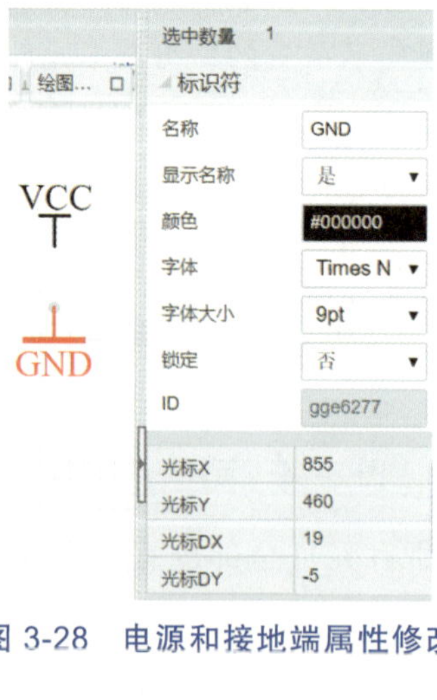

图 3-28　电源和接地端属性修改

声光控智能灯电路的元件、电源、接地端放置完成后如图 3-29 所示。

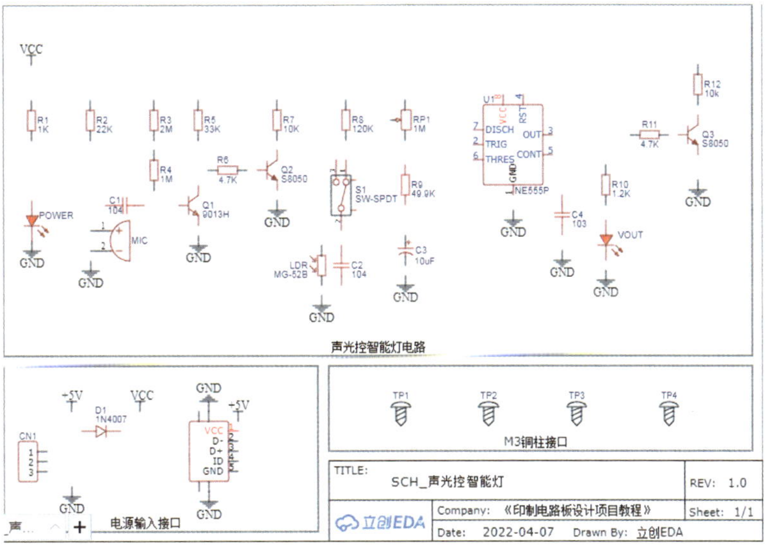

图 3-29　声光控智能灯电路放置元件、电源、接地端

六、连　线

将所有元件放置完成后，需要通过导线或网络标签进行电气连接。

导线具有电气性质，用来连接元件电气点的连线。导线上的任一点都具有电气性质。元件之间的电气连接主要通过导线来实现的。单击电气工具中的导线（W）按钮进入连线模式。将指针移动到需要连接的元件引脚上，这时在引脚的端点处会出现一个灰色的圆点，单击即可放置导线的起点，如图 3-30 所示。移动指针到需要连接的引脚，在引脚的端点处出现一个灰色圆点，单击即可完成两个引脚之间的连接，此时指针仍处于连线模式，重复上述操作可继续连接其他引脚。单击鼠标右键或是按 Esc 键，即可退出连线模式。还可以根据需要对导线的颜色、线宽、样式等参数进行属性设置，如图 3-31 所示。

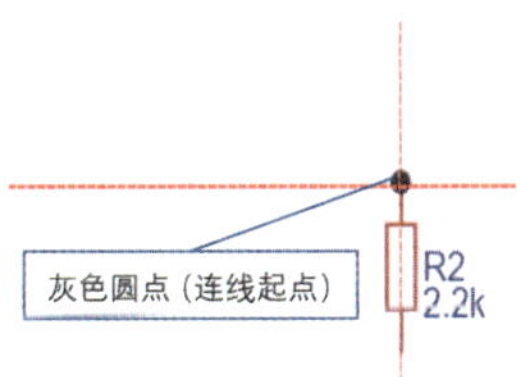

图 3-30　连接元件

图 3-31　导线属性

“网络标签”实际上也是一种电气连接方式，具有相同网络标签的导线是连在一起的。使用网络标签可以避免电路中出现较长的连线，使电路原理图连线更清晰。

放置网络标签的方法是：单击电气工具中网络标签（N）按钮，然后按 Tab 键，在弹出的“属性”对话框中修改网络标签名称，如图 3-32 所示。另外一种修改网络标签的方法是双击要修改的网络标签，在弹出的文本框中输入新的网络标签名，如图 3-33 所示。

图 3-32 设置标签（1）

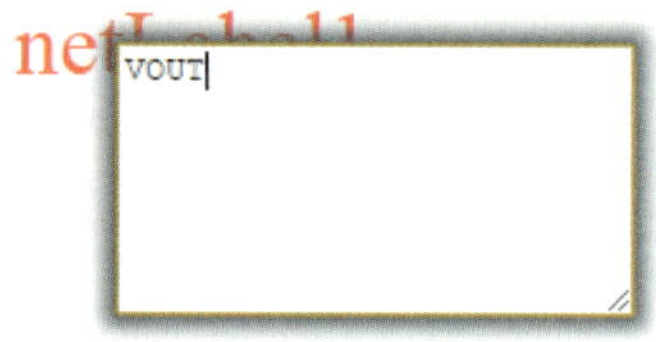

图 3-33 设置标签（2）

也可对网络标签的属性进行修改，单击选中的网络标签，在“网络标签”面板中修改标签的名称、颜色、字体和字体大小，如图 3-34 所示。本书使用默认属性。

在声光控智能灯电路中，如元件 S1 的 3 脚不需要连接任何网络或是元件，这时要给悬空的引脚添加“非连接标志”。单击“电气工具”中非连接标志 ✕ 按钮，放置在悬空的引脚上，如图 3-35 所示。

图 3-34 修改标签属性

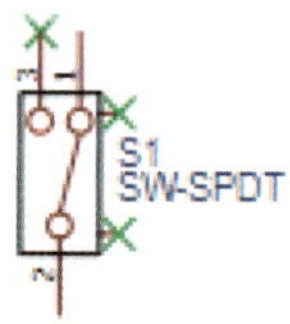

图 3-35 悬空引脚非连接标志

按照上述电气连接方式完成所有元件导线的连接后，可以对每个模块进行文本说明，完整的声光控智能灯电路设计原理图如图 3-36 所示。

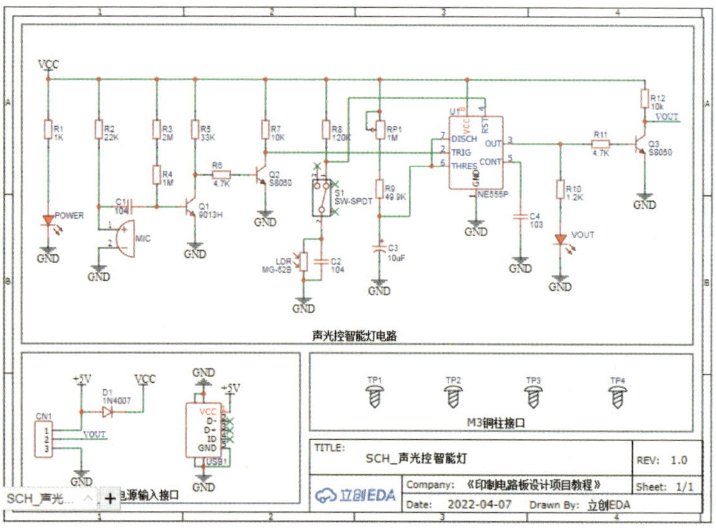

图 3-36 声光控智能灯原理图

七、原理图检查

原理图设计完成后，需要对原理图的电气连接性进行检查。最常见的检查项目有元件的 PCB 封装和网络的连接，单击原理图设计界面左侧的“设计管理器”按钮，可见检查元件及网络列表，如图 3-37 所示。

图 3-37　检查元件及网络

点击元件列表，可检查元件是否都有 PCB 封装（元件编号后面的括号内为 PCB 封装名称）如图 3-38 所示。

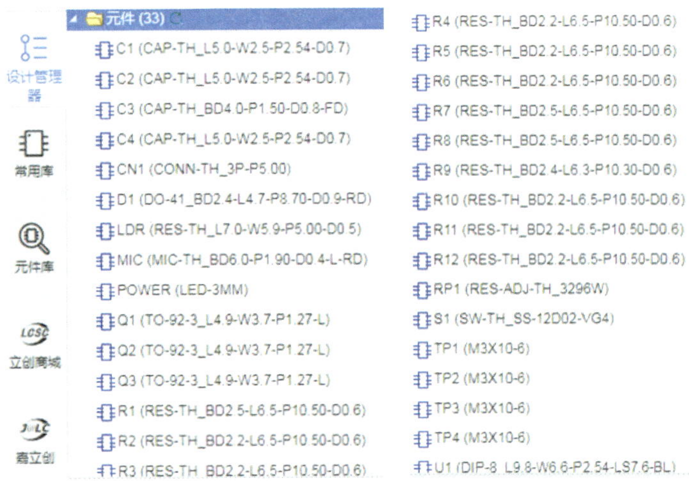

图 3-38　检查元件

在元件列表中单击某一元件，系统将自动在原理图中定位该元件的位置，例如，若要定位 D1，单击元件 D1 就可以实现，如图 3-39 所示，同时单击元件引脚可以定位该引脚，如图 3-40 所示。

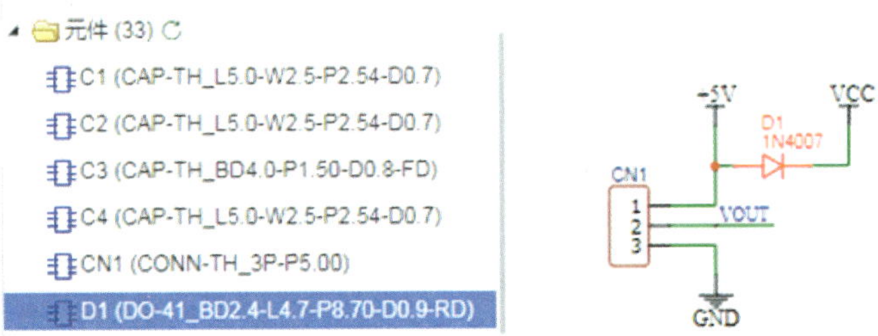

图 3-39　定位元件

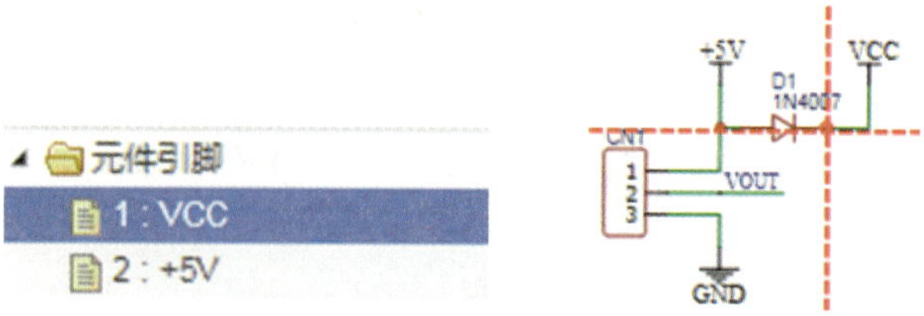

图 3-40　元件引脚

点击网络列表可查看网络连接情况，如果存在网络没有连接，则会在列表中的网络名称前显示警告标志，如图 3-41 所示。把带有警告标志的网络进行连接，该显示就可恢复正常。

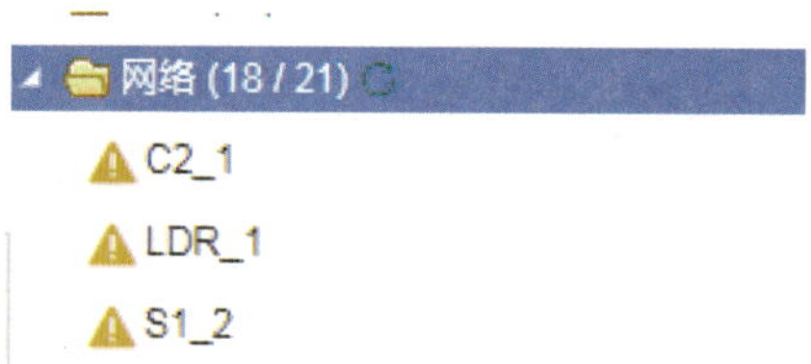

图 3-41　网络检查

【任务评价】

原理图绘制评价表如表 3-2 所示。

表 3-2　声光控智能灯原理图设计任务评价

项目名称：______________________

姓名：________　　班级：________　　学号：________

评价内容	评价标准		评价要求	分值	得分
考勤纪律（10%）	无迟到、早退、旷课情况； 遵守课堂各项纪律		迟到、早退一次扣 1 分； 旷课一次扣 2 分； 影响上课秩序一次扣 2 分	100	
职业规则（10%）	爱护公共设施、爱护个人及公共环境卫生、不得带饮料及食品进机房		视具体情况扣分	100	
实施步骤（80%）	1. 新建文件	按要求新建工程文件，保存到指定路径； 按要求新建原理图文件，保存到指定路径	无操作失误	10	
	2. 画布属性设置	按要求设置画布属性	与要求不符不给分	10	
	3. 常用库元件调用	能正确调用元件； 按样图放置元件； 对元件属性进行修改	每错一处扣 1 分	10	
	4. 元件库使用	能在库进行元件搜索； 能对元件属性进行修改； 按照样图放置元件； 能对库中元件进行编辑	每错一处扣 1 分	20	
	5. 放置连线	按照样图正确绘制连线	每错一处扣 1 分	20	
	6. 放置网络标签	按照样图正确修改网络标签属性并放置网络标签	与要求不符不给分	10	
	7. 原理图检查	查看原理图中所有元件封装是否符合要求； 查看网络是否完整	每错一处扣 1 分	10	
	8. 保存文件	文件上传至 D 盘：\××班级提交资料\	与要求不符不给分	10	
合　计				100	

【任务小结】

声光控智能灯原理图设计任务总结如图 3-42 所示。

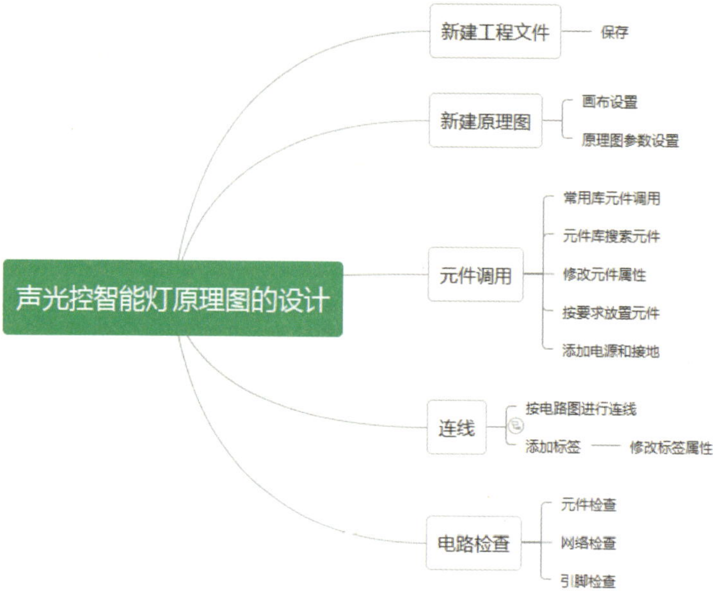

图 3-42　任务小结

【任务拓展】

绘制水位报警电路原理图，如图 3-43 所示。要求采用 A4 画布，横向放置，背景色为灰色，栅格、网格尺寸为默认值。

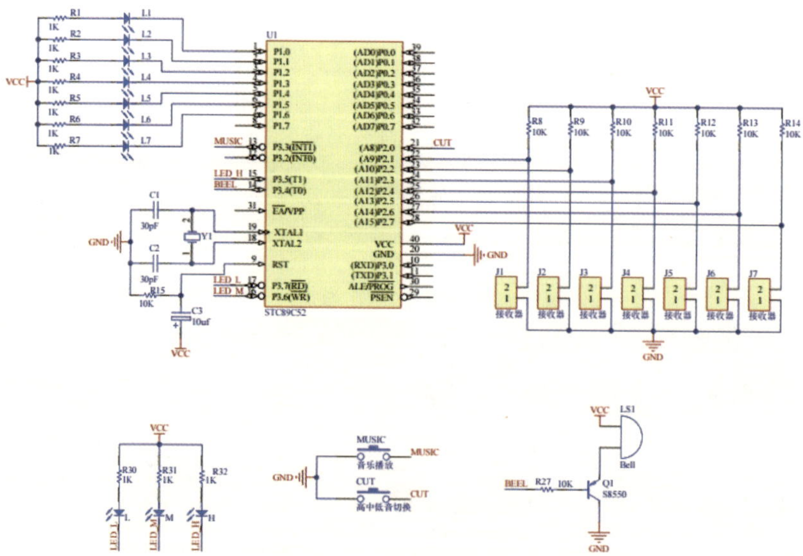

图 3-43　水位报警电路

任务二　声光控智能灯原理图库设计

【任务目标】

视频：声光控智能灯
原理图库设计

1. **知识目标**

（1）了解创建原理图库的流程；

（2）掌握原理图库设计的步骤。

2. **能力目标**

（1）掌握创建原理图库文件步骤。

（2）掌握制作原理图符号方法。

（3）掌握添加属性信息的步骤。

（4）掌握添加 PCB 封装的方法。

【任务实施】

一、原理图库设计

原理图库由一系列元器件的图形符号组成，尽管立创 EDA 提供了大量的原理图符号，但是在电路设计过程中，仍有些原理图符号无法在库里找到或者已有的原理图符号不满足设计者的需求。因此，设计者有必要掌握自行设计原理图符号的技能，并能够建立个人的原理图库。鉴于此，本任务将以最常见元器件——电阻为例（见如图 3-44），讲解元件库的制作方法。

图 3-44　电阻

原理图库的设计包括：新建原理图库、新建元件、绘制元件符号、添加引脚（设置极性）、添加元件属性信息以及添加 PCB 封装等操作步骤，如图 3-45 所示。

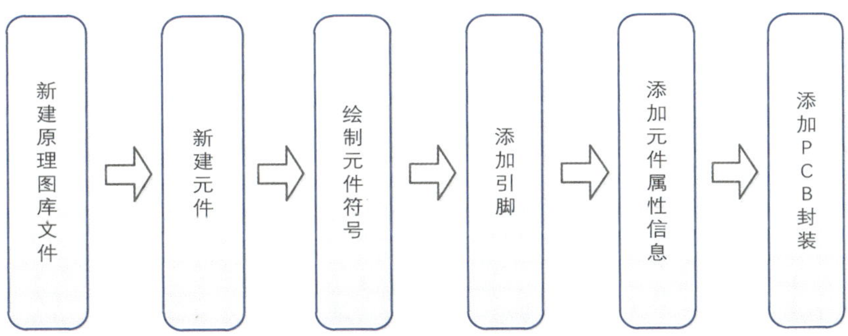

图 3-45　原理图库设计流程

（1）新建原理图库文件。用鼠标单击：“文件”→“新建”→“符号”打开空白的库文件，进入原理图库编辑器并保存。

（2）新建元件。在原理图库编辑器，新建电路图中所需的元件。

（3）绘制元件符号。在原理图库编辑器，对画布的属性如网格大小、栅格大小等属性进行设置，然后根据元器件的实际情况绘制边框。

（4）添加引脚。在边框绘制好后，在绘图工具中点击引脚标志添加引脚，并对引脚的属性进行设置。

（5）添加元件属性信息。在“自定义属性”面板中对绘制元件的名称、封装和编号等信息进行设置。

（6）添加 PCB 封装。单击“自定义属性”面板中“封装”对应的文本框，打开“封装管理器”对话框搜索所需封装类型进行封装添加即可。

二、新建原理图库

如图 3-46 所示，单击工具栏中的“文件”按钮，在下拉菜单中执行“新建”“符号”命令。

图 3-46　新建符号

单击符号命令即可打开一个空白的原理图库文件，如图 3-47 所示。

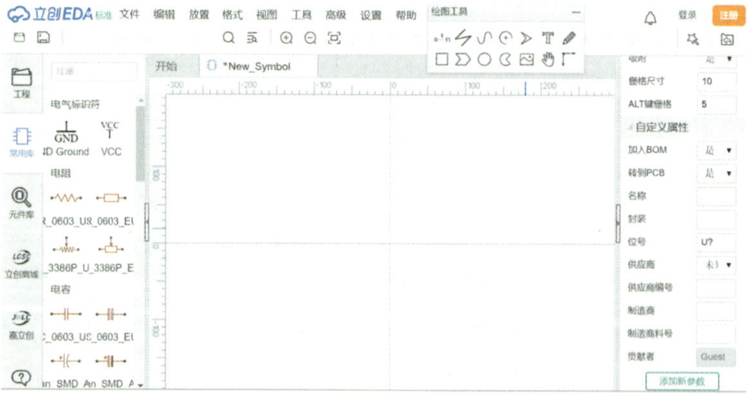

图 3-47　原理图库设计界面

三、制作电阻原理图符号

1. 绘制元件符号

首先，在原理图库设计界面右侧的“画布属性”面板中将网格大小和栅格尺寸设置为 10，将“ALT 键栅格”设置为 5，如图 3-48 所示。电阻符号的核心是一个矩形，在绘制工具中选择矩形进行绘制，如图 3-49 所示。

图 3-48　原理图库画布设置

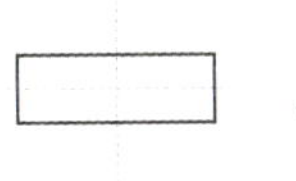

图 3-49　符号

2. 添加引脚

单击绘图工具中的管脚（P）按钮，添加原理图符号的引脚。注意，引脚的端点应朝外，因为它是用于连接导线的连接点。

按下来需要编辑引脚属性。单击选中引脚 1，在“引脚属性”面板中将“显示名字”和“显示编号”设置为“是”，如图 3-50 所示。以同样的方法编辑另一引脚的属性。最终电阻的原理图符号外形如图 3-51 所示。

图 3-50　引脚属性编辑

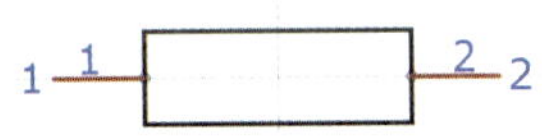

图 3-51　电阻原理图符号

3. 添加属性信息

在该界面右下“自定义属性”面板中可以设置符号的名称、封装和编号等信息，如图 3-52 所示。

图 3-52　设置位号

4. 添加封装

添加封装的方法是：单击“自定义属性”，面板中“封装”对应的文本框，打开“封装管理器”对话框，如图 3-53 所示，在右侧“搜索”框中用封装的关键词进行搜索，在“库别”中选择封装库，在搜索结果中单击选中一个封装后可以查看“封装焊盘信息”，根据实际需求选择其中一个，然后单击“更新”按钮即可分配封装。更新成功后单击“取消”按钮，关闭对话框。

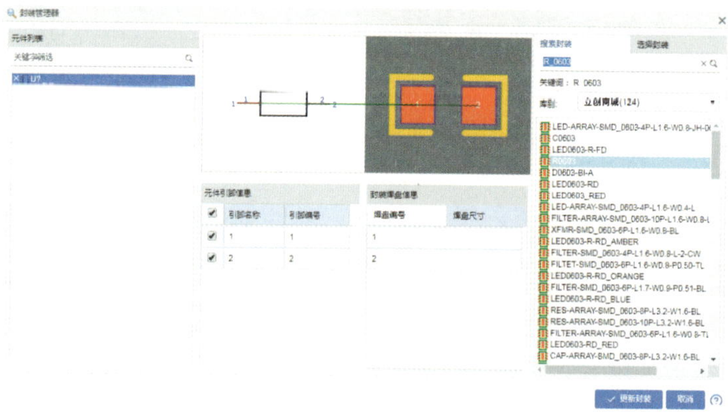

图 3-53　添加封装

在“文件”下拉菜单中单击“保存”命令，打开“保存为原理图库文件”对话框，单击“保存”按钮，即可保存封装，如图 3-54 所示。

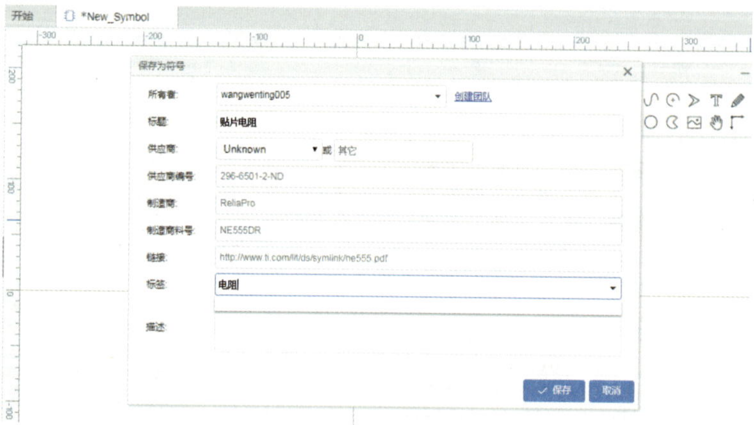

图 3-54　保存封装

以上就是原理图符号制作的方法步骤，制作完成之后可以在“元件库”→“符号”→“工作区”中查看，如图 3-55 所示。

图 3-55　查看原理图符号

【任务评价】

原理图库设计任务评价表如表 3-3 所示。

表 3-3　声光控智能灯原理图库设计评价

项目名称：______________________

姓名：________　　班级：________　　学号：________

评价内容	评价标准		评价要求	分值	得分
考勤纪律（10%）	无迟到、早退、旷课情况；遵守课堂各项纪律		迟到、早退一次扣 1 分；旷课一次扣 2 分；影响上课秩序一次扣 2 分	100	
职业规则（10%）	爱护公共设施、爱护个人及公共环境卫生、不得带饮料及食品进机房		视具体情况扣分	100	
实施步骤（80%）	1. 新建文件	按要求新建工程文件，保存到指定路径；按要求新建原理图文件，保存到指定路径	无操作失误	10	
	2. 画布属性设置	按要求设置画布指定属性	与要求不符不给分	10	
	3. 新建元件	能正确新建元件	每错一处扣 1 分	10	
	4. 绘制元件符号	能用绘图工具进行边框绘制	每错一处扣 1 分	20	
	5. 添加引脚	根据样图正确添加引脚，并对其引脚进行属性修改	每错一处扣 1 分	20	
	6. 添加元件属性	根据要求正确添加元件属性	与要求不符不给分	10	
	7. 添加 PCB 封装	根据要求添加封装	每错一处扣 1 分	10	
	8. 查看制作效果	元件调用到原理图文件中能正确使用	与要求不符不给分	10	
合　计				100	

【任务小结】

声光控智能灯原理图库设计总结如图 3-56 所示。

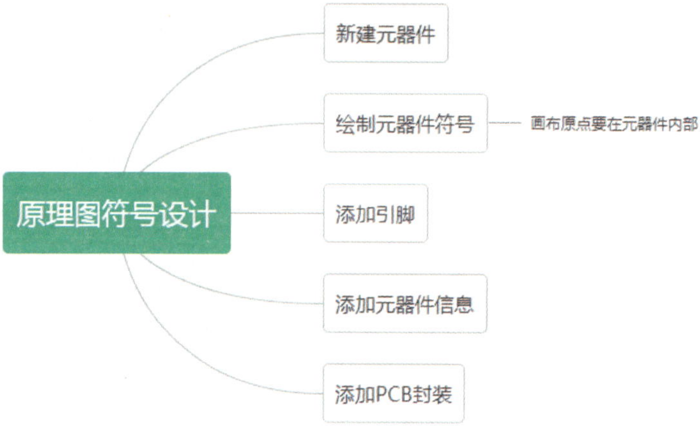

图 3-56　任务小结

【任务拓展】

绘制如图 3-57 所示的原理图符号。

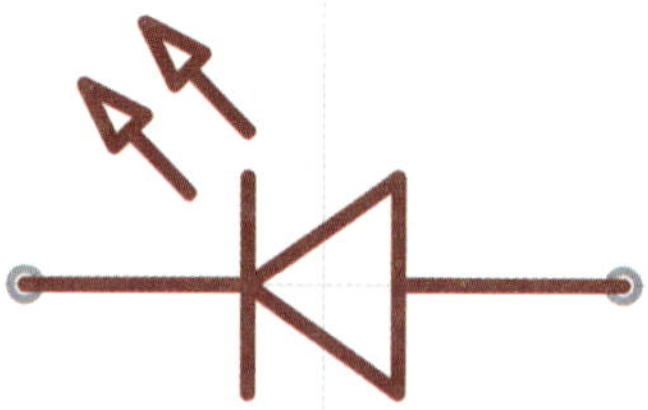

图 3-57　原理图符号样图

任务三　声光控智能灯 PCB 封装库设计

【任务目标】

视频：声光控智能灯 PCB 封装库设计

1. 知识目标

（1）掌握创建 PCB 封装库流程。

（2）掌握制作封装符号的方法。

2. 能力目标

（1）掌握创建 PCB 库文件的方法。

（2）掌握制作封装符号的步骤。

（3）掌握对封装符号进行添加属性信息的方法。

【任务实施】

一、PCB 封装库设计

PCB 封装库简称 PCB 库，由一系列元件的 PCB 封装组成。元件的 PCB 封装在电路板上通常表现为由一组焊盘、丝印层上的边框及芯片的说明文字组成。焊盘是 PCB 封装中最重要的组成部分之一，用于连接元件的引脚。丝印层上的边框和说明文字起指示作用，指明 PCB 封装所对应的芯片，方便电路板的焊接。尽管立创 EDA 软件提供了大量的 PCB 封装，但是现有的 PCB 封装未必符合设计者的需求。因此，设计者有必要掌握设计 PCB 封装的技能，并能够建立个人的 PCB 库来满足个性需求。鉴于此，本任务将以最常见元件电阻为例（见图 3-58），重点讲解 PCB 库的制作。

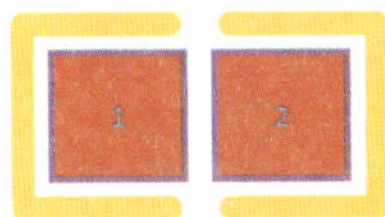

图 3-58　电阻元件封装图

PCB 封装库设计步骤包括：新建 PCB 库、添加焊盘、添加丝印、添加属性信息、保存 PCB 封装，如图 3-59 所示。

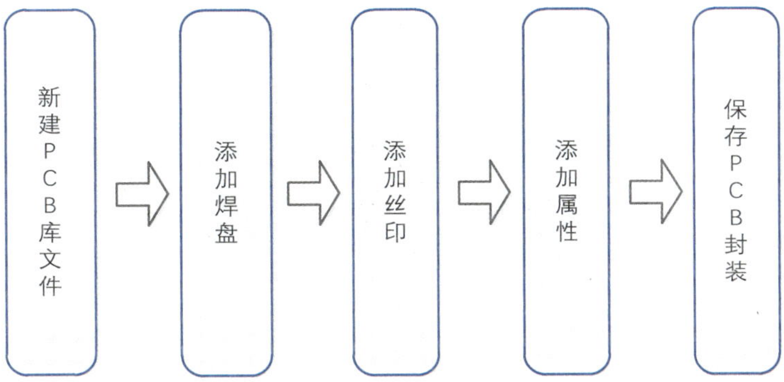

图 3-59　PCB 库设计流程

（1）新建 PCB 文件。用鼠标单击："文件" → "新建" → "封装"打开空白的库文件，进入 PCB 库编辑器并保存。

（2）添加焊盘。在 PCB 库编辑器画布属性中，对焊盘的单位进行设置，然后在画布中放置焊盘。放置完成后对其属性如编号、层、形状等属性进行设置。

（3）添加丝印。放置完焊盘后，将层切换到"顶层丝印层"进行丝印添加。

（4）添加属性。在"自定义属性"面板中输入封装名称、编号等信息。

（5）保存 PCB 封装。在"文件"的下拉菜单中单击"保存"命令，打开对话框进行保存。

二、新建 PCB 库

单击主界面工具栏中的“文件”按钮，如图 3-60 所示，在下拉菜单中执行“新建”→“封装”命令。

图 3-60　新建封装

点击“封装”命令，即可打开一个空白的 PCB 库文件，如图 3-61 所示。

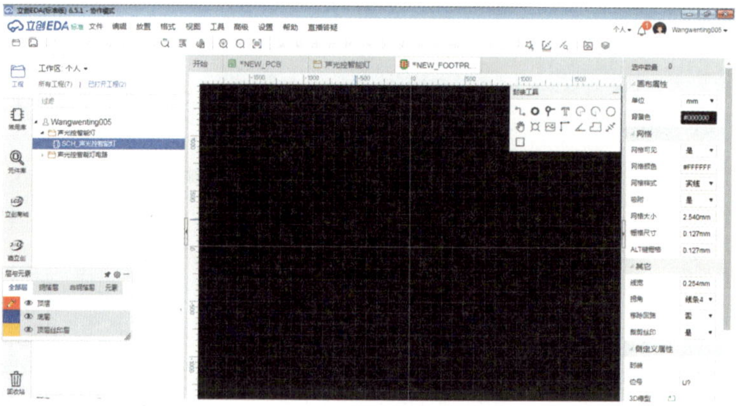

图 3-61　PCB 库设计界面

三、制作电阻封装

1. 添加焊盘

在主界面右边的“画布属性”面板中设置单位为 mm，如图 3-62 所示。单击封装工具中焊盘（P）的 按钮，如图 3-63 所示，在画布上单击，放置焊盘 1，如图 3-64 所示。

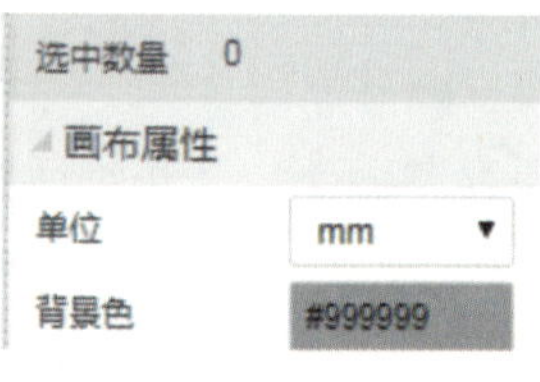

图 3-62　PCB 库画布设置

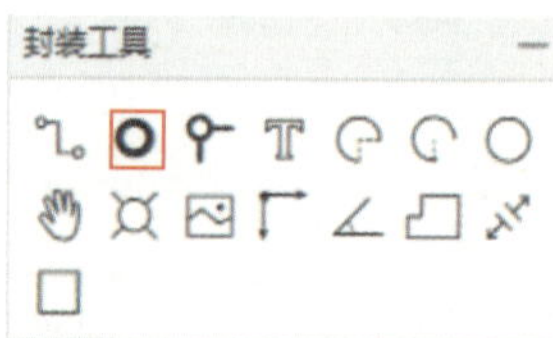

图 3-63　PCB 库画封装工具

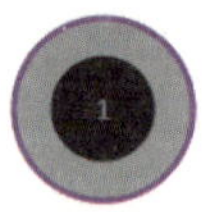

图 3-64　放置焊盘 1

单击选中焊盘 1，在“焊盘属性”面板中设置层为“顶层”，形状为“矩形”，宽 1.100 mm，高为 1.000 mm，将焊盘 1 的中心坐标设为（－0.7，0），如图 3-65 所示。设置完成的效果如图 3-66 所示。注意：绘制 PCB 封装时，建议将焊盘的大小设置为比元件实际引脚面积稍大。

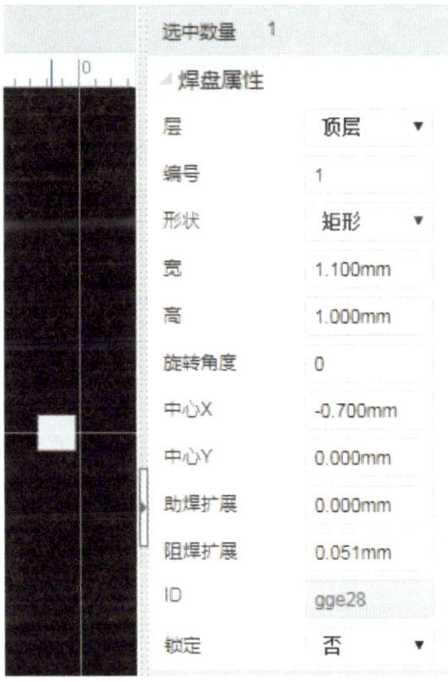

图 3-65　焊盘属性设置

图 3-66　焊盘设置效果

其余焊盘采用复制粘贴的方式完成，具体操作为单击焊盘 1，按快捷键“Ctrl+C”复制，再按“Ctrl+V”粘贴，单击放置在画布上即可。接着在“焊盘属性”面板中将“编号”改为相应的号码即可完成，完成效果如图 3-67 所示。

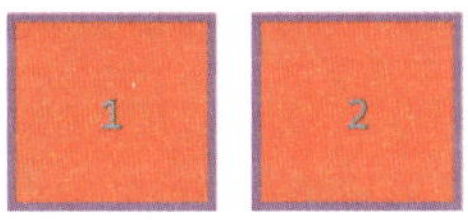

图 3-67　添加焊盘后效果图

2. 添加丝印

放置完焊盘后，需要添加丝印，用于表示元件外形以及标示元件在电路板上的位置。在“层与元素”面板中将 PCB 工作层切换到“顶层丝印”层，如图 3-68 所示。

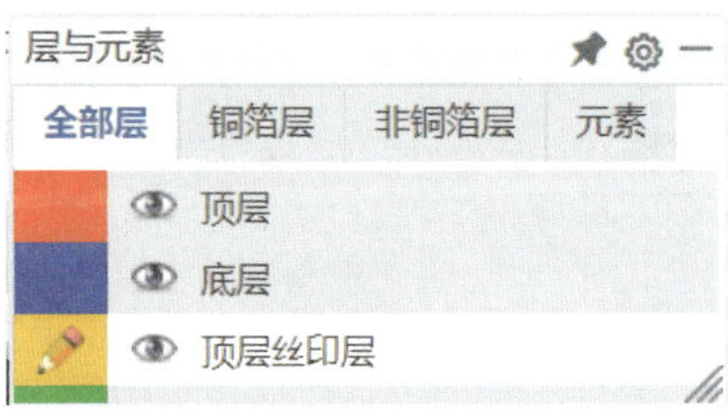

图 3-68　PCB 工作层切换到“顶层丝印”层

在“封装工具”栏选择导线，并对导线参数进行设置，如图 3-69 所示。

绘制完成后效果如图 3-70 所示。

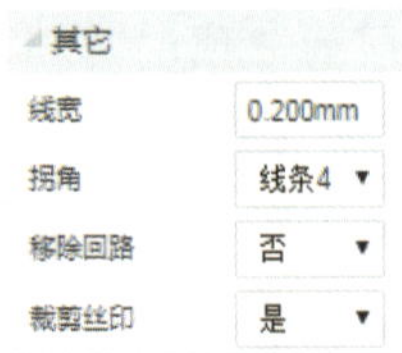

图 3-69　设置丝印参数

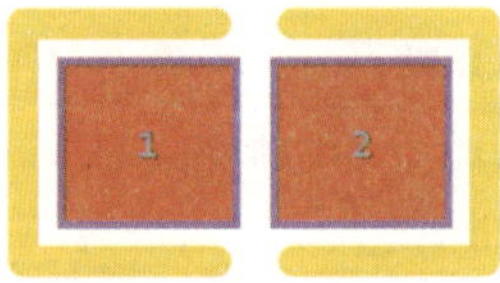

图 3-70　封装完成效果图

3. 添加属性

在“自定义属性”面板中输入封装名称 R_0603，编号为 R?，如图 3-71 所示。

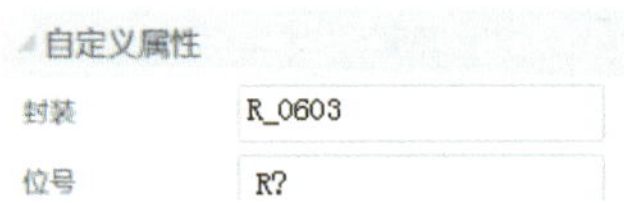

图 3-71　属性设置

4. 保存封装

在“文件”的下拉菜单中单击“保存”命令，打开“保存为封装”对话框，单击“保存”按钮，如图 3-72 所示。

图 3-72　保存封装

至此，PCB 封装制作完毕。在“元件库”→“封装”→“工作区”中可以进行查看，如图 3-73 所示。

图 3-73　查看 PCB 封装

【任务评价】

声光控智能灯 PCB 封装库设计评价表如表 3-4 所示。

表 3-4　声光控智能灯 PCB 封装库设计评价

项目名称：__________________

姓名：__________　　班级：__________　　学号：__________

评价内容	评价标准		评价要求	分值	得分
考勤纪律（10%）	无迟到、早退、旷课情况；遵守课堂各项纪律		迟到、早退一次扣 1 分；旷课一次扣 2 分；影响上课秩序一次扣 2 分	100	
职业规则（10%）	爱护公共设施、爱护个人及公共环境卫生、不得带饮料及食品进机房		视具体情况扣分	100	
实施步骤（80%）	1. 新建 PCB 库	按照要求新建 PCB 库文件，并保存到指定路径	无操作失误	10	
	2. 画布属性设置	按要求对画布的指定属性进行设置	与要求不符不给分	10	
	3. 添加焊盘	根据要求添加焊盘	每错一处扣 1 分	20	
	4. 添加丝印	能正确使用封装工具；能准确添加丝印	每错一处扣 1 分	20	
	5. 添加属性	按照样图正确添加属性信息	每错一处扣 1 分	20	
	6. 保存 PCB 元件封装	将 PCB 元件封装文件保存到相应工程目录	与要求不符不给分	10	
	7. 查看制作效果	元件调用到 PBC 文件中能正确使用	与要求不符不给分	10	
合计				100	

【任务小结】

PCB 封装库设计任务总结详如图 3-74 所示。

图 3-74　任务小结

【任务拓展】

制作二极管的 PCB 封装，如图 3-75 所示。

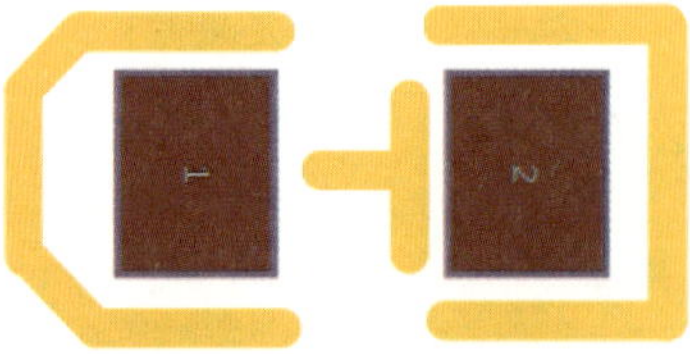

图 3-75　二极管的 PCB 封装

任务四　声光控智能灯 PCB 设计

【任务目标】

视频：声光控智能灯 PCB 设计

1. 知识目标

（1）了解立创 EDA 进行 PCB 设计的流程。

（2）掌握将原理图导入 PCB 文件的方法。

（3）掌握边框、定位孔设计方法和 PCB 规则设置。

2. 能力目标

（1）掌握创建 PCB 文件的方法。

（2）掌握元件布局操作的步骤。

（3）掌握 PCB 布线操作的步骤。

（4）掌握根据要求完成流水灯 PCB 设计的方法。

【任务实施】

一、声光控智能灯 PCB 设计流程

声光控智能灯的 PCB 设计包括新建 PCB 文件、将原理图导入 PCB 文件、在 PCB 设计环境中设置 PCB 设计规则、设计印制板图的边框和定位孔等，具体流程如图 3-76 所示。

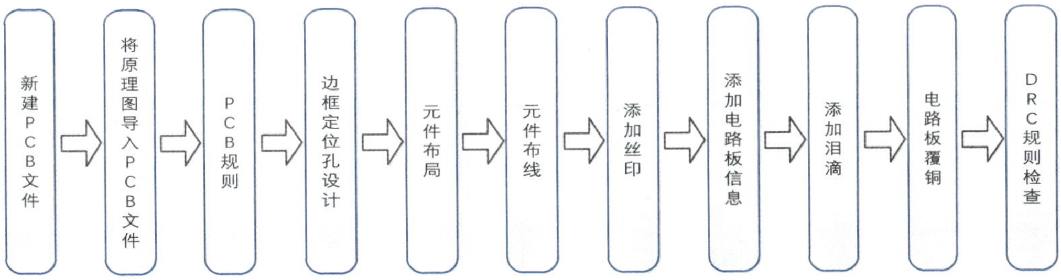

图 3-76　声光控智能灯 PCB 设计流程

（1）新建 PCB 文件。在声光控智能灯工程文件，新建一个声光控智能灯 PCB 文件，进入 PCB 编辑器。

（2）将原理图导入 PCB 文件。将声光控智能灯原理图导入到新建的声光控智能灯 PCB 编辑器中。

（3）PCB 规则设置。在 PCB 的设计环境中设置 PCB 的设计规则

（4）边框、定位孔设计。在 PCB 编辑器中设计声光控智能灯 PCB 板的边框和定位孔。

（5）元件布局。在边框和定位孔设计好后，按照元件布局的原则对元件进行合理的布局。

（6）元件布线。在合理的布局后选择布线工具，根据布线原则以及布线注意事项在正确的层进行布线操作。

（7）添加丝印。为了方便电路板的焊接、调试、安装和维修在布线完成以后在电路板上进行丝印添加。添加时要注意丝印字符布置原则。

（8）添加电路板信息。在电路板中添加电路板信息方便对电路板进行版本管理。

（9）添加泪滴。在电路板设计过程中，常常需要在导线和焊盘或过孔的连接处补泪滴，这样做一来可以避免在电路板受到撞击时免于断裂，二来避免 PCB 在生产过程中蚀刻不均或是过孔偏位导致的裂缝。

（10）电路板覆铜。覆铜可以提高电源效率，与地线相连的覆铜可以减少环路面积。

（11）DRC 规则检查。根据设计规则对 PCB 设计进行检查。在 PCB 设计环境下，单击“设计管理器”刷新“DRC 错误”，一旦检查出错误，错误信息将会出现在目录下。

二、新建声光控智能灯 PCB 文件

如图 3-77 所示，选中声光控智能灯工程文件夹并单击右键，在右键快捷菜单中选择“新建 PCB”命令。

图 3-77　新建 PCB 文件

三、定义 PCB 边框大小

在新建对话框中按照图 3-78 所示设置单位、铜箔层、边框、宽、高等参数，最后点击“应用”按钮。设置边框效果如图 3-79 所示。

图 3-78　新建 PCB 文件图

图 3-79　CB 边框效果

如果需要重新定义边框，则单击主菜单中“工具”→“边框设置”，如图 3-80 所示。

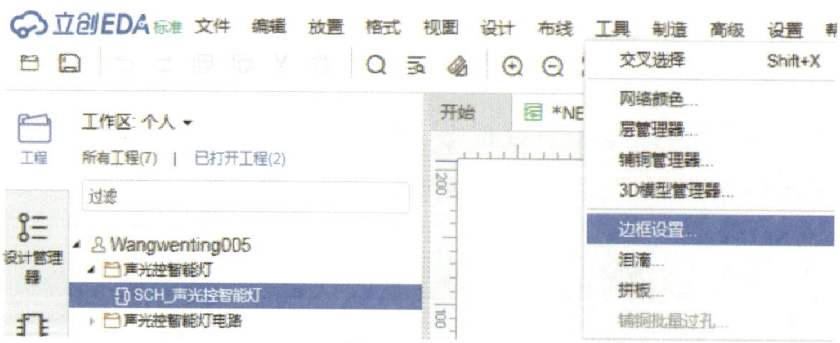

图 3-80　重新定义 PCB 边框（一）

然后在弹出的“边框设置”对话框中重新设置所需参数即可，如图 3-81 所示。

图 3-81　重新定义 PCB 边框（二）

四、原理图转 PCB 印制电路板

在 PCB 设计环境中，单击主菜单中“设计”→“原理图转 PCB”就可以将元件从原理图导入 PCB 中，如图 3-82 所示。

图 3-82　原理图转 PCB

当所有元件由原理图导入印制板图后，可得到如图 3-83 所示效果。

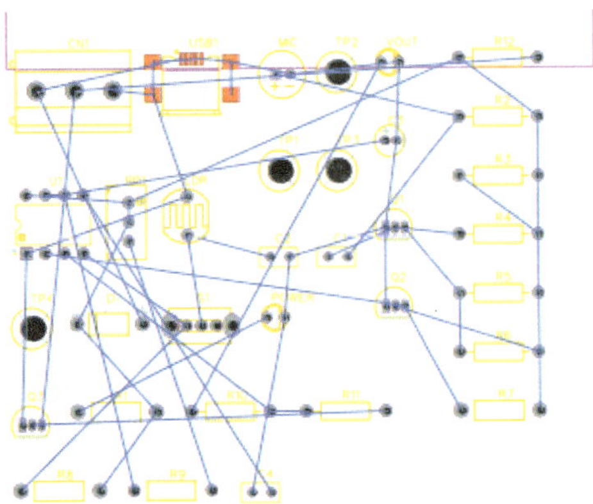

图 3-83　原理图转 PCB 效果图

五、绘制定位孔

在 PCB 的实物中，电路板的 4 个顶角需要各安放一个定位孔。单击 PCB 工具中的圆（C）○按钮，在 PCB 上绘制一个圆，然后单击选中该圆，在 PCB 板设计界面右侧的“圆属性”面板中设置圆的参数，如图 3-84 所示。属性设置完成后的圆如图 3-85 所示。

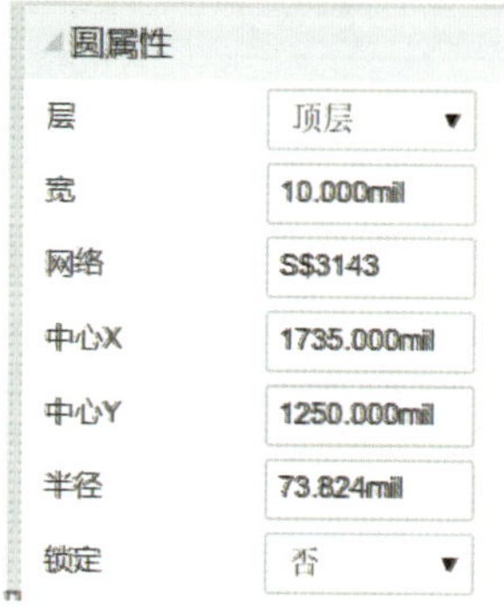

图 3-84　绘制定位孔（1）

图 3-85　绘制定位孔（2）

继续单击选中该圆，在单击鼠标右键，在右键快捷菜单中选择“转为槽孔”命令，如图 3-86 所示。转成槽孔之后的圆如图 3-87 所示。

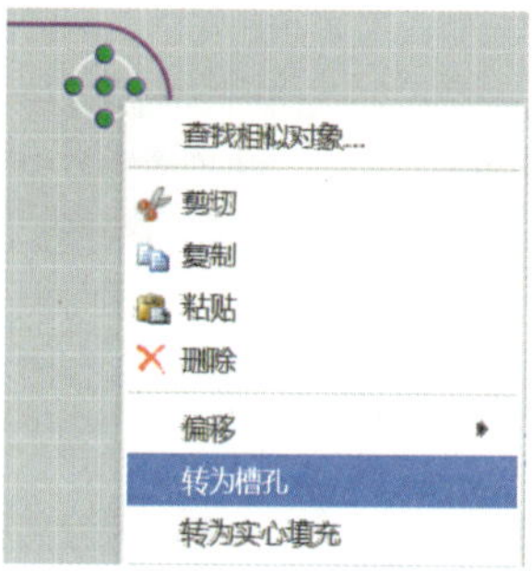

图 3-86　转为槽孔

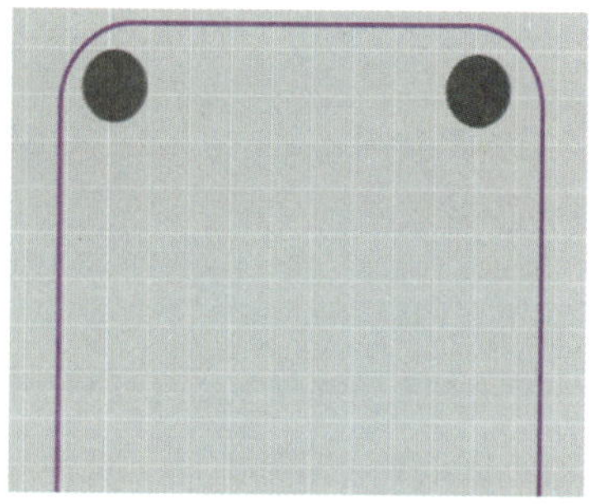

图 3-87　转为槽孔效果图

单击主菜单中的“视图”按钮，在下拉菜单中选择“3D 预览”（见图 3-88）。

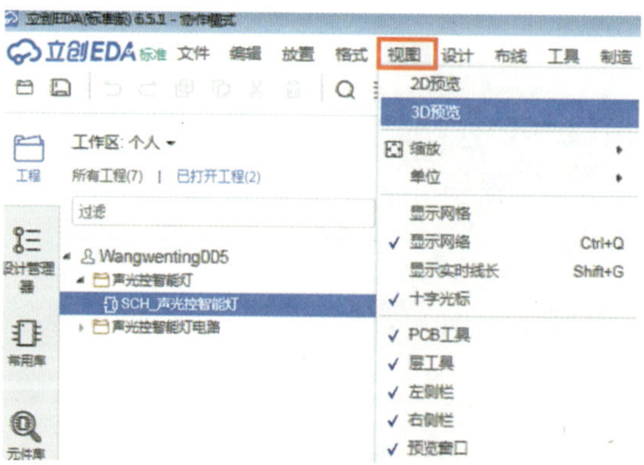

图 3-88　3D 预览命令

在设计 PCB 时，常常会在定位孔的外侧增加一个丝印圈，为的是提醒设计者在进行 PCB 布线时不要距离定位孔太近，以避免 PCB 打样钻孔时将布线切掉。

在层与元素面板中选择顶层丝印层；然后单击 PCB 工具中按圆（C）◯按钮，在 PCB 中绘制一个圆，单击选中该圆，在 PCB 设计界面右侧的“圆属性”面板中设置圆的参数，如图 3-89 所示。通过同样的方式或是通过复制、粘贴的方式完成其他丝印圈的放置，如图 3-90 所示。

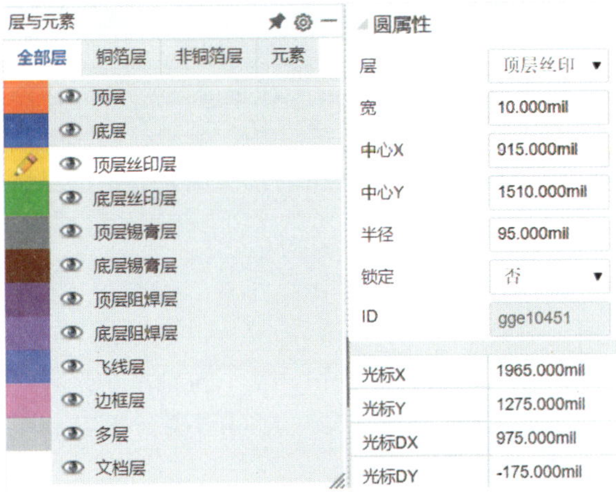

图 3-89　设置定位孔丝印圈属性

图 3-90　定位孔丝印圈效果图

六、元件的布局

布局是将元件按照一定的规则在 PCB 中摆放的过程。布局合理，后继的布线操作才会相对容易。

1. 布局原则

布局一般要遵循以下原则：

（1）布线最短原则。例如，集成电路的去耦电容应尽量放置在相应的 VCC 和 GND 引脚之间，且距离集成电路尽可能近，使之与 VCC 和 GND 之间形成的回路最短。

（2）将同一功能模块集中原则。即实现同一功能的相关电路模块中的元件就近集中布局。

（3）“先大后小，先难后易”原则。即重要的单元电路、核心元件应优先布局。

（4）布局应参考原理图，根据电路的主信号流向规律放置主要元件。

（5）元件的排列要便于调试和维修，即小元件周围不能放置大元件，需调试的元件周围要有足够的空间。

（6）同类型插件元件在 X 轴或 Y 轴方向上应朝同一个方向放置。同一种类型的有极性分立元件也要尽量在 X 轴或 Y 轴方向上保持一致，以便于生产和检验。

（7）布局时，位于电路边缘的元件，离电路板边缘一般不小于 2 mm，如果空间容许，建议距离设置为 5 mm。

（8）布局晶振时，应尽量靠近集成电路，且与晶振相连的电容要紧邻晶振。

2. 布局基本操作

进行元件布局时，应掌握以下基本操作：

（1）交叉选择：用于切换原理图符号和 PCB 封装之间的对应位置。在原理图中选中一个元件，单击主菜单中的“工具”按钮，在下拉菜单中选择“交叉选择”命令，如图 3-91 所示。或是使用快捷键“Shift+X”，即可切换至 PCB 封装并高亮显示该元件的 PCB 封装。

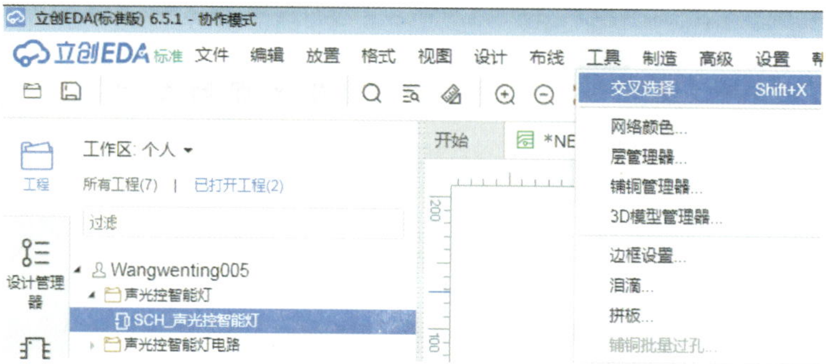

图 3-91　交叉选择

注意，在使用该功能之前，应确保 PCB 已经保存；如果没有打开 PCB，编辑器会自动打开；若工程内含有多个 PCB 文件且都尚未打开，则编辑器会自动打开第一个。

（2）布局传递：在原理图中，同一模块电路中的元件一目了然，但是当原理图中的元件被更新到 PCB 之后，具有相同封装的元件会被放置在同一列，无法区分各模块电路中的元件，为此，立创 EDA 提供了“布局传递”功能。布局传递是将元件在原理图中的布局位置传递到 PCB 中的元件 PCB 封装布局位置。

（3）元件复选：按下“Ctrl”键，同时单击元件，即可实现多个元件的复选。

（4）元件对齐：首先选中需要对齐的元件，然后单击工具栏中的“格式”按钮，在下拉菜单中选择所需要的对齐操作即可实现元件的对齐摆放，如图 3-92 所示。

图 3-92　元件对齐

（5）元件旋转。单击选中待旋转的元件，然后单击工具栏中的“格式”按钮，在下拉菜单中选择需要的操作即可实现元件的旋转，如图 3-93 所示。也可选中元件，按空格键实现元件旋转。注意，PCB 封装不支持镜像操作。

图 3-93　元件旋转

声光控智能灯布局完成后，将飞线隐藏，最后的效果如图 3-94 所示。

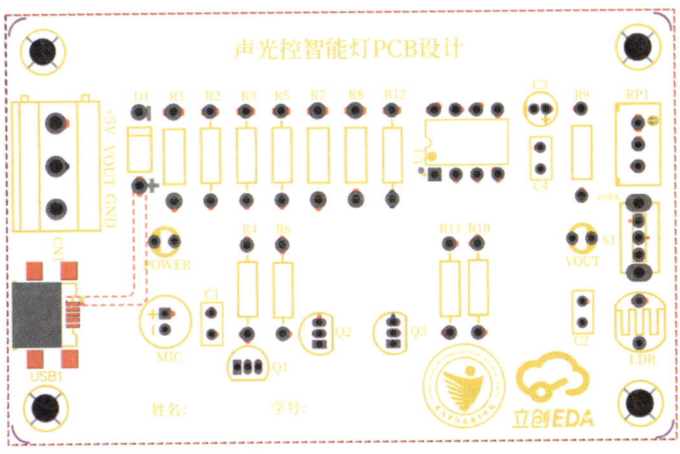

图 3-94　声光控智能灯电路 PCB 布局完成效果图（隐藏飞线）

七、元件的布线

1. 布线基本操作

（1）关闭飞线。飞线是基于相同网络产生的，当两个焊盘的网络相同时，将会出现飞线，表示这两个焊盘可以通过导线连接。如果需要关闭某条网络的飞线（即隐藏飞线），可以在设计管理器中取消勾选该网络，待布线完成后再打开，这样可以减少飞线对布线的干扰。

（2）选择布线工具。单击 PCB 工具中的按钮，或按快捷键“W”，在画布上单击“开始绘制”，再次单击“确认”布线。单击鼠标右键可取消布线，再次单击鼠标右键即可退出布线模式。布线时要选择正确的层，铜箔层和非铜箔层都可用该布线工具绘制导线。

（3）修改导线属性。首先选择待修改属性的一段导线，然后在 PCB 设计环境右侧的“导线属性”面板中修改即可，如图 3-95 所示。

图 3-95　修改导线属性

（4）切换布线活动层。在顶层绘制一段导线，单击“确认”布线，然后按“B”键，可以自动添加过孔，并自动切换到底层继续布线。按“T”键可由底层切换至顶层。

（5）调节导线线宽，在布线过程中，按“+”“-”键可以调节当前导线的线宽，线宽以 2 mil 的幅度递增或递减。也可以按“Tab”键修改线宽的参数。如果在布完一段导线后，要增大下一段导线的线宽，则先按“L”键，再按“+”键调整。

（6）移动导线线段。单击选中一段导线，拖动即可调节其位置。

（7）切换布线角度。在布线过程中，按 L 键可以切换布线角度。布线角度有 4 种：90°布线、45°布线、任意角度布线和弧形布线。按空格键可以切换当前布线的角度。

（8）高亮显示网络。单击选中待高亮显示的网络的其中一段导线，按“H”键可以高亮显示该网络的所有导线，再次按“H”键，可以取消高亮显示。

（9）删除导线。在布线的过程中，要撤销上一段布线可以通过按“Delete”键实现；要删除导线的某一线段，可以按下“shit”键，同时双击要删除的线段，或者选中要该线段，然后单击鼠标右键，在右键快捷菜单中选择“删除线段”命令即可实现。

（10）布线冲突。在 PCB 设计过程中，需要打开布线冲突中的“阻挡”功能，如图 3-96 所示。这样在布线过程中，不同网络之间将不相连。

（11）布线吸附。在布线过程中，需要打开“吸附”功能，如图 3-97 所示，这样布线时将自动吸附在焊盘的中心位置。

图 3-96　布线冲突

图 3-97　布线吸附

2. 布线注意事项

（1）电源主干线原则上要加粗（尤其是电路板的电源输入输出线）。

（2）PCB 布线不要距离定位孔和电路板边框太近，否则在进行 PCB 钻孔加工时，导线很容易被切掉一部分甚至被切断，如图 3-98 所示。

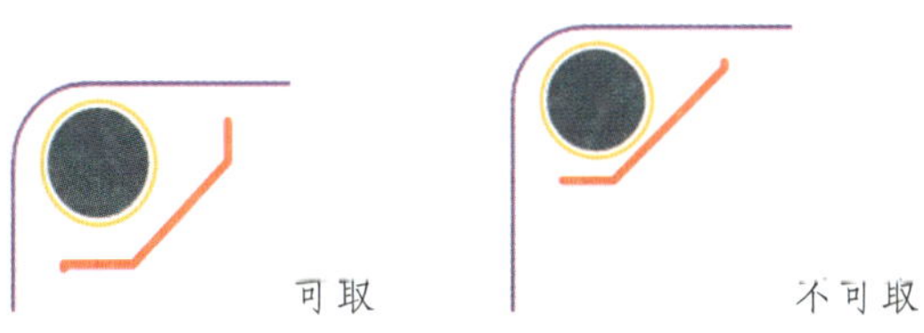

图 3-98　布线吸附

（3）同一层禁止 90°拐角布线，不同层之间允近过孔 90°布线。此外，布线时尽可能遵守一层水平布线、另一层垂直布线的原则。

（4）高频信号线不要加粗，尽可能布线在同一层。

（5）根据布线规则，数字显示温湿度计布线完成效果如图 3-99 所示。

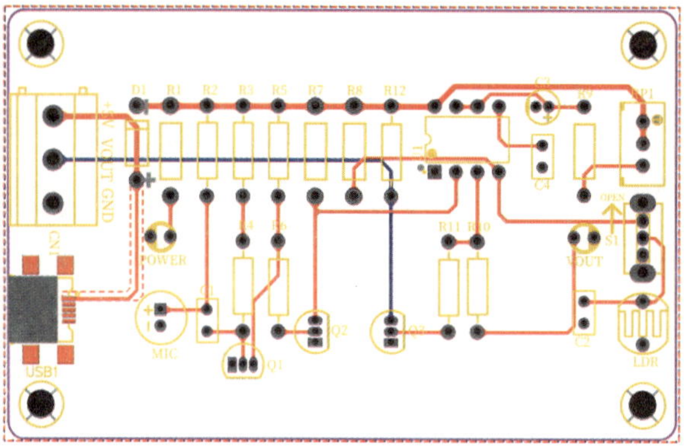

图 3-99　声光控智能灯布线效果图

八、丝　印

丝印是指印刷在电路板表面的图案和文字，丝印字符布置原则是“不出歧义，见缝插针，美观大方”。添加丝印就是在 PCB 的上下表面印刷上所需要的图案和文字等，主要是为了方便电路板的焊接、调试、安装和维修等。

（一）添加丝印

1. 在顶层丝印层添加丝印

在“层与元素”面板中选择“顶层丝印层”，如图 3-100 所示。

单击 PCB 工具中的 T 按钮，这时指针处会出现 TEXT 字符，接着按“Tab”键，在弹出的“属性”文本框中输入要添加的丝印文本，如图 3-101 所示，然后单击“确定”按钮。

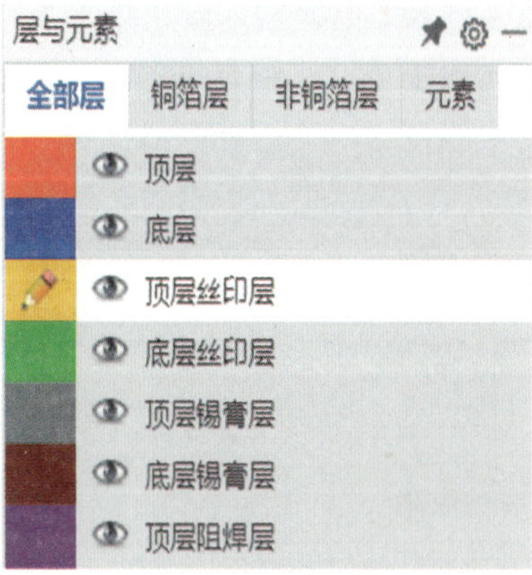

图 3-100　选择顶层丝印层

图 3-101　输入丝印文本

这时指针处的 TEXT 文本变成 LED1，单击放置在 PCB 相应的位置上。然后，单击选中丝印 LED1，在 PCB 设计环境右侧的“文本属性”面板中修改文本的线宽、高等参数，如图 3-102 所示。

2. 在底层丝印层添加丝印

在“层与元素”面板中选择“底层丝印层”，其余操作与在顶层丝印层添加丝印相似，也可在“文本属性”面板中的“层”下拉菜单中选择“底层丝印”，将顶层丝印切换为底层丝印。顶层丝印和底层丝印效果图如图 3-103 所示，两者呈镜像关系。

图 3-102　修改文本丝印属性

图 3-103　顶层丝印和底层丝印

（二）丝印方向

丝印的摆放方向应遵守“从左到右，从上到下″的原则。也就是说，如果丝印是横排的，则首字母须位于左侧；如果丝印是竖排的，则首字母须位于上方。

九、添加电路板信息

为了便于产品管理，可在电路板上添加电路板名称。下面详细介绍如何添加电路板名称。

在“层与元素”面板中选择“顶层丝印层”，单击 PCB 工具中的“T”按钮，然后按“Tab”键，在弹出的“属性”。文本框中输入“声光控智能灯 PCB 设计”（见图 3-104）。也可以设置文本属性，然后放置在合适的位置。

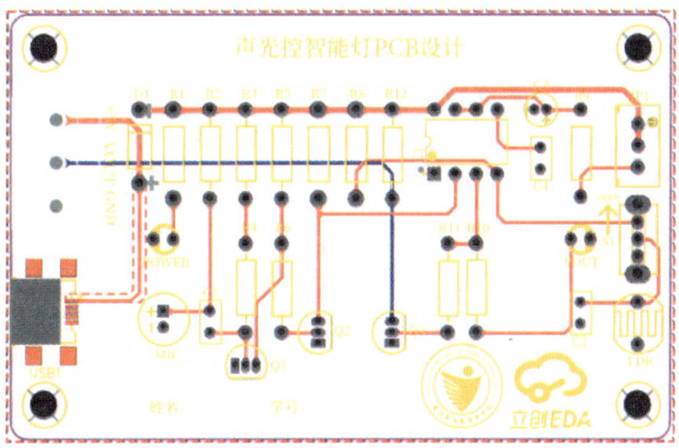

图 3-104　电路板名称设置

十、覆　铜

覆铜是指将电路板上没有布线的部分用固体铜填充，又称为灌铜，一般与电路的一个网络相连，大多数情况与 GND 网络相连。对大面积的 GND 或电源网络覆铜将起到屏蔽作用，可提高电路的抗干扰能力。此外，覆铜还可以提高电源效率，与地线相连的覆铜可以减小环路面积。

对于数字显示温度湿度计项目，将覆铜网络设置为 GND。以顶层覆铜为例，首先在“层与元素”面板中选择“顶层”，单击 PCB 工具中的 按钮，或按 E 键开始绘制覆铜。在 PCB 边框外部沿着绘制一个比边框略大的矩形框，结束绘制时单击鼠标右键，系统将自动填充，如图 3-105 所示。

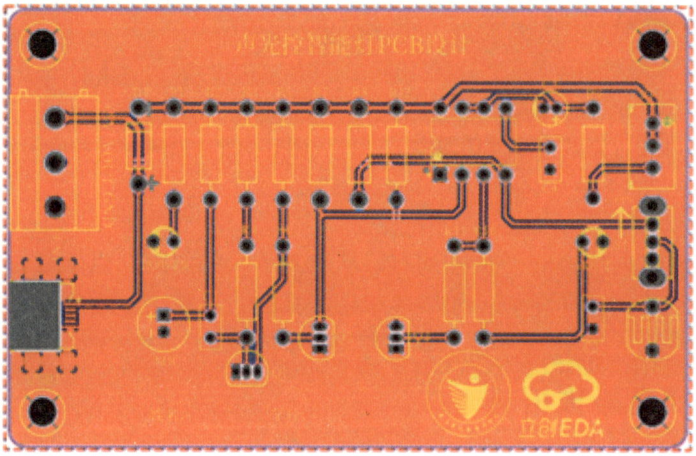

图 3-105　顶层覆铜

完成顶层覆铜后，按照同样的方法给底层进行覆铜，底层覆铜后如图 3-106 所示。

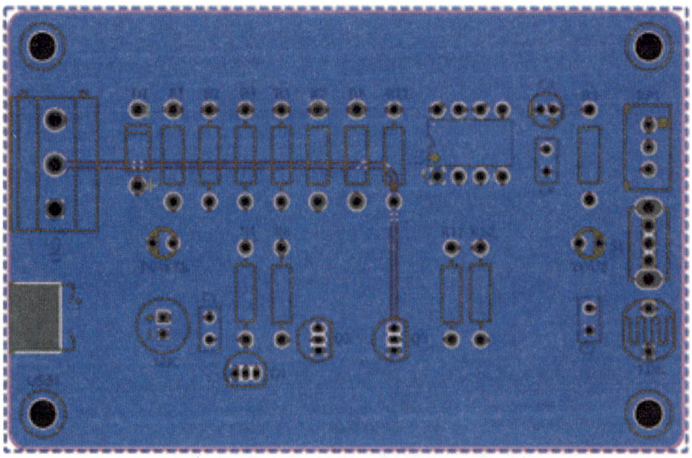

图 3-106　底层覆铜

选中覆铜线框，可在 PCB 设计环境右侧的“覆铜属性”面板中修改属性，如图 3-107 所示。如果对 PCB 做了修改，或者修改了覆铜属性，则可通过单击“重建覆铜区”按钮或按快捷键“Shift+B”重建所有覆铜区，无须重新绘制覆铜区。如果要清除所有覆铜区，可按快捷键“Shift+M”。

图 3-107　覆铜属性

十一、DRC 规则检查

DRC 规则检查是根据设计者设置的规则对 PCB 设计进行检查。在 PCB 设计环境下，单击打开“设计管理器”，然后刷新“DRC 错误”，如图 3-108 所示。一旦检查出 PCB 有违反规则的地方，错误信息将会显示在“DRC 错误”目录下。

图 3-108　DRC 规则检查

【任务评价】

声光控智能灯 PCB 设计评价表如表 3-5 所示。

表 3-5　声光控智能灯 PCB 设计评价

项目名称：________________

姓名：________　　　班级：________　　　学号：________

评价内容	评价标准		评价要求	分值	得分
考勤纪律（10%）	无迟到、早退、旷课情况；遵守课堂各项纪律		迟到、早退一次扣 1 分；旷课一次扣 2 分；影响上课秩序一次扣 2 分	100	
职业规则（10%）	爱护公共设施、爱护个人及公共环境卫生、不得带饮料及食品进机房		视具体情况扣分	100	
实施步骤（80%）	1. 新建 PCB 文件	在 PCB 工程中新建 PCB 文件并保存	无操作失误	5	
	2. 将原理图导入 PCB 文件	能把原理图直接转换成 PCB 文件	无操作失误	5	
	3. PCB 规则设置	能按要求设置 PCB 边框参数； 完成间距设置、线宽设置、孔外径设置、孔内径设置、线长设置	每错一处扣 2 分，扣完为止	10	
	4. 定位孔设计	能准确绘制定位孔	与要求不符不给分	20	
	5. 元件布局	能按要求及原则进行 PCB 元件布局	无操作失误	10	
	6. 元件布线	能按要求及原则进行 PCB 布线	无操作失误	10	
	7. 添加丝印	能按要求添加丝印	每错一处扣 1 分，扣完为止	10	
	8. 添加电路板信息	能按要求添加电路板信息	每错一处扣 1 分，扣完为止	10	
	9. 电路板覆铜	能按要求进行双面或单面覆铜	无操作失误	10	
	10. DRC 规则检查	DRC 规则检查无误	无操作失误	10	
合　计				100	

【任务小结】

声光控智能灯 PCB 印制板设计总结如图 3-109 所示

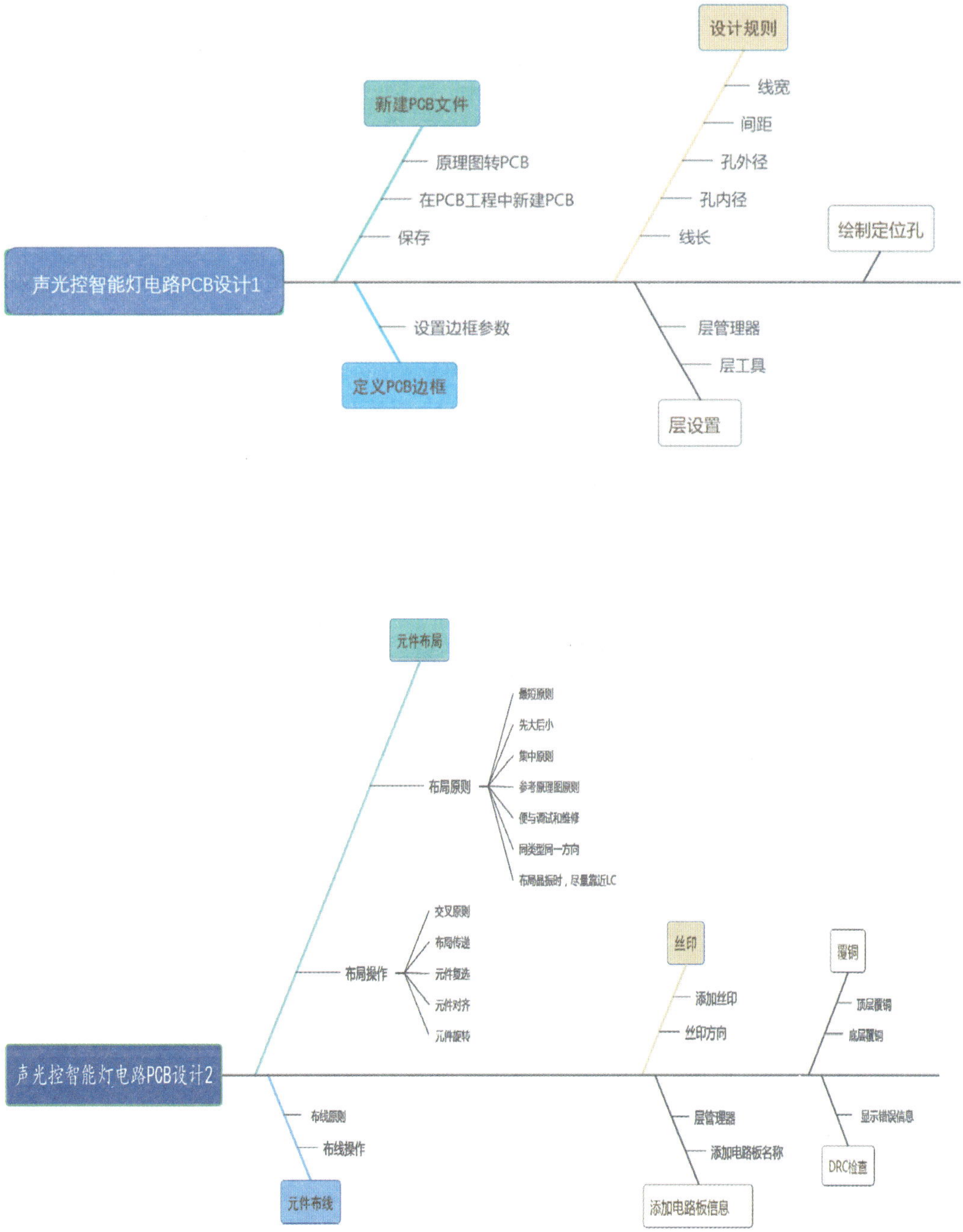

图 3-109　声光控智能灯 PCB 印制板设计总结

【任务拓展】

延时定时器印制电路板设计

延时定时器采用 NE555 定时器、电阻、电容、二极管、开关、继电器等元件构成。下面提供电路的参考元件清单（见表 3-6）及印制电路板 2D、3D 预览图（见图 3-110、图 3-111），请根据相关要求绘制电路原理图及 PCB 图。

表 3-6　延时定时器元件清单

编号	元件名称	位号	封装	数量
1	10uF	C1	CAP-TH_BD4.0-P1.50-D0.8-FD	1
2	继电器	K	三友继电器 4 脚	1
3	LED-TH-3mm_R	LED1	LED-TH_BD3.0_RED	1
4	100K	R1	RES-TH_BD2.3-L6.5-P10.50-D0.5	1
5	1K	R2	RES-TH_BD2.3-L6.5-P10.50-D0.5	1
6	200kΩ	RP1	RES-ADJ-TH_3P-L9.5-W4.85-P2.50-BL-BS	1
7	按键 6*6*5	S1	SW-TH_4P-L6.0-W6.0-P4.50-LS6.5-1	1
8	NE555	U1	PDIP-8_L10.2-W6.5-P2.54-LS9.0-TL	1
9	1N4148	VD1,VD2	DO-35_BD2.0-L4.2-P8.20-D0.5-RD	2

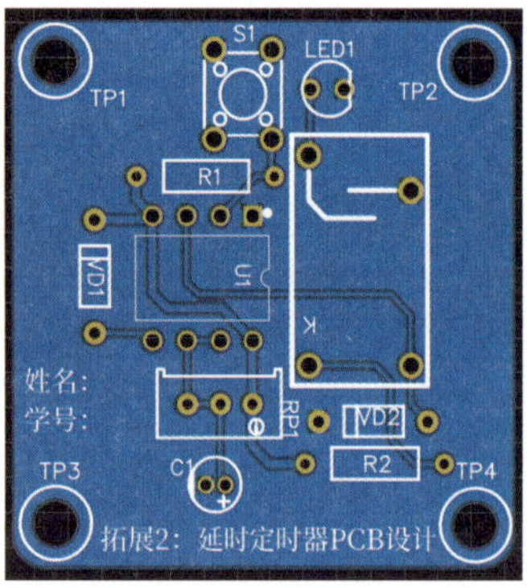

图 3-110　印制板 2D 预览

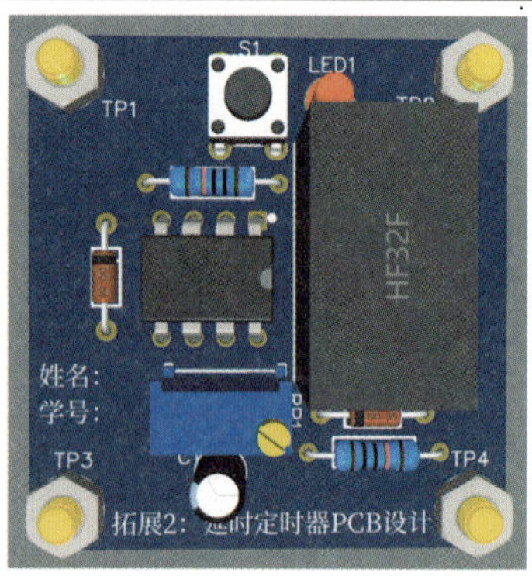

图 3-111　印制板 3D 预览

1. 原理图设计

建立名为延时定时器原理图文件，并设置原理图图纸尺寸为 A4。

2. PCB 设计

要求：

（1）电路板尺寸为不大于：4 000 mil（宽）×3 800 mil（高）；

（2）信号线宽 10 mil，VCC 线宽 20 mil，接地线宽 30 mil；

（3）对地线在整板的顶层和底层放置铺铜。

3. 扫码观看参考案例

视频：延时定时器

【项目评价】

总结项目实施情况，填写表 3-7 所示的项目评价表。

表 3-7 项目小结评价表

项目名称：____________________

姓名：________ 班级：________ 学号：________

<table>
<tr><td colspan="5">一、项目小结及自评（100 分）</td></tr>
<tr><td rowspan="3">完成哪些任务</td><td colspan="4"></td></tr>
<tr><td colspan="4"></td></tr>
<tr><td colspan="4"></td></tr>
<tr><td>遇到的难点</td><td colspan="4"></td></tr>
<tr><td>解决的方法</td><td colspan="4"></td></tr>
<tr><td colspan="2">收获了哪些知识与技能</td><td colspan="3"></td></tr>
<tr><td colspan="2">体会到哪些职业素质（团队协作精神，勤奋敬业精神、钻研创新精神等）</td><td colspan="3"></td></tr>
<tr><td colspan="5">二、小组互评（100 分）</td></tr>
<tr><td>语言沟通能力</td><td colspan="4"></td></tr>
<tr><td>团队合作精神</td><td colspan="4"></td></tr>
<tr><td colspan="5">三、师评（100 分）</td></tr>
<tr><td>按时完成情况</td><td colspan="4"></td></tr>
<tr><td>项目完成质量</td><td colspan="4"></td></tr>
<tr><td>解决问题的能力</td><td colspan="4"></td></tr>
<tr><td>任务创新点</td><td colspan="4"></td></tr>
<tr><td rowspan="2">项目综合评价</td><td>自评（35%）</td><td>互评（15%）</td><td>师评（50%）</td><td>项目综合得分</td></tr>
<tr><td></td><td></td><td></td><td></td></tr>
</table>

【知识链接】

快捷键的使用

在原理图绘制过程中我们可以通过快捷键的使用加快绘图速度，立创 EDA 提供了丰富的快捷键，每个快捷键的使用方法都可以通过命令“设置”→“快捷键设置”查看，也可以根据自己的偏好进行个性化设置，如图 3-112 所示。

图 3-112　快捷键设置

在本项目中可以采用的快捷键如图 3-113 所示。

快捷键设置

按 F11 切换到全屏模式

ID	文档类型	快捷键	功能
0	所有	Space	旋转所选图形
1	所有	Left	向左滚动或者左移所选图形
2	所有	Right	向右滚动或者右移所选图形
3	所有	Up	向上滚动或者上移所选图形
4	所有	Down	向下滚动或者下移所选图形
5	所有	Ctrl+X	剪切
6	所有	Ctrl+C	复制
7	所有	Ctrl+V	粘贴
8	所有	Delete	删除所选
9	所有	Backspace	撤销到上次绘制
10	所有	Ctrl+A	全选
11	所有	Esc	取消绘制

图 3-113　快捷键列表

【素养链接】

榜样力量：优秀毕业生曹博回校任教

榜样是一种力量，彰显进步；榜样是一面旗帜，鼓舞斗志；榜样是一座灯塔，指引方向。榜样就在我们的身边。武汉市仪表电子学校将引进 2017 级电子信息技术专业学生曹博回校任教。该生在校期间以较强的动手能力与不懈的钻研精神被学校大赛指导教练周仕林老师看中并对其进行专项训练指导。

在2020年第一届全国职业技能大赛电子技术项目中，曹博取得总分第四名的优异成绩，荣获“全国技术能手”称号，并入围第46届世界技能大赛电子技术项目中国集训队，实现了湖北省在电子技术项目世界技能竞赛中的历史性突破。

全国技能大赛电子技术项目汇聚了全国精英，比赛内容包括电路设计、嵌入式编程、故障的维修与调试等，要求选手具有扎实的电子技术基本功、熟练的焊接技巧与对工具的使用能力、很强的逻辑思维能力与处理复杂算法的能力。

为了这次大赛，曹博准备了两年时间，每天上午8时30分赶到实训室，晚上8时30分结束训练，午餐和晚餐加起来仅一个小时，每天训练时间在11个小时以上，一个月只休息两天。说是晚上8点半结束，但加练是经常的事情。有一次，晚上8时许，曹博发现PCB电路板的一个信号有问题，就向周仕林老师求教。两人查资料翻说明书甚至向专家咨询都没能找出答案，于是，他们把电路板元件拆下来一次次调试检测，最终发现是厂家加工时一个肉眼难见的疏忽导致某个过孔短路。当他们找出问题开心地准备回家时，才发现已经凌晨两点多了，教学楼的大门已经锁住出不去，只能打电话向保卫处求助。

疫情防控期间，为了不耽误训练，学校第一时间为曹博备赛制定了网络培训计划。训练需要设备与耗材，学校为此专门派人开车，将一个大大的训练包裹送到曹博家里：可调电容、函数信号发生器、示波器、嵌入式开发板、电烙铁等各种电子元器件，加起来足足有40多公斤。

正是有了这种对专业的热爱及对技术的钻研精神，曹博准备在技能竞赛中继续前进，目前他正在带领我校学生备赛全国技能大赛，毕业后将正式回校任教。

项目四　数字显示温湿度计印制电路板设计

【项目导入】

温度和湿度是两个基本的环境参数。数字温湿度计是当今各生产企业广泛使用的环境监测设备。在我们的生活中，需要时刻关心环境的变化，只有很好地把握好环境的差异变化，才能更好的生存与发展。比如，在日常生活中，适宜的温度和湿度会使我们感到舒适，而不合适地温度和湿度则会让我们产生不舒服的感觉甚至生病。再比如，在一些温室大棚里，各类蔬菜瓜果只有在适宜的温度和湿度下才能快速成长，取得更大的经济效益。准确测量温湿度在生物药学、食品加工、造纸业等行业更是至关重要。如图 4-1 所示为生产车间的温湿度检测，图 4-2 所示为农产品温湿度检测。

图 4-1　生产车间温湿度检测

图 4-2　农产品温湿度检测

本项目介绍的是基于 STC15W408 单片机的温湿度计，该电路由 STC15W408 单片机、DHT11 温湿度检测电路、下载电路、数码显示电路等组成部分，本项目提供数字显示温湿度计元件清单（见表 4-1），引导学生进行电路原理图设计、PCB 设计，从而完成印制电路板设计。

表 4-1　数字显示温湿度计元件清单

序号	名称	位号	封装	数量
1	104	C1,C2,C3	CAP-TH_L5.0-W2.5-P2.54-D0.7	3
2	DC005-2.0MM	DC1	DC-IN-TH_DC005	1
3	HDR-M-2.54_1x4	H1	HDR-M-2.54_1X4	1
4	FJ5461AH	LED1	LED-SEG-TH_12P-L50.3-W19.0-P2.54-S15.24-BL	1
5	S8050	Q1,Q2,Q3,Q4	TO-92-3_L4.9-W3.7-P1.27-L	4
6	510	R1,R2,R3,R4,R5,R6,R7,R8	RES-TH_BD2.2-L6.5-P10.50-D0.6	8
7	2K	R9,R10,R11,R12	RES-TH_BD2.2-L6.5-P10.50-D0.6	4
8	10K	R13,R14,R15	RES-TH_BD2.2-L6.5-P10.50-D0.6	3
9	4.7K	R16	RES-TH_BD2.2-L6.5-P10.50-D0.6	1
10	K4-6X6_TH	SW1,SW2,SW3	KEY-TH_4P-L6.0-W6.0-P4.50-LS6.5	3
11	PB22E09071	SW4	SW-TH_6P-L8.5-W8.5-P2.54-LS5.5	1
12	M3X10+6	TP1,TP2,TP3,TP4	M3X10-6	4
13	STC15W408AS-35I-SOP16	U1	SOP-16_L10.0-W3.9-P1.27-LS6.0-BL	1
14	74HC595-DIP	U2	DIP-16_L19.8-W6.5-P2.54-LS7.6-BL	1
15	DHT11	U3	SENSOR-TH_DHT11	1
16	USB-Micro_2	USB1	MICRO-USB-SMD_5P_C40957	1

立创 EDA 软件还提供印制电路板的 2D 仿真示图，从而更直观地展示设计完成的印制电路板（见图 4-3）。

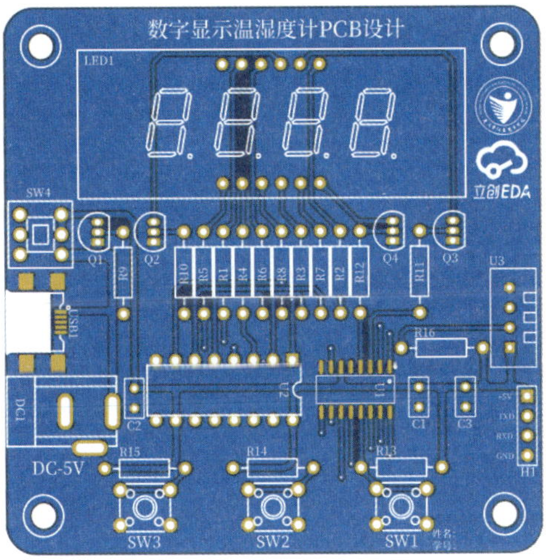

视频：数字显示温湿度计印制电路板设计项目导入

图 4-3　印制电路板的 2D 仿真示图

【项目目标】

1. 知识目标

（1）了解数字显示温湿度计原理图设计、原理图库设计、PCB 封装库设计、PCB 板设计的基本流程。

（2）掌握数字显示温湿度计原理图设计、原理图库设计、PCB 封装库设计、PCB 板设计的步骤。

2. 技能目标

（1）通过学习能够使用 EDA 绘图工具。

（2）能根据要求准确地绘制印制电路板。

3. 素质目标

（1）通过理实一体化，使学生获得较强的实践动手能力。

（2）培养学生良好的操作规范，养成良好职业行为习惯。

（3）在项目教学过程中，锻炼学生的团队合作能力，进行专业技术交流的表达能力。

任务一　数字显示温湿度计原理图设计

【任务目标】

1. 知识目标

（1）掌握原理图设计的基本流程。

（2）掌握画布设置的方法。

（3）掌握网格、栅格的区别以及设置参数的方法。

2. **能力目标**

（1）掌握创建原理图文件的步骤。

（2）掌握放置元件符号的方法。

（3）掌握对元件符号属性进行设置的方法。

（4）掌握元件布局原则，并完成导线连接。

视频：数字显示温湿度计原理图设计

【任务实施】

一、原理图的设计流程

数字显示温湿度计电路原理图设计有 7 个步骤，分别为新建工程、新建原理图文件、设置相关参数、封装配置、放置元器件、连线和检查电路，如图 4-4 所示。

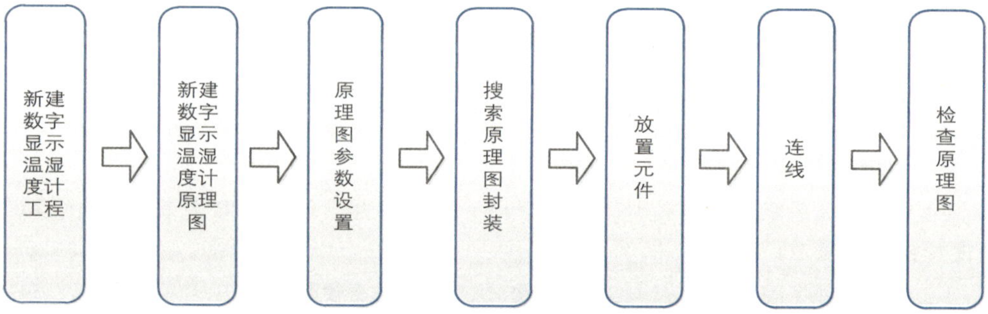

图 4-4　数字显示温湿度计原理图设计流程

（1）新建数字显示温湿度计工程。用鼠标单击：“开始”→“程序”→“立创 EDA”或双击桌面图标，启动软件，新建数字显示温湿度计工程文件。

（2）新建数字显示温湿度计原理图。在数字显示温湿度计工程文件，新建一个数字显示温湿度计原理图文件，进入原理图编辑器。

（3）原理图参数设置。在绘制原理图之前，应首先设置好工作环境，对图纸大小、方向、网格参数等进行设置。

（4）搜索原理图封装。在立创 EDA 元件库中搜索原理图对应的原理图封装。

（5）放置元器件。一般情况下，电路中所需元器件在立创 EDA 常用库中都可以找到，只要从库中选择所需类型添加到原理图中就可以了，但是有些元器件需要在元件库中搜索找到编辑后再进行放置。

（6）元器件连线。将添加并排列好的元器件引脚用导线、网络标签连接起来，形成完整的电路。

（7）检查原理图。利用立创 EDA 提供的设计管理器对电路的元件和网络进行检查，并根据检查结果对原理图进行调整和修改。

二、新建工程

（一）启动立创 EDA 软件

用鼠标单击：“开始”→“程序”→“立创 EDA”或双击桌面图标，启动软件操作界面如图 4-5 所示。

图 4-5　立创 EDA 操作界面图

（二）创建工程文件

1. 新建工程

点击顶部菜单“文件”→“新建”→“工程”新建工程，如图 4-6 所示。也可点击界面中“快速开始”下面的“新建工程”图标新建工程。

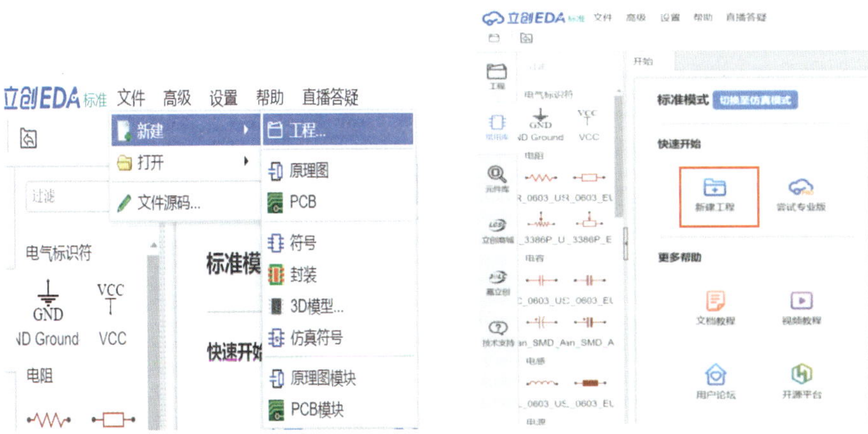

图 4-6　新建工程

2. 工程文件命名及保存

在新建工程界面的标题处对工程进行命名，也可以对工程进行简单的描述，最后点击“保存”，如图 4-7 所示。

图 4-7　工程命名及保存

三、新建原理图文件

1. 新建原理图

点击顶部菜单的“文件”→“新建”→“原理图”即可新建原理图，系统默认原理图文件名为 Sheet _ 1，如图 4-8 所示。或是选择数字显示温湿度计电路工程文件并单击鼠标右键，在下拉菜单中选择“新建原理图”，也可在数字显示温湿度计工程下新建一个原理图文件。

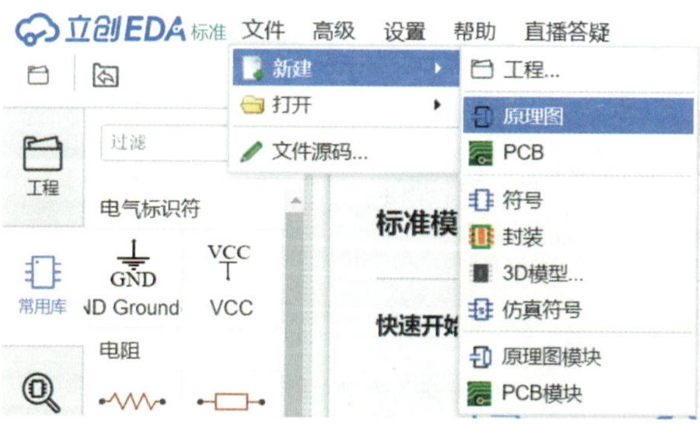

图 4-8　新建原理图

2. 重命名原理图

鼠标选择 Sheet _ 1 文件，右键在下拉菜单中选择修改命令，如图 4-9 所示。

在“修改文档信息”对话框中将原理图标题修改为“数字显示温湿度计”，可以根据需要添加相关描述，如图 4-10 所示。最后单击“确定”按钮即可看到原理已被重命名。

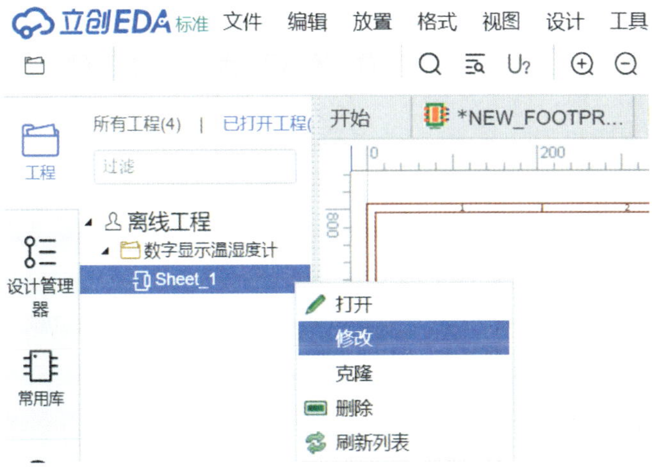

图 4-9　重命名原理图

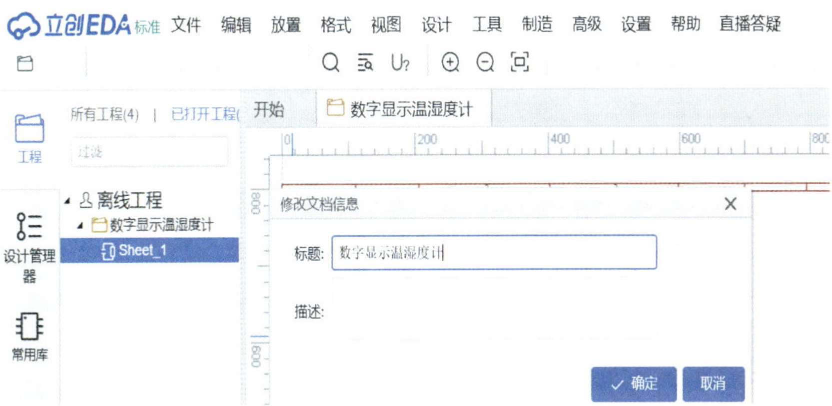

图 4-10　重命名原理图

创建新原理图设计界面，如图 4-11 所示。

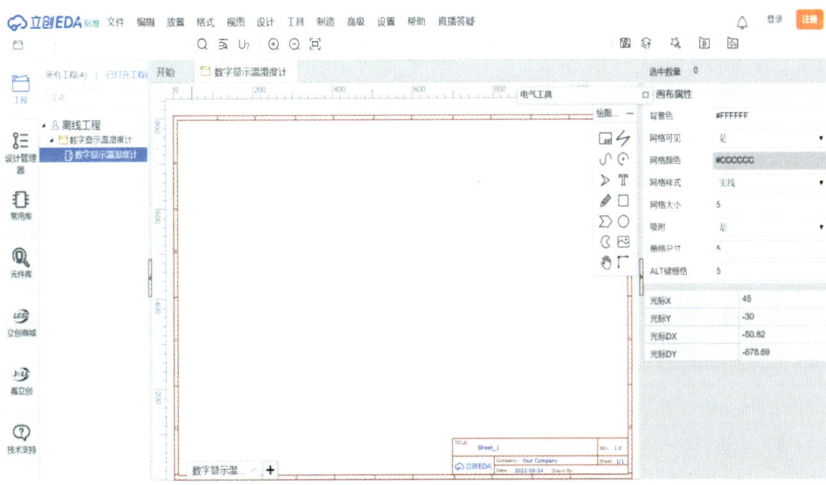

图 4-11　原理图设计界面

四、原理图参数设置

在绘制原理图之前，需要对相关参数进行规范化设置。常规参数包括网格大小、栅格尺寸、画布规格和 Title Block，下面进行详细说明。

1. 设置网格大小

网格大小是用于标识间距和校准元件符号的线段，便于将元件摆放整齐。网格默认的大小为 5，如图 4-12 所示，可根据需要进行设置。

2. 设置栅格尺寸

栅格尺寸是指光标移动时的步进距离，便于式元件与布线对齐。栅格尺寸越小，元件和布线移动的步进距离就越小，也越精准，ALT 键栅格是指按下“Alt”键，然后移动元件时的步进距离。栅格和 ALT 键栅格默认尺寸均为 5，如图 4-13 所示。

图 4-12　设置网格大小

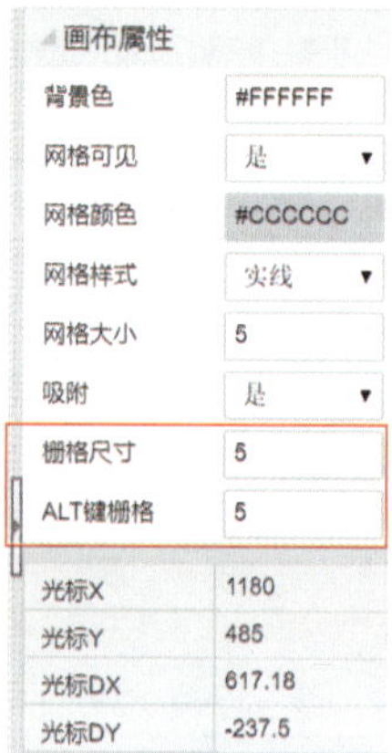

图 4-13　设置栅格尺寸

3. 设置画布规格

根据电路的难易程度，单击绘图工具中的进行画布大小的设置，如图 4-14 所示。立创 EDA 的画布默认规格是 A4，数字显示温度湿度计电路采用 A4 大小的纸就可以容纳所有元件。

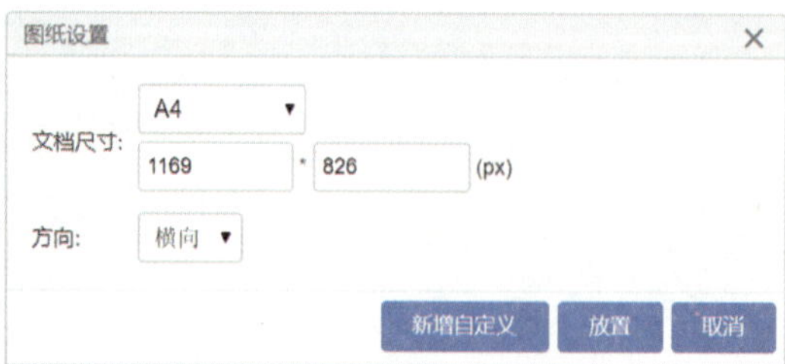

图 4-14　设置画布规格

4. 设置 Title Block

在 Title Block 中双击对应的文本就可以修改标题名称、版本、公司信息、日期和作者等相关信息，如图 4-15 所示。

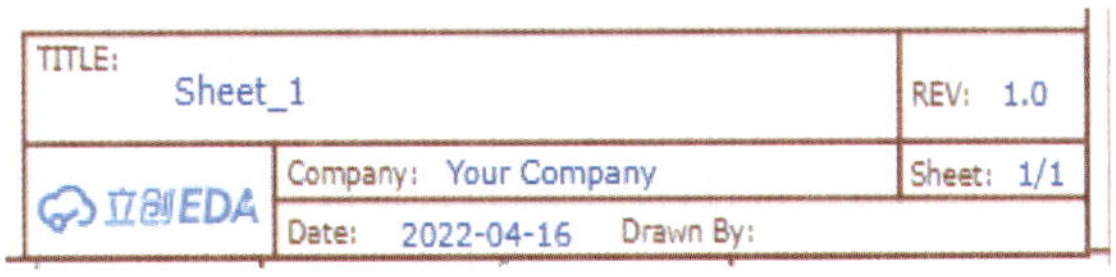

图 4-15　设置 Title Block

（1）修改 TITLE：双击 Sheet_1，在弹出的文本框中输入“数字显示温湿度计”即可完成修改。

（2）版本号（REV）修改为 V1.0；Sheet 保持系统默认设置；Date 设置为设计时间；Drawn By 处输入作者姓名。

（3）修改 Title Block 文本属性：选中 Title Block 中的文本，在原理图设计界面右侧的“文本属性”面板中可以修改文本的颜色、字体、字体大小等属性，如图 4-16 所示。

图 4-16　修改 Title Block 文本属性

5. 可以添加 LOGO

单击绘图工具中的图标可以向 Title Block 中添加图片，在弹出的图片属性对话框中输入图片网址或是从本地上传图片，单击“确定”，如图 4-17 所示。

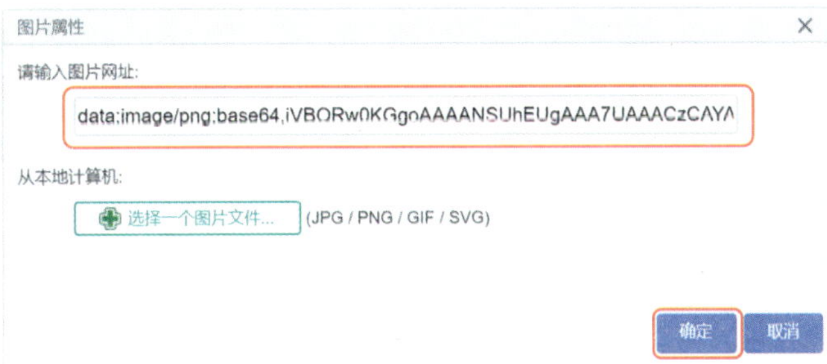

图 4-17　导入图片

（5）上述参数修改完成后，Title Block 设置完成，如图 4-18 所示。

图 4-18 Title Block 设置完成图

五、放置元件

在原理图设计中，用来存放元器件的库有常用库和元件库。

常用库包含的是一些常用的元器件，它不支持自定义。在常用元件库中单击元件，然后移动指针到画布，单击鼠标左键即可放置元件。元件库中的元件需要先进行搜索找到需要的元件再进行放置才可以使用。在数字显示温湿度计电路中用到了电阻、电容、三极管、KH-DC1009、74HC595、STC15W408AS、DHT11、接地端 GND 和 VCC 等。下面以“74HC595”为例介绍如何从元件库中获取元件。

单击原理图设计界面左侧的元件库按钮，或是使用快捷键“Shift+F”打开“元件库”对话框。在搜索引擎中输入 74HC595，单击或是按“回车键”进行搜索，如图 4-19 所示。

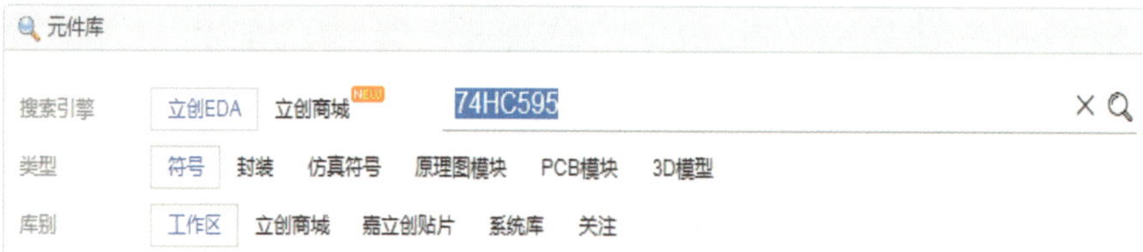

图 4-19 搜索 74HC595

根据元件的封装和制造商等信息在搜索结果中选择所需元件，如图 4-20 所示。

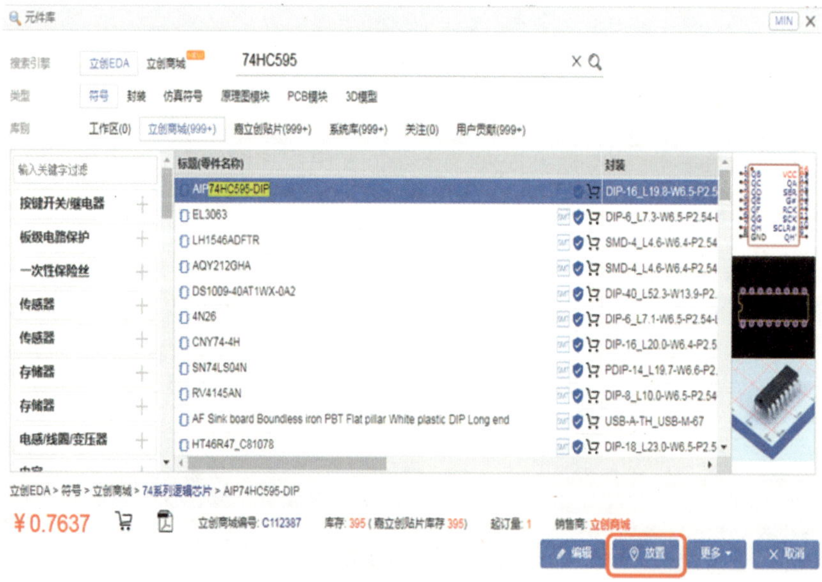

图 4-20 选择 74HC595

选择完成以后单击图 4-20 中的“放置”按钮，然后在原理图中单击就可以放置所选元器件。放置时元件的引脚要放置在格点上，以方便后续导线的连线[见图 4-21(a)]。元件不建议放置在两个栅格之间的位置[见图 4-21（b）]，因此在设置网格和栅格的尺寸时一定要合适。

（a）引脚放置正确　　（b）引脚放置错误

图 4-21　引脚放置

元件放置之后，在原理图设计界面右侧的“元件属性”中对元件的属性进行设置。例如将位号设置为 U2，如图 4-22 所示。使用同样的方法搜索原理图中其他元件进行放置，并对其属性进行修改。

图 4-22　元件属性设置

在数字显示温湿度计电路中，集成电路 U2 从库中获取后需要水平对调才能满足引脚的调整。此时可选中需要对调的元件 U2，按“X”键即可现实调整功能，如图 4-23 所示。若元件需要旋转后放置的，可选中元件然后按空格键，现实旋转功能。

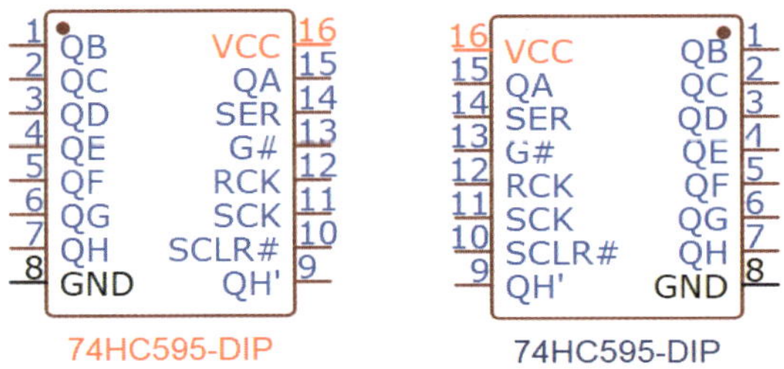

图 4-22　元件调整前后对比图

数字显示温湿度计电路中的所有元件全部放置在画布上并完成相应的属性设置后如图 4-24 所示。

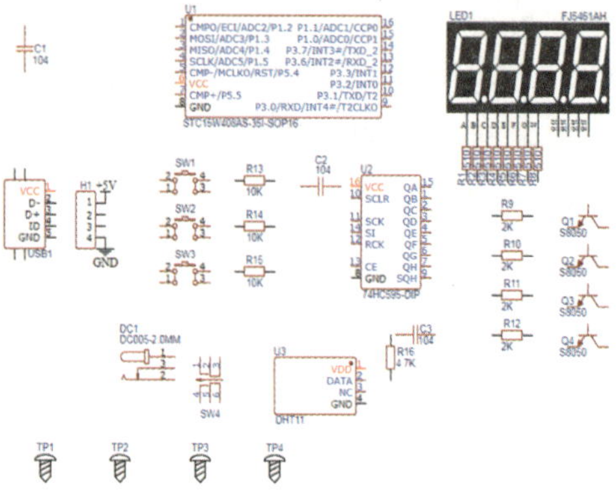

图 4-24　数字显示温度湿度计电路元件放置

一个完整的电路包括元件、导线、电源和接地端。因此在元件放置结束后还需要添加电源和接地端。单击“常用库”按钮，在“电气标识符”中选择“GND”和“电源（VCC）”，如图 4-25（a）所示。点击右下角的▣可以选择电路中所需的形式进行放置，如图 4-25（b）所示。

（a）　　　　　　　　（b）

图 4-25　电气标识符

还可以在标识符属性框中对颜色、字体、字体大小等属性进行修改，如图 4-26 所示。

图 4-26　电源和接地端属性修改

数字显示温湿度计电路的元件、电源、接地端放置完成后如图 4-27 所示。

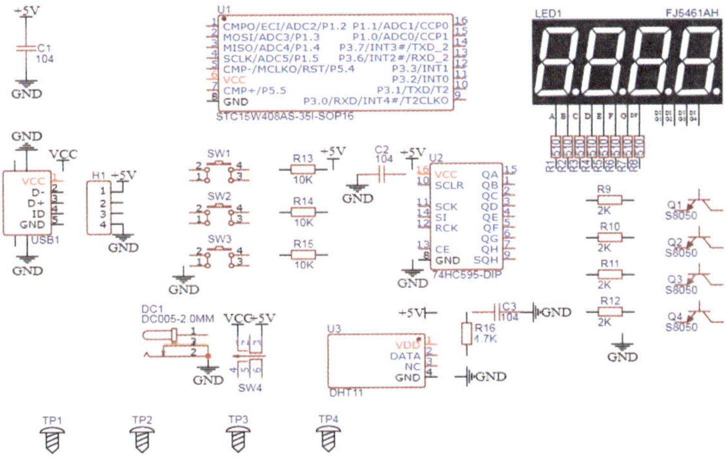

图 4-27　数字显示温度湿度计电路放置元件、电源、接地端

六、连　线

将所有元件放置完成后，需要通过导线或网络标签进行电气连接。

导线具有电气性质，用来连接元件电气点的连线。导线上的任一点都具有电气性质。元件之间的电气连接主要通过导线来实现的。单击电气工具中的导线（W）按钮进入连线模式。将指针移动到需要连接的元件引脚上，这时在引脚的端点处会出现一个灰色的圆点，单击即可放置导线的起点，如图 4-28 所示。移动指针到需要连接的引脚，在引脚的端点处出现一个灰色圆点，单击即可完成两个引脚之间的连接，此时指针仍处于连线模式，重复上述操作可继续连接其他引脚。单击鼠标右键或是按 Esc 键，即可退出连线模式。还可以根据需要对导线的颜色、线宽、样式等参数进行属性设置，如图 4-29 所示。

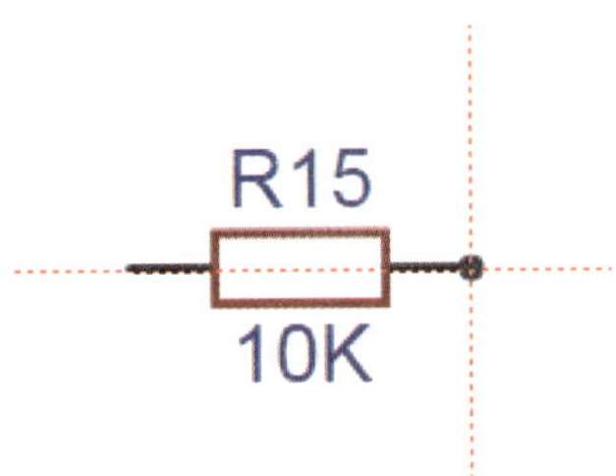

图 4-28　连接元件

图 4-29　导线属性

“网络标签”实际上也是一种电气连接方式，具有相同网络标签的导线是连在一起的。使用网络标签可以避免电路中出现较长的连线，使电路原理图连线更清晰。

放置网络标签的方法是：单击电气工具中网络标签（N）按钮，然后按 Tab 键，在弹出的“属性”对话框中修改网络标签名称，如图 4-30 所示。另外一种修改网络标签的方法是双击要修改的网络标签，在弹出的文本框中输入新的网络标签名，如图 4-31 所示。

图 4-30　设置标签（1）

图 4-31　设置标签（2）

也可对网络标签的属性进行修改，单击选中的网络标签，在“网络标签”面板中修改标签的名称、颜色、字体和字体大小，如图 4-32 所示。本书使用默认属性。

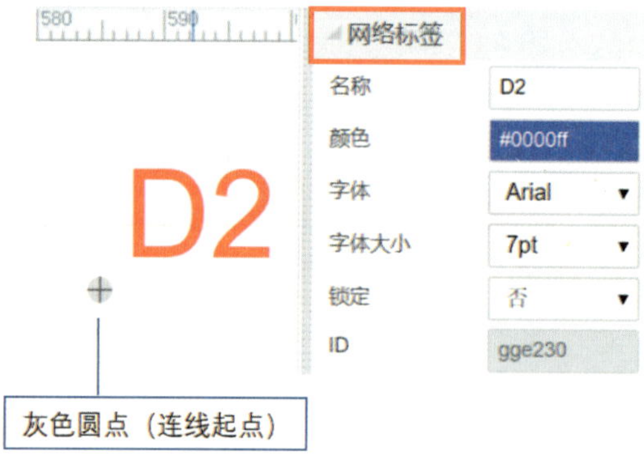

图 4-32　修改标签属性

在数字显示温度湿度计电路中，如元件 U1 的 5 脚不需要连接任何网络或是元件，这时要给悬空的引脚添加“非连接标志”。单击“电气工具”中非连接标志 ✕ 按钮，放置在悬空的引脚上，如图 4-33 所示。

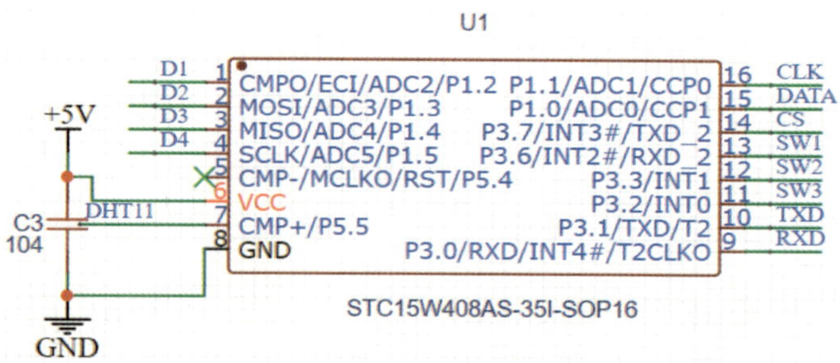

图 4-33　悬空引脚非连接标志

按照上述电气连接方式完成所有元件导线的连接后，可以对每个模块进行文本说明，完整的数字显示温湿度计电路设计原理图如图 4-34 所示。

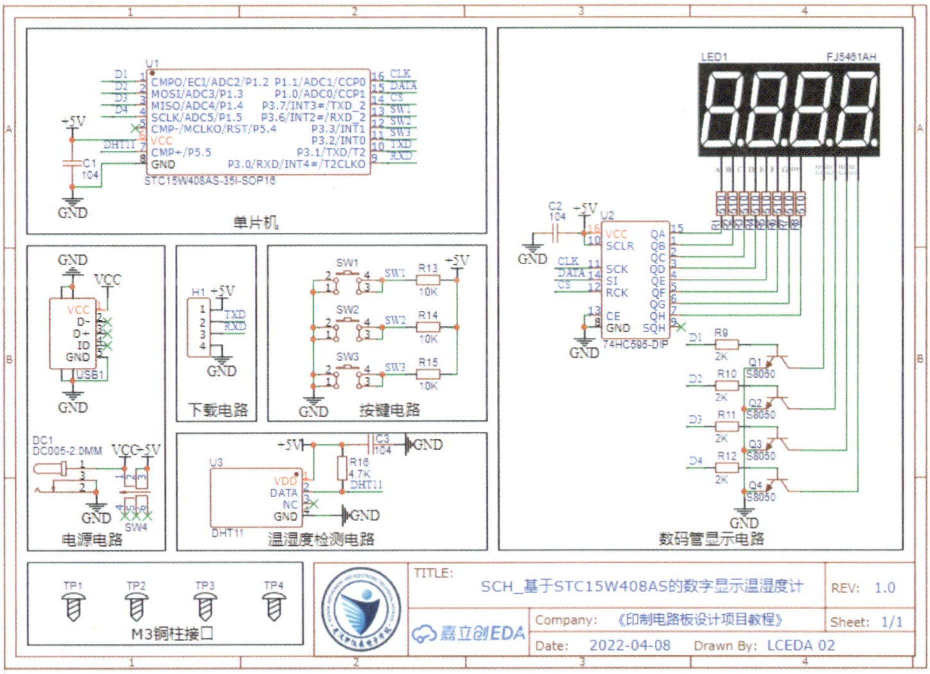

图 4-34　数字显示温湿度计原理图

七、原理图检查

原理图设计完成后，需要对原理图的电气连接性进行检查。最常见的检查项目有元件的 PCB 封装和网络的连接，单击原理图设计界面左侧的“设计管理器”按钮，可见检查元件及网络列表，如图 4-35 所示。

图 4-35　检查元件及网络

点击元件列表，可检查元件是否都有 PCB 封装（元件编号后面的括号内为 PCB 封装名称），如图 4-36 所示。

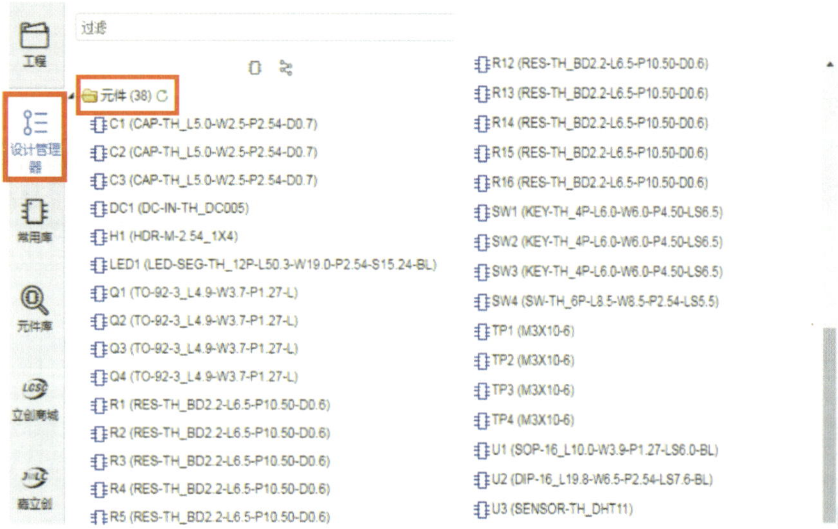

图 4-36　检查元件

在元件列表中单击某一元件，系统将自动在原理图中定位该元件的位置。例如，若要定位 U1，单击元件 U1 就可以实现，如图 4-37 所示，同时单击元件引脚可以定位该引脚，如图 4-38 所示。

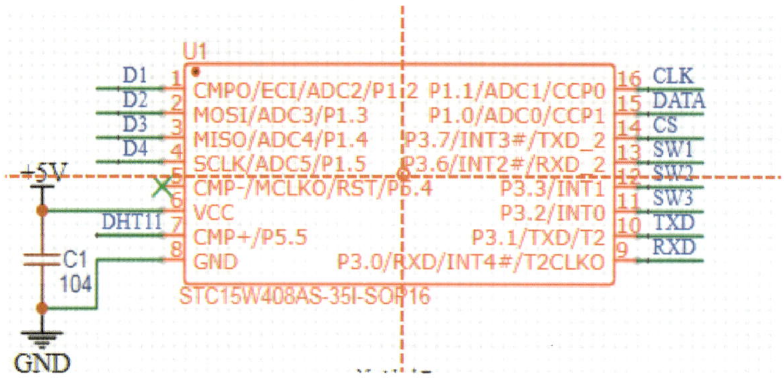

图 4-37　定位元件

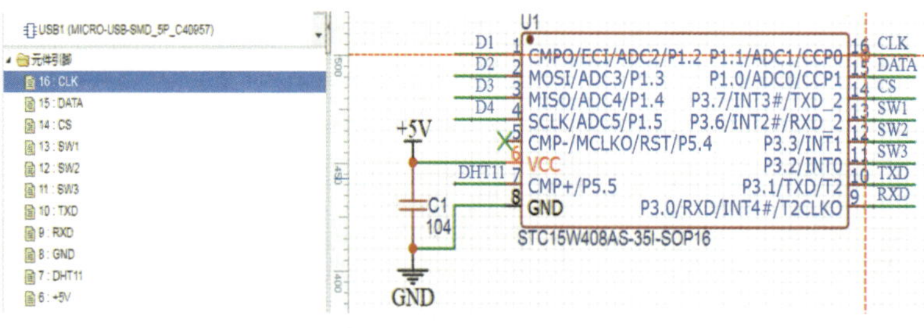

图 4-38　元件引脚

点击网络列表可查看网络连接情况，如果存在网络没有连接，则会在列表中的网络名称前显示警告标志 ⚠，如图 4-39 所示。把带有警告标志的网络进行连接，该显示就可恢复正常。

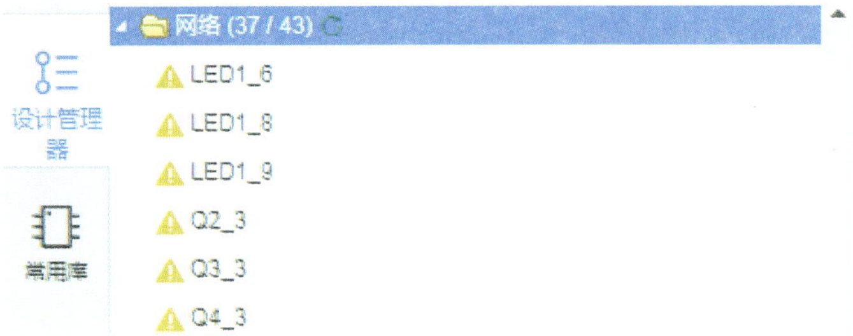

图 4-39　网络检查

【任务评价】

数字显示温湿度计原理图设计评价表如表 4-2 所示。

表 4-2　数字显示温湿度计原理图设计任务评价

项目名称：______________________

姓名：________　　　　班级：________　　　　学号：________

评价内容	评价标准		评价要求	分值	得分
考勤纪律（10%）	无迟到、早退、旷课情况； 遵守课堂各项纪律		迟到、早退一次扣 1 分； 旷课一次扣 2 分； 影响上课秩序一次扣 2 分	100	
职业规则（10%）	爱护公共设施、爱护个人及公共环境卫生、不得带饮料及食品进机房		视具体情况扣分	100	
实施步骤（80%）	1. 新建文件	按要求新建工程文件，保存到指定路径； 按要求新建原理图文件，保存到指定路径	无操作失误	10	
	2. 画布属性设置	按要求设置画布属性	与要求不符不给分	10	
	3. 常用库元件调用	能正确调用元件； 按样图放置元件； 对元件属性进行修改	每错一处扣 1 分	10	
	4. 元件库使用	能在库进行元件搜索； 能对元件属性进行修改； 按照样图放置元件； 能对库中元件进行编辑	每错一处扣 1 分	20	
	5. 放置连线	按照样图正确绘制连线	每错一处扣 1 分	20	
	6. 放置网络标签	按照样图正确修改网络标签属性并放置网络标签	与要求不符不给分	10	
	7. 原理图检查	查看原理图中所有元件封装是否符合要求； 查看网络是否完整	每错一处扣 1 分	10	
	8. 保存文件	文件上传至 D 盘：\××班级提交资料\	与要求不符不给分	10	
合　计				100	

【任务小结】

数字显示温湿度计原理图设计任务总结如图 4-40 所示。

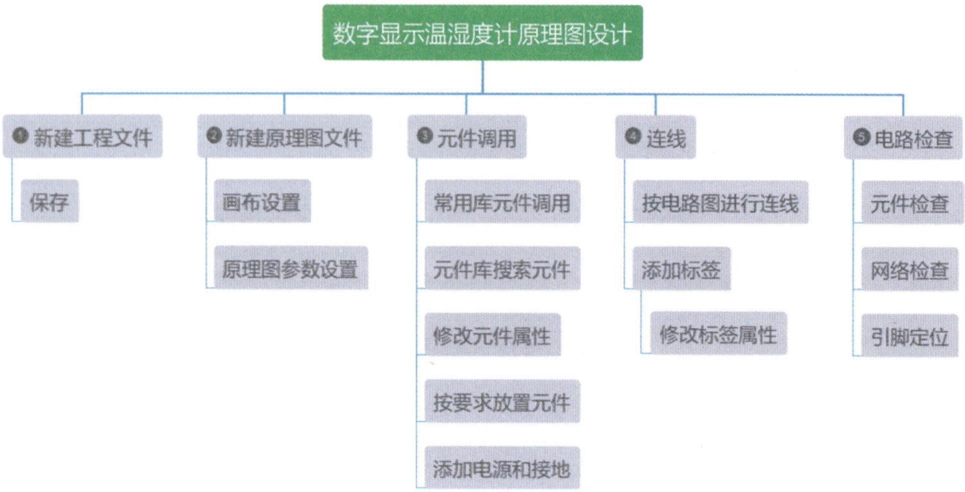

图 4-40　任务小结

【任务拓展】

绘制激光竖琴电路原理图，如图 4-41 所示。要求采用 A4 画布，横向放置，背景色为灰色，栅格、网格尺寸为默认值。

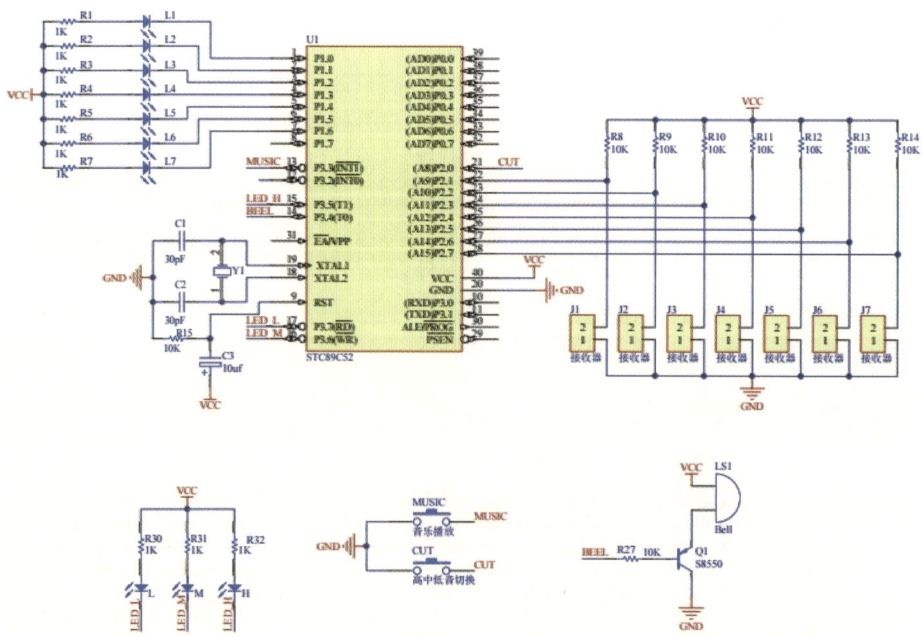

图 4-41　激光竖琴电路

任务二　数字显示温湿度计原理图库设计

【任务目标】

视频：数字显示温湿度计原理图库设计

1. 知识目标

（1）了解创建原理图库的流程。

（2）掌握原理图库设计的步骤。

2. 能力目标

（1）掌握创建原理图库文件步骤。

（2）掌握制作原理图符号方法。

（3）掌握添加属性信息的步骤。

（4）掌握添加 PCB 封装的方法。

【任务实施】

一、原理图库设计

规范化的元件库对于硬件电路的设计开发非常重要，立创 EDA 已经提供了丰富的元件库资源，但由于元件种类众多，仍然有些元件可能不包含在库中。因此，考虑到个性化的设计需求，有必要建立自己专属的元件库。鉴于此，本任务将以数字显示温度湿度计原理图中的 STC15W408AS-35I-SOP16 元件为例（见图 4-42），讲解元件库的制作方法。

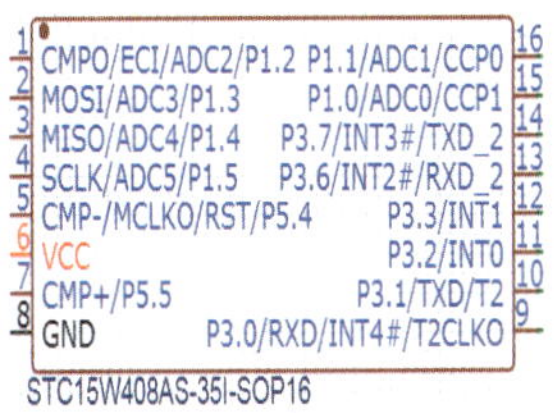

图 4-42　STC15W408AS-35I-SOP16 元件

原理图库的设计包括：新建原理图库、新建元件、绘制元件符号、添加引脚（设置极性）、添加元件属性信息以及添加 PCB 封装等操作步骤，如图 4-43 所示。

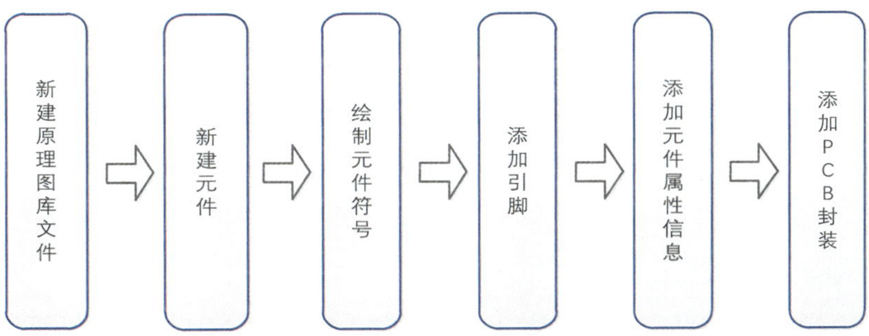

图 4-43　原理图库设计流程图

（1）新建原理图库文件。用鼠标单击：“文件”→“新建”→“符号”打开空白的库文件，进入原理图库编辑器并保存。

（2）新建元件。在原理图库编辑器，新建电路图中所需的元件。

（3）绘制元件符号。在原理图库编辑器，对画布的属性如网格大小、栅格大小等属性进行设置，然后根据元器件的实际情况绘制边框。

（4）添加引脚。在边框绘制好后，在绘图工具中点击引脚标志添加引脚，并对引脚的属性进行设置。

（5）添加元件属性信息。在“自定义属性”面板中对绘制元件的名称、封装和编号等信息进行设置。

（6）添加 PCB 封装。单击“自定义属性”面板中“封装”对应的文本框，打开“封装管理器”对话框搜索所需封装类型进行封装添加即可。

二、新建原理图库

如图 4-44 所示，单击工具栏中的“文件”按钮，在下拉菜单中执行“新建”“符号”命令。

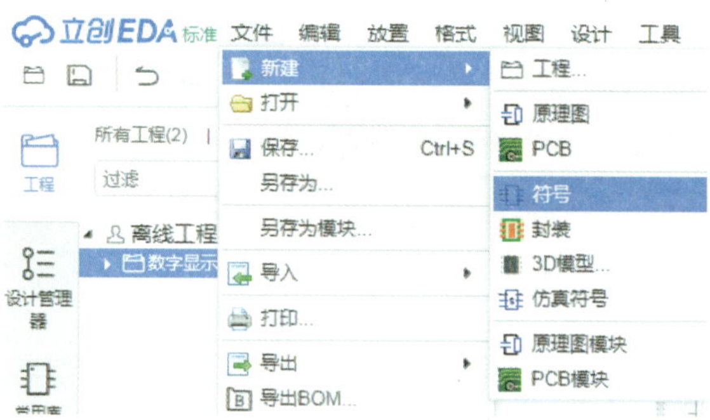

图 4-44　新建符号

单击符号命令即可打开一个空白的原理图库文件，如图 4-45 所示。

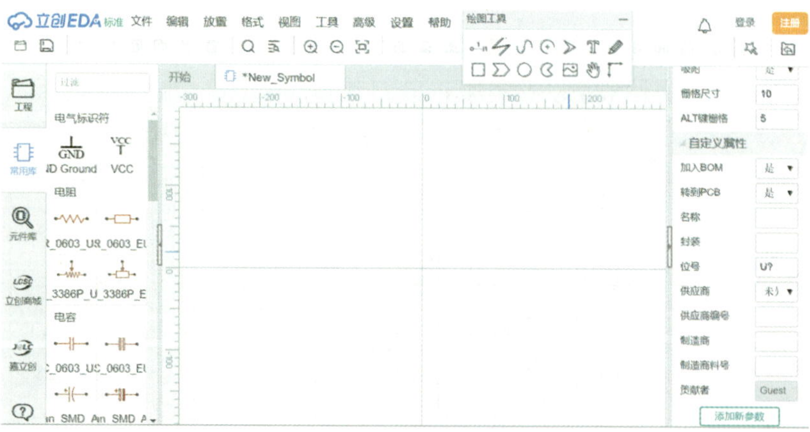

图 4-45　原理图库设计界面

三、制作 STC15W408AS-35I-SOP16 原理图符号

1. 绘制元件符号

首先，在原理图库设计界面右侧的“画布属性”面板中将网格大小和栅格尺寸设置为 10，将“ALT 键栅格”设置为 5，如图 4-46 所示。单击画图工具中的线条（L）按钮并长按“Alt”键，绘制原理图符号边框，如图 4-47 所示。

图 4-46　原理图库画布设置

图 4-47　符号边框

2. 添加引脚

单击绘图工具中的管脚（P）按钮，添加原理图符号的引脚，如图 4-48 所示。注意，引脚的端点应朝外，因为它是用于连接导线的连接点。

图 4-48　添加符号引脚

按下来需要编辑引脚属性。单击选中引脚 1，在“引脚属性”面板中将“显示名字”和“显示编号”设置为“是”；设置引脚长度为 10；因为引脚的长度改变了，所以通过设置“起点 x”为-100 来调整引脚的位置，如图 4-49 所示。以同样的方法编辑其他引脚的属性。最终 STC15W408AS-35I-SOP16 的原理图符号外形如图 4-50 所示。

图 4-49　引脚属性编辑

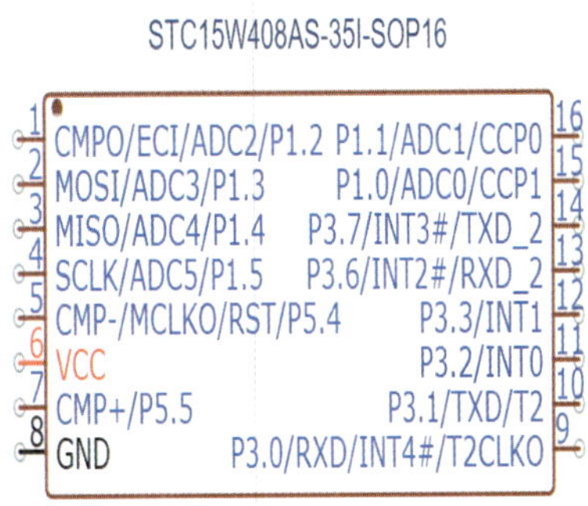

图 4-50　STC15W408AS-35I-SOP16 原理图符号

3. 添加属性信息

在该界面右下“自定义属性”面板中可以设置符号的名称、封装和编号等信息，如图 4-51 所示。

图 4-51　设置符号位子

4. 添加封装

添加封装的方法是：单击“自定义属性”，面板中“封装”对应的文本框，打开“封装管理器”对话框，如图 4-52 所示，在右侧“搜索”框中用封装的关键词进行搜索，在“库别”中选择封装库，在搜索结果中单击选中一个封装后可以查看“封装焊盘信息”，根据实际需求选择其中一个，然后单击“更新”按钮即可分配封装。更新成功后单击“取消”按钮，关闭对话框。

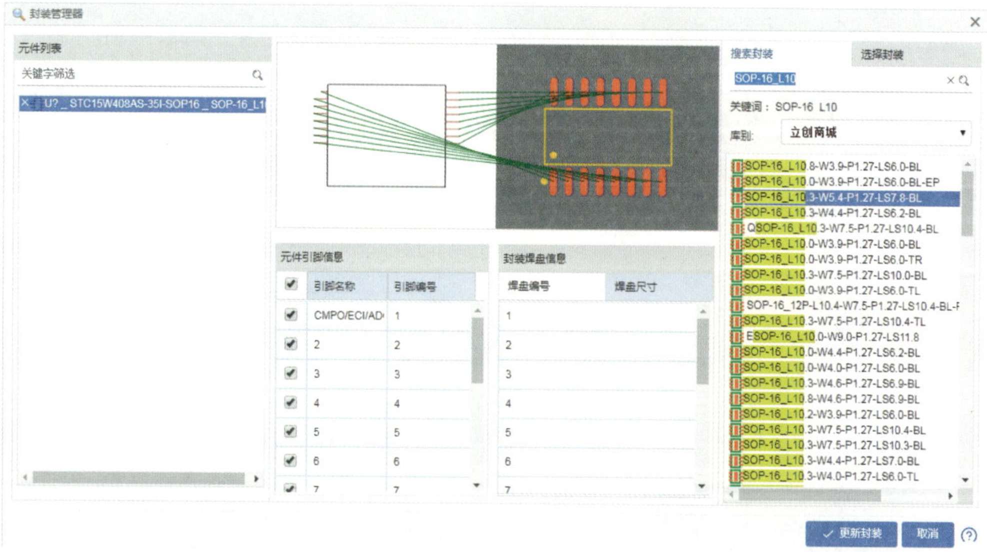

图 4-52　添加封装

在“文件”下拉菜单中单击“保存”命令，打开“保存为原理图库文件”对话框，单击“保存”按钮，即可保存封装，如图 4-53 所示。

图 4-53 保存封装

以上就是原理图符号制作的方法步骤，制作完成之后可以在“元件库”→“符号”→“工作区”中查看，如图 4-54 所示。

图 4-54 查看原理图符号

【任务评价】

原理图库设计任务评价表如表 4-3 所示。

表 4-3　数字显示温湿度计原理图库设计评价

项目名称：________________________

姓名：________　　　　班级：________　　　　学号：________

<table>
<tr><td>评价内容</td><td colspan="2">评价标准</td><td>评价要求</td><td>分值</td><td>得分</td></tr>
<tr><td>考勤纪律
（10%）</td><td colspan="2">无迟到、早退、旷课情况；
遵守课堂各项纪律</td><td>迟到、早退一次扣 1 分；
旷课一次扣 2 分；
影响上课秩序一次扣 2 分</td><td>100</td><td></td></tr>
<tr><td>职业规则
（10%）</td><td colspan="2">爱护公共设施、爱护个人及公共环境卫生、不得带饮料及食品进机房</td><td>视具体情况扣分</td><td>100</td><td></td></tr>
<tr><td rowspan="8">实施步骤
（80%）</td><td>1. 新建文件</td><td>按要求新建工程文件，保存到指定路径；
按要求新建原理图文件，保存到指定路径</td><td>无操作失误</td><td>10</td><td></td></tr>
<tr><td>2. 画布属性设置</td><td>按要求设置画布属性</td><td>与要求不符不给分</td><td>10</td><td></td></tr>
<tr><td>3. 常用库元件调用</td><td>能正确调用元件；
按样图放置元件；
对元件属性进行修改</td><td>每错一处扣 1 分</td><td>10</td><td></td></tr>
<tr><td>4. 元件库使用</td><td>能在库进行元件搜索；
能对元件属性进行修改；
按照样图放置元件；
能对库中元件进行编辑</td><td>每错一处扣 1 分</td><td>20</td><td></td></tr>
<tr><td>5. 放置连线</td><td>按照样图正确绘制连线</td><td>每错一处扣 1 分</td><td>20</td><td></td></tr>
<tr><td>6. 放置网络标签</td><td>按照样图正确修改网络标签属性并放置网络标签</td><td>与要求不符不给分</td><td>10</td><td></td></tr>
<tr><td>7. 原理图检查</td><td>查看原理图中所有元件封装是否符合要求；
查看网络是否完整</td><td>每错一处扣 1 分</td><td>10</td><td></td></tr>
<tr><td>8. 保存文件</td><td>文件上传至 D 盘：\××班级提交资料\</td><td>与要求不符不给分</td><td>10</td><td></td></tr>
<tr><td colspan="4">合　计</td><td>100</td><td></td></tr>
</table>

【任务小结】

数字显示温湿度计原理图库设计总结如图 4-55 所示。

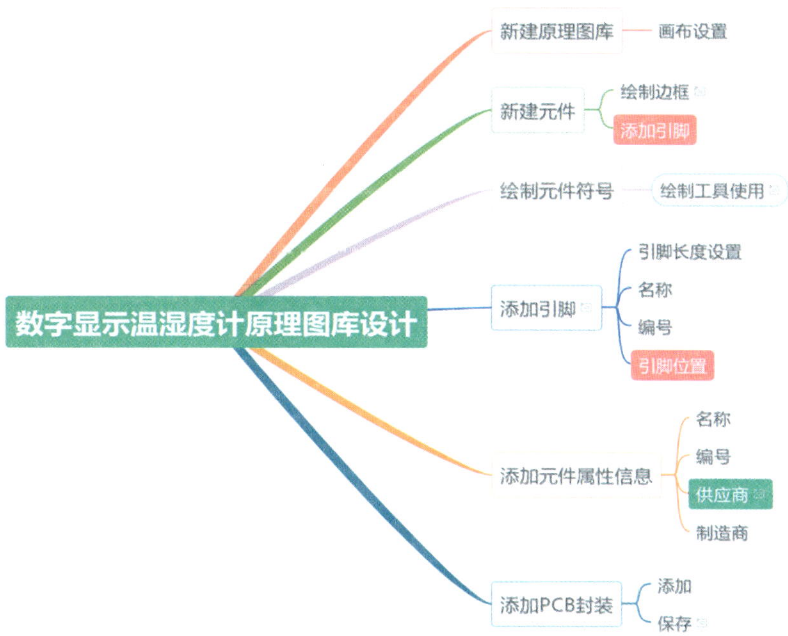

图 4-55　任务小结

【任务拓展】

绘制如图 4-56 所示的原理图符号。

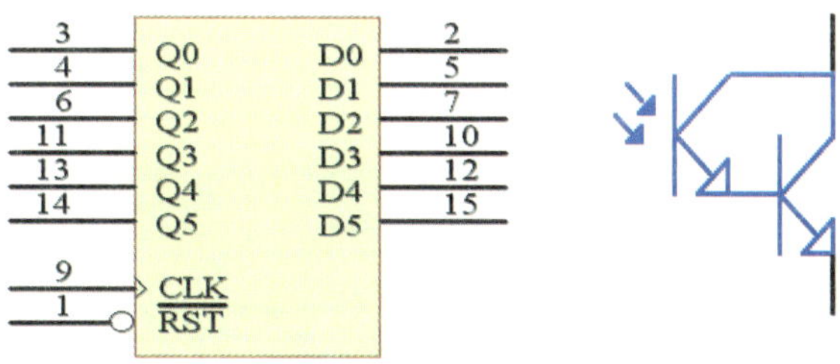

图 4-56　原理图符号样图

任务三　数字显示温湿度计 PCB 封装库设计

【任务目标】

1. 知识目标

（1）掌握创建 PCB 封装库的流程。

（2）掌握制作封装符号的方法。

2. **能力目标**

（1）掌握创建 PCB 库文件的方法。

（2）掌握制作封装符号的步骤。

（3）掌握对封装符号进行添加属性信息的方法。

视频：数字显示温湿度计 PCB 封装库设计

【任务实施】

一、PCB 封装库设计

PCB 封装库简称 PCB 库，由一系列元件的 PCB 封装组成。元件的 PCB 封装在电路板上通常表现为由一组焊盘、丝印层上的边框及芯片的说明文字组成。焊盘是 PCB 封装中最重要的组成部分之一，用于连接元件的引脚。丝印层上的边框和说明文字起指示作用，指明 PCB 封装所对应的芯片，方便电路板的焊接。

尽管立创 EDA 软件提供了大量的 PCB 封装，但是现有的 PCB 封装未必符合设计者的需求。因此，设计者有必要掌握设计 PCB 封装的技能，并能够建立个人的 PCB 库来满足个性需求。鉴于此，本任务将以数字显示温度湿度计原理图中的 STC15W408AS-35I-SOP16 元件为例（见图 4-57），重点讲解 PCB 库的制作。

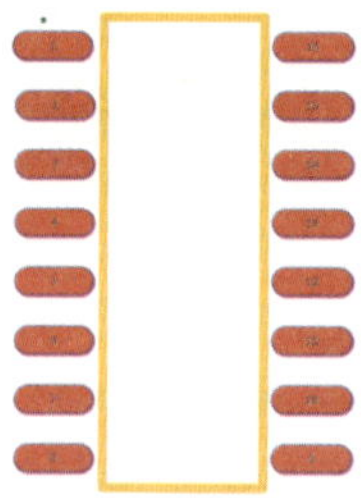

图 4-57　STC15W408AS-35I-SOP16 元件封装图

PCB 封装库设计步骤包括：新建 PCB 库、添加焊盘、添加丝印、添加属性信息、保存 PCB 封装，如图 4-58 所示。

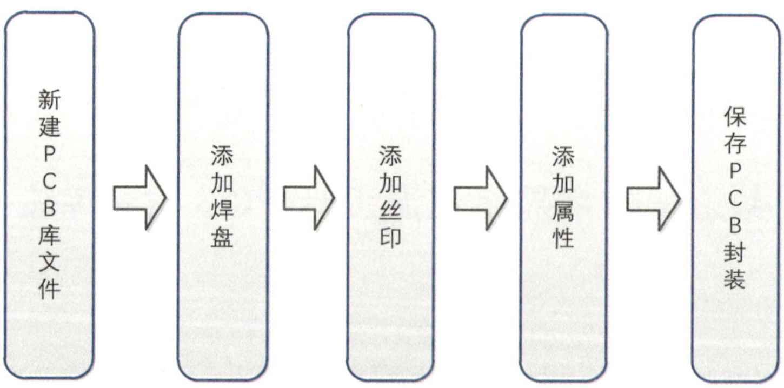

图 4-58　PCB 库设计流程图

（1）新建 PCB 文件。用鼠标单击：“文件”→“新建”→“封装”打开空白的库文件，进入 PCB 库编辑器并保存。

（2）添加焊盘。在 PCB 库编辑器画布属性中，对焊盘的单位进行设置，然后在画布中放置焊盘。放置完成后对其属性如编号、层、形状等属性进行设置。

（3）添加丝印。放置完焊盘后，将层切换到“顶层丝印层”进行丝印添加。

（4）添加属性。在“自定义属性”面板中输入封装名称、编号等信息。

（5）保存 PCB 封装。在“文件”的下拉菜单中单击“保存”命令，打开对话框进行保存。

二、新建 PCB 库

单击主界面工具栏中的“文件”按钮，如图 4-59 所示，在下拉菜单中执行“新建”→“封装”命令。

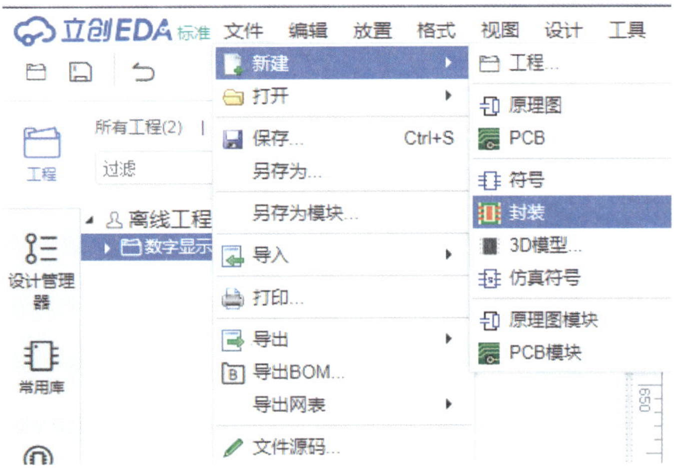

图 4-59　新建封装

点击“封装”命令，即可打开一个空白的 PCB 库文件，如图 4-60 所示。

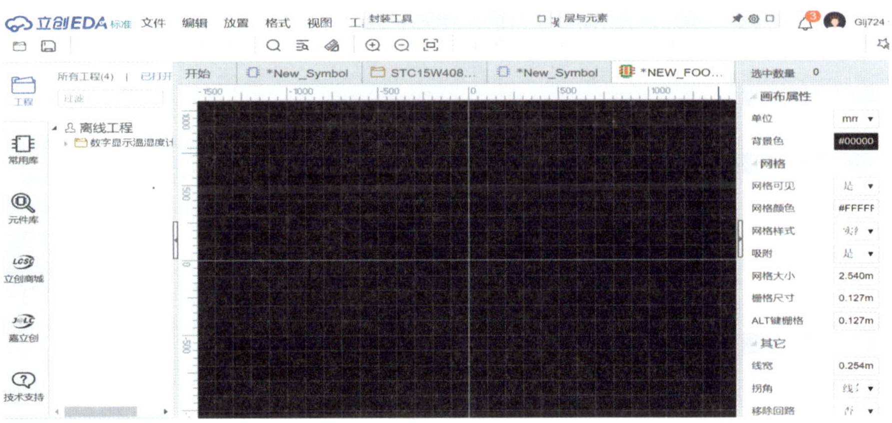

图 4-60　PCB 库设计界面

三、制作 STC15W408AS-35I-SOP16PCB 封装

1. 添加焊盘

在主界面右边的“画布属性”面板中设置单位为 mm，如图 4-60 所示。单击封装工具中焊盘（P）的按钮，如图 4-61 所示，在画布上单击，放置焊盘 1，如图 4-63 所示。

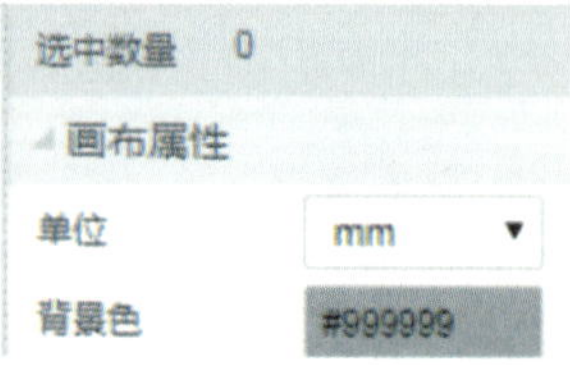

图 4-61　PCB 库画布设置

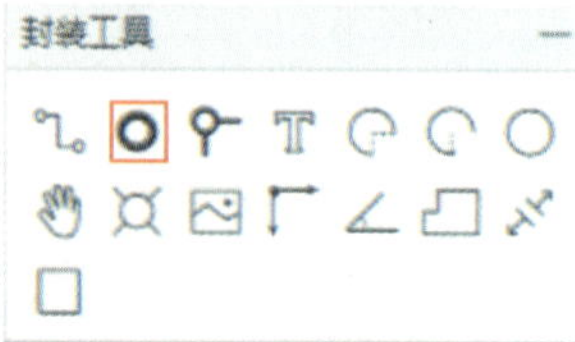

图 4-62　PCB 库画封装工具

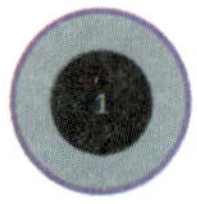

图 4-63　放置焊盘 1

单击选中焊盘 1，在“焊盘属性”面板中设置层为“顶层”，形状为“长圆形”，宽 0.560 mm，高为 1.745 mm，将焊盘 1 的中心坐标设为（－0.7，0），旋转角度可根据需要自行设置，如图 4-64 所示。设置完成的效果如图 4-65 所示。注意：绘制 PCB 封装时，建议将焊盘的大小设置为比元件实际引脚面积稍大。

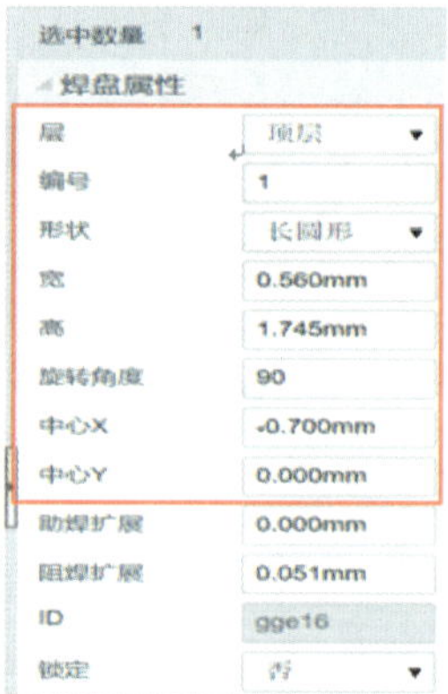

图 4-64　焊盘属性设置

图 4-65　焊盘设置效果

其余焊盘采用复制粘贴的方式完成，具体操作为单击焊盘 1，按快捷键“Ctrl+C”复制，再按“Ctrl+V”粘贴，单击放置在画布上即可。接着在“焊盘属性”面板中将“编号”改为相应的号码即可完成，完成效果如图 4-66 所示。

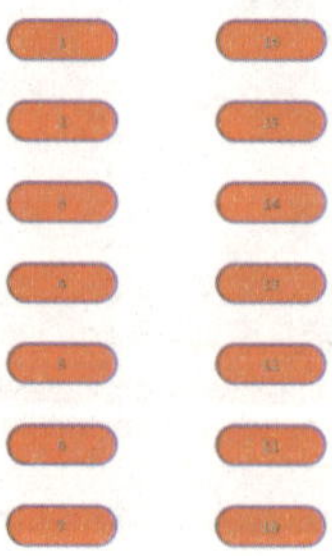

图 4-66　添加焊盘后效果图

2. 添加丝印

放置完焊盘后，需要添加丝印，用于表示元件外形以及标示元件在电路板上的位置。在“层与元素”面板中将 PCB 工作层切换到“顶层丝印”层，如图 4-67 所示。

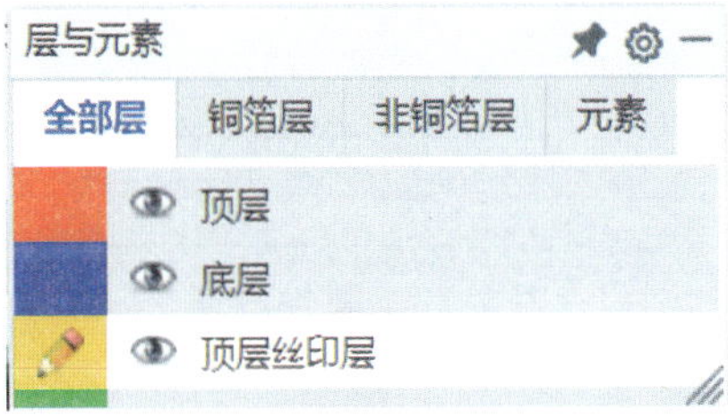

图 4-67　PCB 工作层切换到“顶层丝印”层

其次，设置栅格尺寸为 0.1 mm，线宽为 0.2 mm，拐角为 90°，如图 4-68 所示。

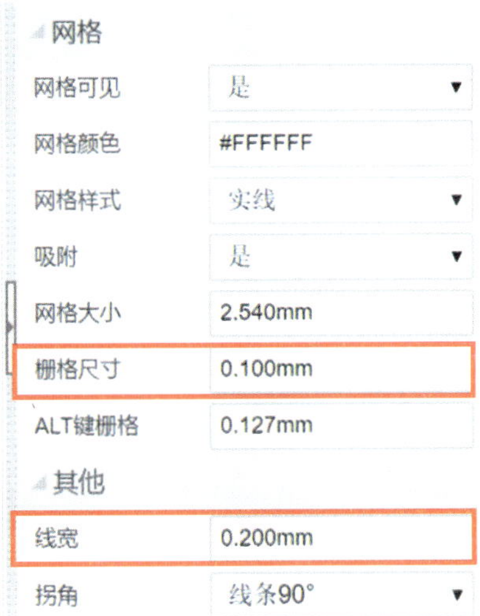

图 4-68　设置丝印参数

最后，单击封装工具中电线（W）按钮进行丝印绘制，绘制完成后效果如图 4-69 所示。

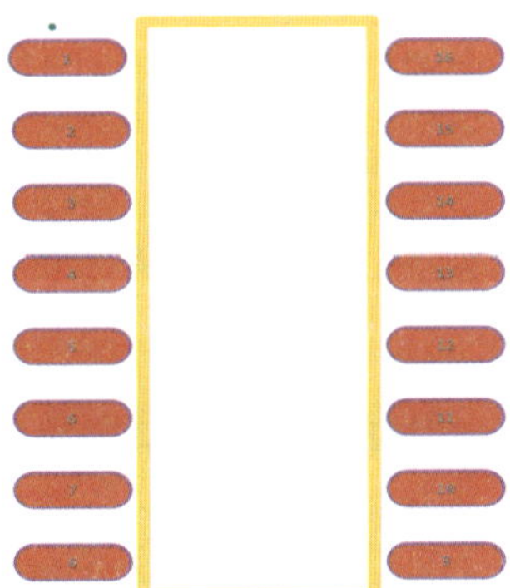

图 4-69　封装完成效果图

3. 添加属性

在“自定义属性”面板中输入封装名称“STC15W408AS-35I-SOP16”，编号为 U1，如图 4-70 所示。

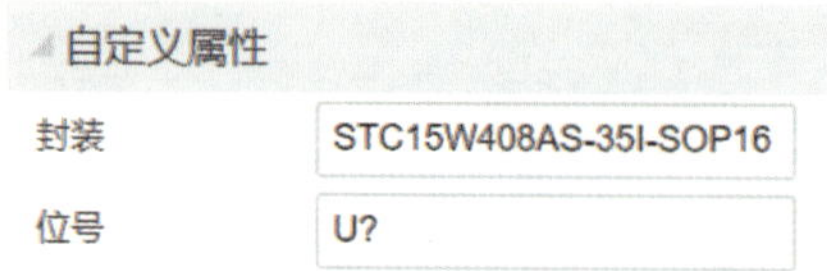

图 4-70　属性设置

4. 保存封装

在“文件”的下拉菜单中单击“保存”命令，打开“保存为封装”对话框，单击“保存”按钮，如图 4-71 所示。

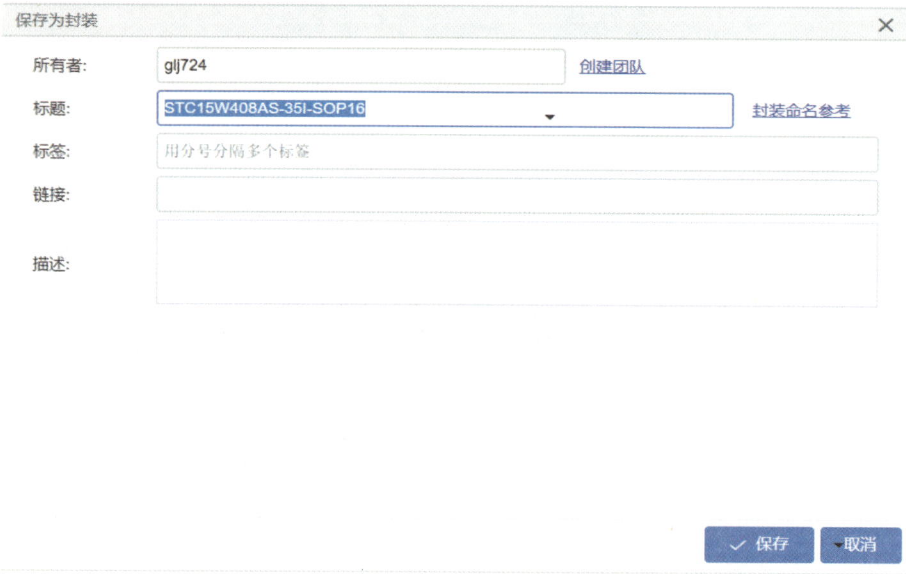

图 4-71　保存封装

至此，PCB 封装制作完毕。在“元件库”→“封装”→“工作区”中进行查看，如图 4-72 所示。

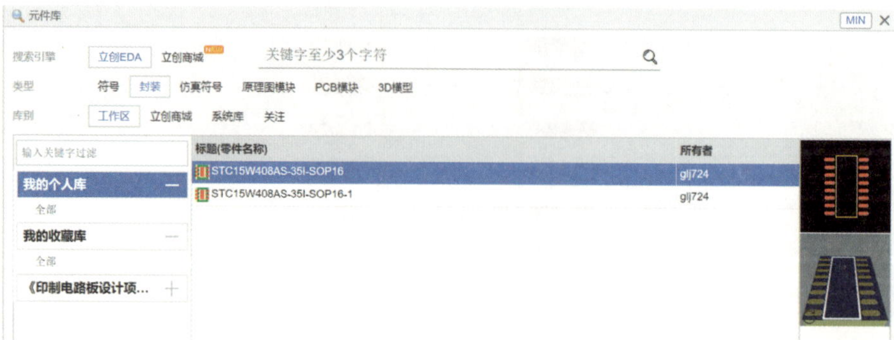

图 4-72　查看 PCB 封装

【任务评价】

数字显示温湿度计 PCB 封装库设计评价表如表 4-4 所示。

表 4-4　数字显示温湿度计 PCB 封装库设计评价

项目名称：________________

姓名：________　　班级：________　　学号：________

<table>
<tr><th>评价内容</th><th colspan="2">评价标准</th><th>评价要求</th><th>分值</th><th>得分</th></tr>
<tr><td>考勤纪律（10%）</td><td colspan="2">无迟到、早退、旷课情况；
遵守课堂各项纪律</td><td>迟到、早退一次扣 1 分；
旷课一次扣 2 分；
影响上课秩序一次扣 2 分</td><td>100</td><td></td></tr>
<tr><td>职业规则（10%）</td><td colspan="2">爱护公共设施、爱护个人及公共环境卫生、不得带饮料及食品进机房</td><td>视具体情况扣分</td><td>100</td><td></td></tr>
<tr><td rowspan="7">实施步骤（80%）</td><td>1. 新建 PCB 库</td><td>按照要求新建 PCB 库文件，并保存到指定路径</td><td>无操作失误</td><td>10</td><td></td></tr>
<tr><td>2. 画布属性设置</td><td>按要求对画布的指定属性进行设置</td><td>与要求不符不给分</td><td>10</td><td></td></tr>
<tr><td>3. 添加焊盘</td><td>根据要求添加焊盘</td><td>每错一处扣 1 分</td><td>20</td><td></td></tr>
<tr><td>4. 添加丝印</td><td>能正确使用封装工具；
能准确添加丝印</td><td>每错一处扣 1 分</td><td>20</td><td></td></tr>
<tr><td>5. 添加属性</td><td>按照样图正确添加属性信息</td><td>每错一处扣 1 分</td><td>20</td><td></td></tr>
<tr><td>6. 保存 PCB 元件封装</td><td>将 PCB 元件封装文件保存到相应工程目录</td><td>与要求不符不给分</td><td>10</td><td></td></tr>
<tr><td>7. 查看制作效果</td><td>元件调用到 PBC 文件中能正确使用</td><td>与要求不符不给分</td><td>10</td><td></td></tr>
<tr><td colspan="4">合　计</td><td>100</td><td></td></tr>
</table>

【任务小结】

PCB 封装库设计任务总结如图 4-73 所示。

图 4-73　任务小结

【任务拓展】

制作 DHT11 的 PCB 封装，如图 4-74 所示。

图 4-74　DHT11 的 PCB 封装

任务四　数字显示温湿度计 PCB 设计

【任务目标】

视频：数字显示温湿度计 PCB 设计

1. 知识目标

（1）了解立创 EDA 进行 PCB 设计的流程。

（2）掌握如何将原理图导入 PCB 文件的方法。

（3）掌握边框、定位孔设计方法和 PCB 规则设置。

2. 能力目标

（1）掌握创建 PCB 文件的方法。

（2）掌握元件布局操作的步骤。

（3）掌握 PCB 布线操作的步骤；

（4）掌握根据要求完成流水灯 PCB 设计的方法。

【任务实施】

一、数字显示温湿度计 PCB 设计流程

数字显示温湿度计的 PCB 设计包括新建 PCB 文件、将原理图导入 PCB 文件、在 PCB 设计环境中设置 PCB 设计规则、设计印制板图的边框和定位孔等，具体流程如图 4-75 所示。

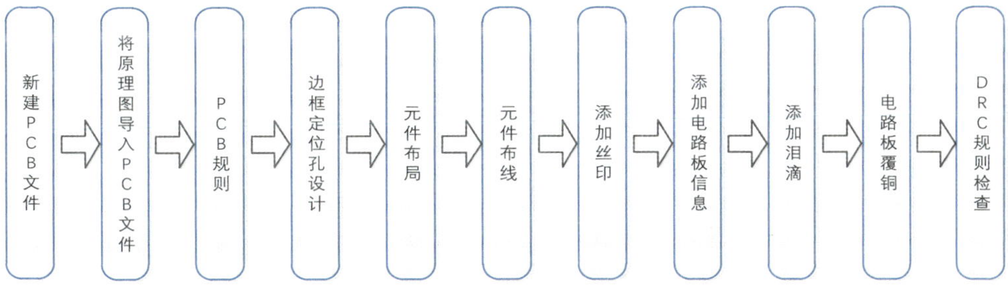

图 4-75　数字显示温湿度计 PCB 设计流程

（1）新建 PCB 文件。在数字显示温湿度计工程文件，新建一个数字显示温湿度计 PCB 文件，进入 PCB 编辑器。

（2）将原理图导入 PCB 文件。将数字显示温湿度计原理图导入到新建的数字显示温湿度计 PCB 编辑器中。

（3）PCB 规则设置。在 PCB 的设计环境中设置 PCB 的设计规则

（4）边框、定位孔设计。在 PCB 编辑器中设计数字显示温湿度计 PCB 板的边框和定位孔。

（5）元件布局。在边框和定位孔设计好后，按照元件布局的原则对元件进行合理的布局。

（6）元件布线。在合理的布局后选择布线工具，根据布线原则以及布线注意事项在正确的层进行布线操作。

（7）添加丝印。为了方便电路板的焊接、调试、安装和维修在布线完成以后在电路板上进行丝印添加。添加时要注意丝印字符布置原则。

（8）添加电路板信息。在电路板中添加电路板信息方便对电路板进行版本管理。

（9）添加泪滴。在电路板设计过程中，常常需要在导线和焊盘或过孔的连接处补泪滴，这样做一来可以避免在电路板受到撞击时免于断裂，二来避免 PCB 在生产过程中蚀刻不均或是过孔偏位导致的裂缝。

（10）电路板覆铜。覆铜可以提高电源效率，与地线相连的覆铜可以减少环路面积。

（11）DRC 规则检查。根据设计规则对 PCB 设计进行检查。在 PCB 设计环境下，单击“设计管理器”刷新“DRC 错误”，一旦检查出错误，错误信息将会出现在目录下。

二、新建数字显示温度湿度计 PCB 文件

如图 4-76 所示，选中数字显示温度湿度计工程文件夹并单击右键，在右键快捷菜单中选择“新建 PCB”命令。

图 4-76 新建 PCB 文件

三、定义 PCB 边框大小

在新建对话框中按照图 4-77 所示设置单位、铜箔层、边框、宽、高等参数，最后点击“应用”按钮。设置边框效果如图 4-78 所示。

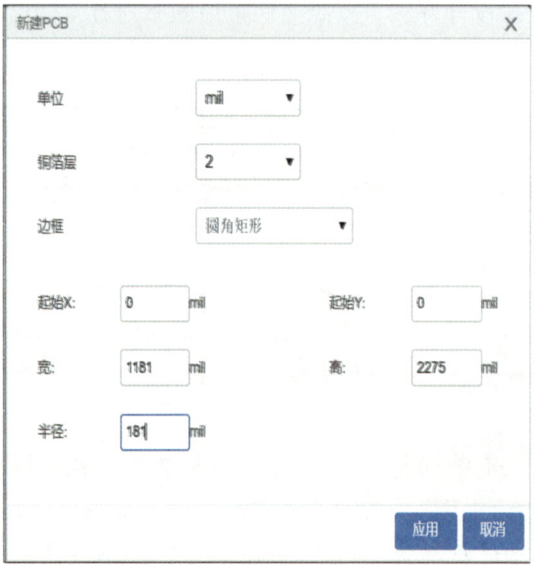

图 4-77 新建 PCB 文件图

图 4-78 PCB 边框效果

如果需要重新定义边框，则单击主菜单中“工具”→“边框设置”，如图 4-79 所示。

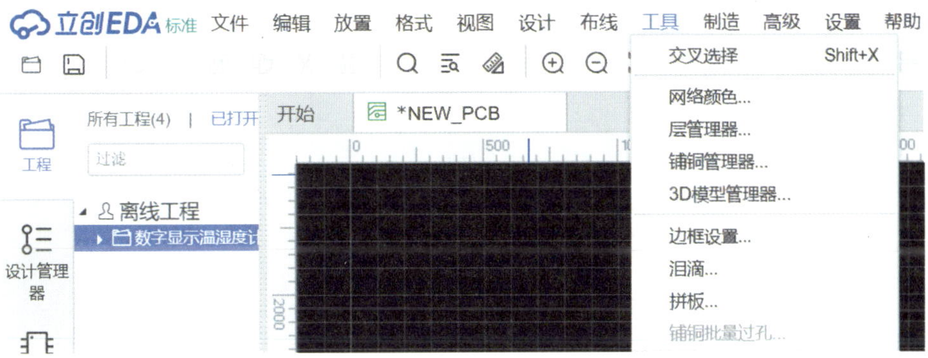

图 4-79　重新定义 PCB 边框（一）

然后在弹出的“边框设置”对话框中重新设置所需参数，设置完成后点击应用即可，如图 4-80 所示。

图 4-80　重新定义 PCB 边框（二）

四、原理图转 PCB 印制电路板

在 PCB 设计环境中，单击主菜单中“设计”→“原理图转 PCB”就可以将元件从原理图导入 PCB 中，如图 4-81 所示。

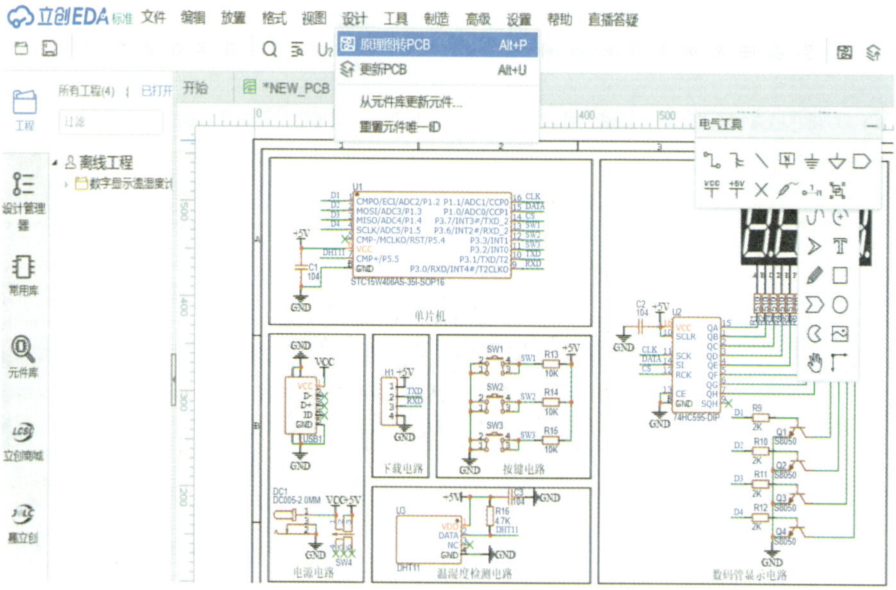

图 4-81　原理图转 PCB

当所有元件由原理图导入印制板图后，可得到如图 4-82 所示效果。

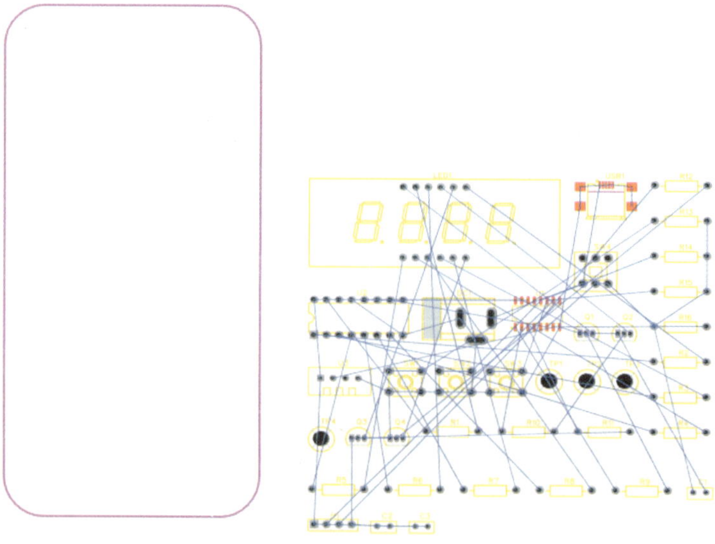

图 4-82　原理图转 PCB 效果图

五、绘制定位孔

在 PCB 的实物中，电路板的 4 个顶角需要各安放一个定位孔。单击 PCB 工具中的圆（C）◯按钮，在 PCB 上绘制一个圆，然后单击选中该圆，在 PCB 板设计界面右侧的“圆属性”面板中设置圆的参数，如图 4-83 所示。属性设置完成后的圆如图 4-84 所示。

图 4-83　绘制定位孔（1）

图 4-84　绘制定位孔（2）

继续单击选中该圆，在单击鼠标右键，在右键快捷菜单中选择“转为槽孔”命令，如图 4-85 所示。转成槽孔之后的圆如图 4-86 所示。

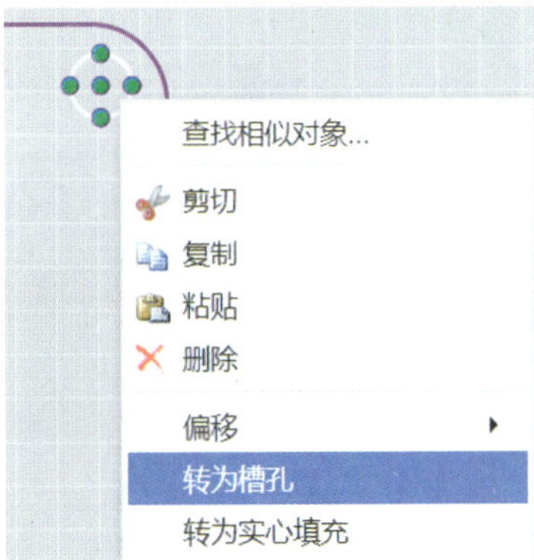

图 4-85　转为槽孔

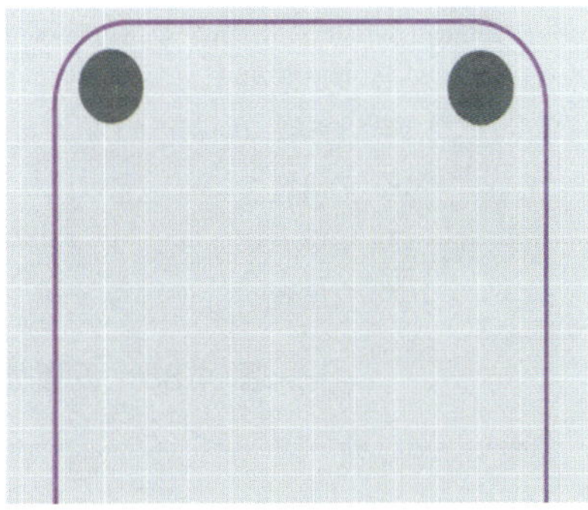

图 4-86　转为槽孔效果图

单击主菜单中的“视图”按钮，在下拉菜单中选择“3D 预览”命令，如图 4-87 所示，可查看设置槽孔后的 3D 预览图。

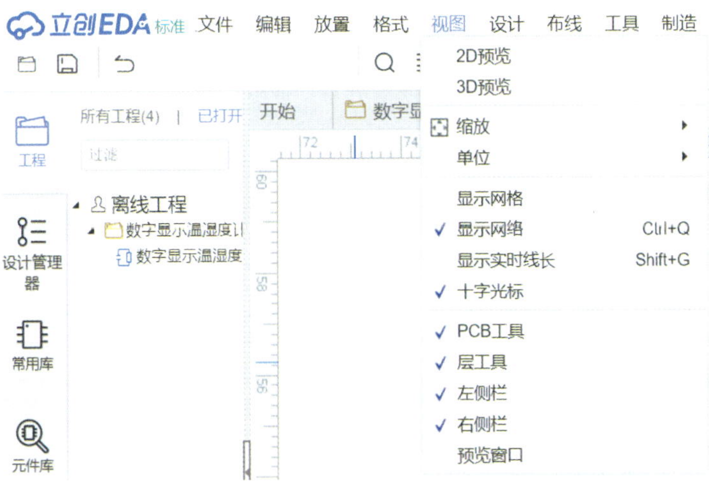

图 4-87　3D 预览命令

在设计 PCB 时，常常会在定位孔的外侧增加一个丝印圈，为的是提醒设计者在进行 PCB 布线时不要距离定位孔太近，以避免 PCB 打样钻孔时将布线切掉。

在层与元素面板中选择顶层丝印层；然后单击 PCB 工具中按圆（C）○按钮，在 PCB 中绘制一个圆，单击选中该圆，在 PCB 设计界面右侧的“圆属性”面板中设置圆的参数，如图 4-88 所示。通过同样的方式或是通过复制、粘贴的方式完成其他丝印圈的设置好，如图 4-89 所示。

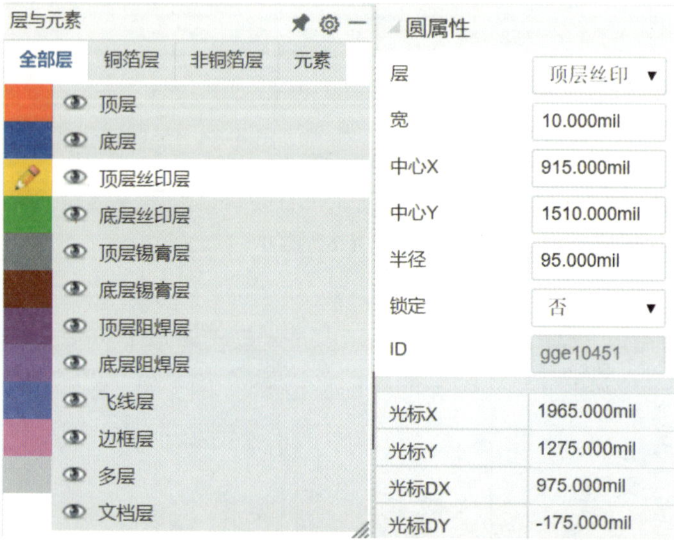

图 4-88　设置定位孔丝印圈属性

图 4-89　定位孔丝印圈效果图

六、元件的布局

布局是将元件按照一定的规则在 PCB 中摆放的过程。布局合理，后继的布线操作才会相对容易。

1. 布局原则

布局一般要遵循以下原则：

（1）布线最短原则。例如，集成电路的去耦电容应尽量放置在相应的 VCC 和 GND 引脚之间，且距离集成电路尽可能近，使之与 VCC 和 GND 之间形成的回路最短。

（2）将同一功能模块集中原则。即实现同一功能的相关电路模块中的元件就近集中布局。

（3）“先大后小，先难后易”原则。即重要的单元电路、核心元件应优先布局。

（4）布局应参考原理图，根据电路的主信号流向规律放置主要元件。

（5）元件的排列要便于调试和维修，即小元件周围不能放置大元件，需调试的元件周围要有足够的空间。

（6）同类型插件元件在 X 轴或 Y 轴方向上应朝同一个方向放置。同一种类型的有极性分立元件也要尽量在 X 轴或 Y 轴方向上保持一致，以便于生产和检验。

（7）布局时，位于电路边缘的元件，离电路板边缘一般不小于 2 mm，如果空间容许，建议距离设置为 5 mm。

（8）布局晶振时，应尽量靠近集成电路，且与晶振相连的电容要紧邻晶振。

2. 布局基本操作

进行元件布局时，应掌握以下基本操作：

（1）交叉选择：用于切换原理图符号和 PCB 封装之间的对应位置。在原理图中选中一个元件，单击主菜单中的“工具”按钮，在下拉菜单中选择“交叉选择”命令，如图 4-90 所示。或是使用快捷键“Shift+X”，即可切换至 PCB 封装并高亮显示该元件的 PCB 封装。

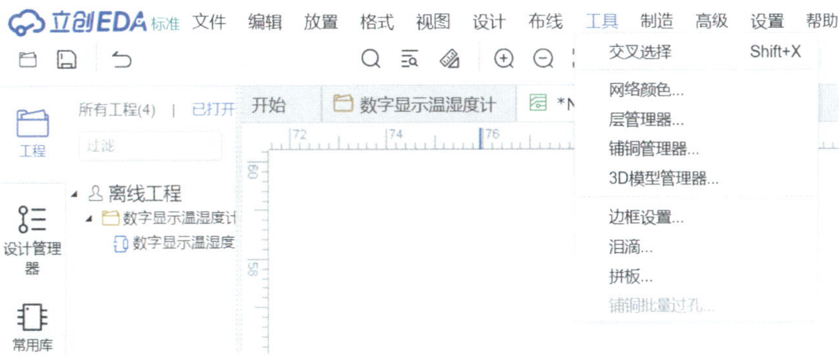

图 4-90　交叉选择

注意，在使用该功能之前，应确保 PCB 已经保存；如果没有打开 PCB，编辑器会自动打开；若工程内含有多个 PCB 文件且都尚未打开，则编辑器会自动打开第一个。

（2）布局传递：在原理图中，同一模块电路中的元件一目了然，但是当原理图中的元件被更新到 PCB 之后，具有相同封装的元件会被放置在同一列，无法区分各模块电路中的元件，为此，立创 EDA 提供了“布局传递”功能。布局传递是将元件在原理图中的布局位置传递到中的元件封装布局位置。

（3）元件复选：按下“Ctrl”键，同时单击元件，即可实现多个元件的复选。

（4）元件对齐：首先选中需要对齐的元件，然后单击工具栏中的“格式”按钮，在下拉菜单中选择所需要的对齐操作即可实现元件的对齐摆放，如图 4-91 所示。

图 4-91　元件对齐

3. 元件旋转

单击选中待旋转的元件，然后单击工具栏中的“格式”按钮，在下拉菜单中选择需要的操作即可实现元件的旋转，如图 4-92 所示。也可选中元件，按空格键实现元件旋转。注意，PCB 封装不支持镜像操作。

图 4-92　元件旋转

数字温度湿度计布局完成后的效果如图 4-93 所示。

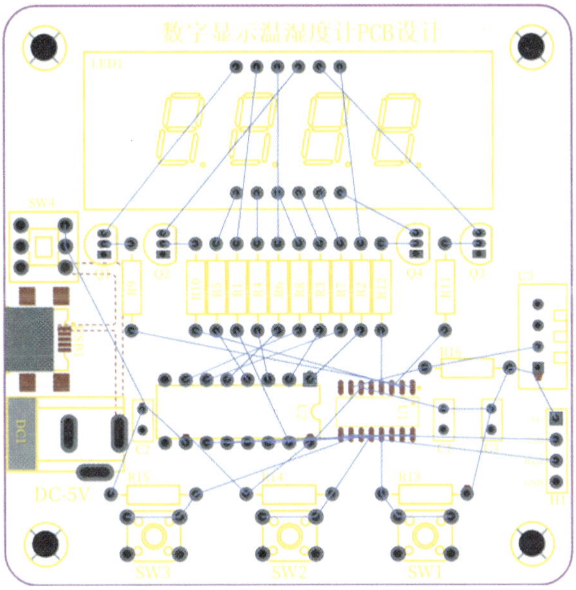

图 4-93　数字显示温湿度计 PCB 布局完成效果图

七、元件的布线

1. 布线基本操作

（1）关闭飞线。飞线是基于相同网络产生的，当两个焊盘的网络相同时，将会出现飞线，表示这两个焊盘可以通过导线连接。如果需要关闭某条网络的飞线（即隐藏飞线），可以在设计管理器中取消勾选该网络，待布线完成后再打开，这样可以减少飞线对布线的干扰。如图 4-94、图 4-95 所示。

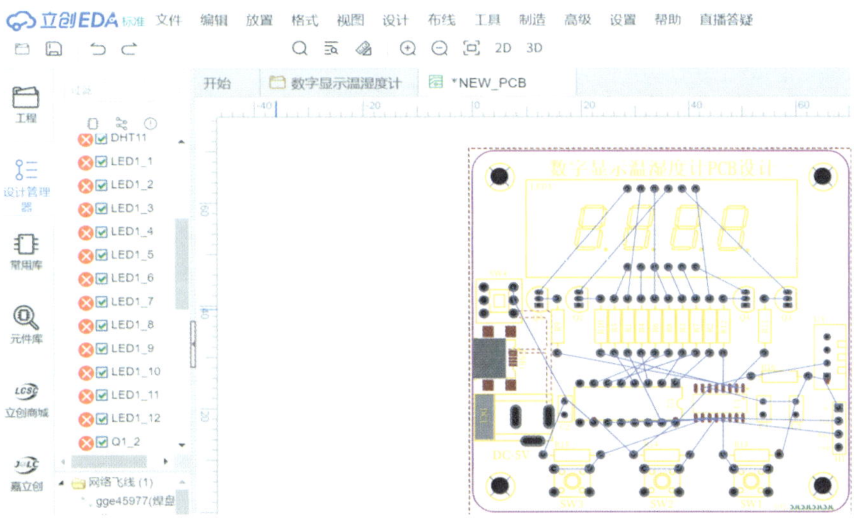

图 4-94　关闭飞线前效果图

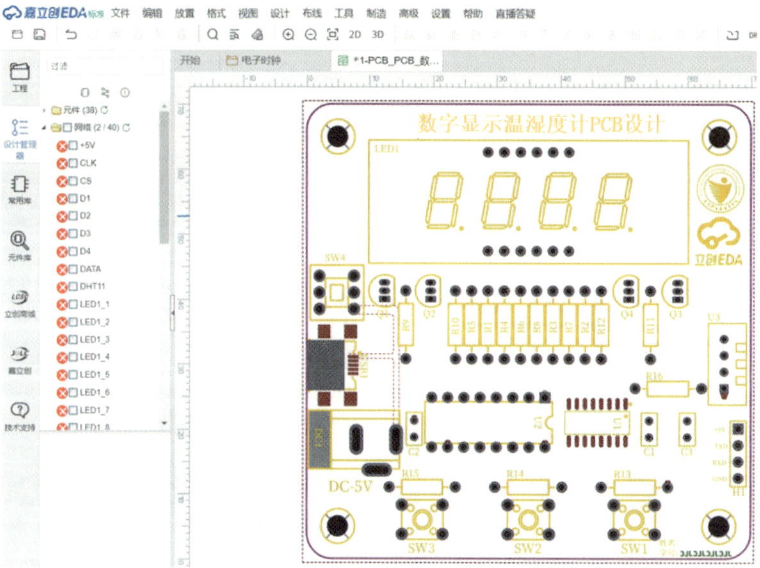

图 4-95　关闭飞线后效果图

（2）选择布线工具。单击 PCB 工具中的 按钮，或按快捷键“W”，在画布上单击“开始绘制”，再次单击“确认”布线。单击鼠标右键可取消布线，再次单击鼠标右键即可退出布线模式。布线时要选择正确的层，铜箔层和非铜箔层都可用该布线工具绘制导线。

（3）修改导线属性。首先选择待修改属性的一段导线，然后在 PCB 设计环境右侧的“导线属性”面板中修改即可，如图 4-96 所示。

图 4-96　修改导线属性

（4）切换布线活动层。在顶层绘制一段导线，单击“确认”布线，然后按“B”键，可以自动添加过孔，并自动切换到底层继续布线。按“T”键可由底层切换至顶层。

（5）调节导线线宽。在布线过程中，按“+”“-”键可以调节当前导线的线宽，线宽以 2 mil 的幅度递增或递减。也可以按“Tab”键修改线宽的参数。如果在布完一段导线后，要增大下一段导线的线宽，则先按“L”键，再按“+”键调整。

（6）移动导线线段。单击选中一段导线，拖动即可调节其位置。

（7）切换布线角度。在布线过程中，按“L”键可以切换布线角度。布线角度有 4 种：90°布线、45°布线、任意角度布线和弧形布线。按空格键可以切换当前布线的角度。

（8）高亮显示网络。单击选中待高亮显示的网络的其中一段导线，按“H”键可以高亮显示该网络的所有导线，再次按“H”键，可以取消高亮显示。

（9）删除导线。在布线的过程中，要撤销上一段布线可以通过按“Delete”键实现；要删除导线的某一线段，可以按下“shit”键，同时双击要删除的线段，或者选中要该线段，然后单击鼠标右键，在右键快捷菜单中选择“删除线段”命令即可实现。

（10）布线冲突。在 PCB 设计过程中，需要打开布线冲突中的“阻挡”功能，如图 4-97 所示。这样在布线过程中，不同网络之间将不相连。

（11）布线吸附。在布线过程中，需要打开“吸附”功能，如图 4-98 所示，这样布线时将自动吸附在焊盘的中心位置。

图 4-97　布线冲突

图 4-98　布线吸附

2. 布线注意事项

（1）电源主干线原则上要加粗（尤其是电路板的电源输入输出线）。

（2）PCB 布线不要距离定位孔和电路板边框太近，否则在进行 PCB 钻孔加工时，导线很容易被切掉一部分甚至被切断，如图 4-99 所示。

图 4-99　布线吸附

（3）同一层禁止 90°拐角布线，不同层之间允近过孔 90°布线。此外，布线时尽可能遵守一层水平布线、另一层垂直布线的原则。

（4）高频信号线不要加粗，尽可能布线在同一层。

（5）根据布线规则，数字显示温湿度计布线完成效果如图 4-100 所示。

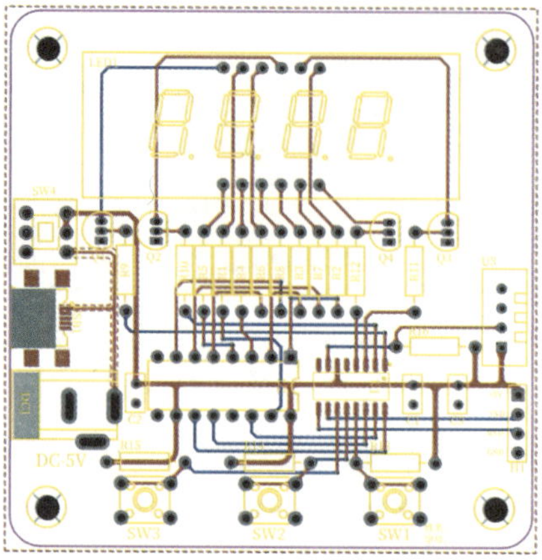

图 4-100　数字温湿度计布线效果图

八、丝　印

丝印是指印刷在电路板表面的图案和文字，丝印字符布置原则是“不出歧义，见缝插针，美观大方”。添加丝印就是在 PCB 的上下表面印刷上所需要的图案和文字等，主要是为了方便电路板的焊接、调试、安装和维修等。

（一）添加丝印

1. 在顶层丝印层添加丝印

在“层与元素”面板中选择“顶层丝印层”，如图 4-101 所示。

单击 PCB 工具中的 T 按钮，这时指针处会出现 TEXT 字符，接着按“Tab”键，在弹出的“属性”文本框中输入要添加的丝印文本，如图 4-102 所示，然后单击“确定”按钮。

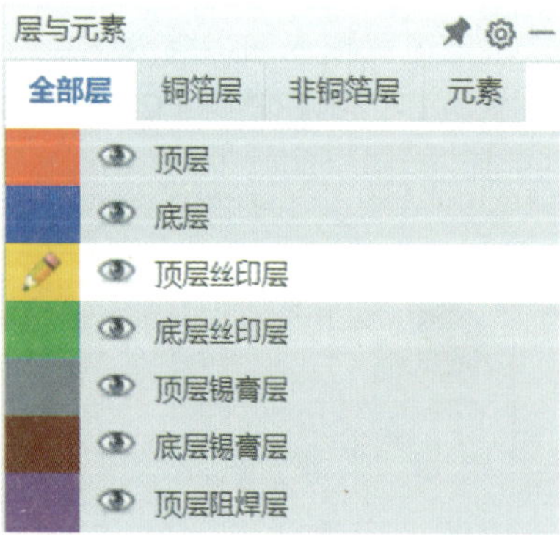

图 4-101　选择顶层丝印层

图 4-102　输入丝印文本

这时指针处的 TEXT 文本变成 LED1，单击放置在 PCB 相应的位置上。然后，单击选中丝印 LED1，在 PCB 设计环境右侧的“文本属性”面板中修改文本的线宽、高等参数，如图 4-103 所示。

2. 在底层丝印层添加丝印

在“层与元素”面板中选择“底层丝印层”，其余操作与在顶层丝印层添加丝印相似，也可在“文本属性”面板中的“层”下拉菜单中选择“底层丝印”，将顶层丝印切换为底层丝印。顶层丝印和底层丝印效果图如图 4-104 所示，两者呈镜像关系。

图 4-103　修改文本丝印属性

图 4-104　顶层丝印和底层丝印

（二）丝印方向

丝印的摆放方向应遵守“从左到右，从上到下″的原则。也就是说，如果丝印是横排的，则首字母须位于左侧；如果丝印是竖排的，则首字母须位于上方。

九、添加电路板信息

为了便于产品管理，可在电路板上添加电路板名称。下面详细介绍如何添加电路板名称。

在“层与元素”面板中选择“顶层丝印层”，单击 PCB 工具中的“T”按钮，然后按“Tab”键，在弹出的“属性”。文本框中输入“项目四 数字显示温湿度计 PCB 设计”。也可以设置文本属性，然后放置在合适的位置，如图 4-105 所示。

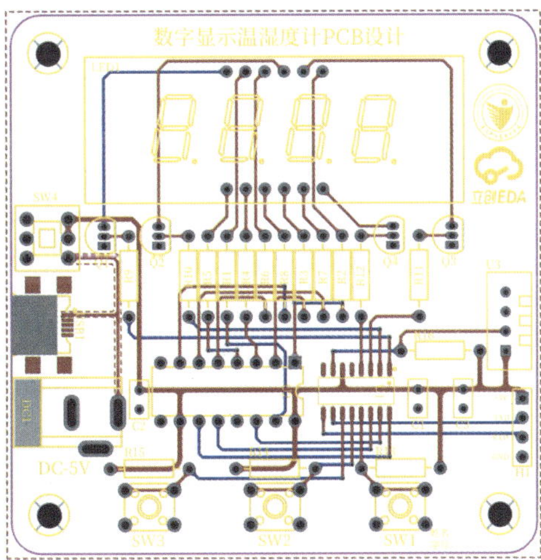

图 4-105　电路板名称设置

十、覆　铜

覆铜是指将电路板上没有布线的部分用固体铜填充，又称为灌铜，一般与电路的一个网络相连，大多数情况与 GND 网络相连。对大面积的 GND 或电源网络覆铜将起到屏蔽作用，可提高电路的抗干扰能力。此外，覆铜还可以提高电源效率，与地线相连的覆铜可以减小环路面积。

对于数字显示温度湿度计项目，将覆铜网络设置为 GND。以顶层覆铜为例，首先在“层与元素”面板中选择“顶层”，单击 PCB 工具中的 按钮，或按 E 键开始绘制覆铜。在 PCB 边框外部沿着绘制一个比边框略大的矩形框，结束绘制时单击鼠标右键，系统将自动填充，如图 4-106 所示。

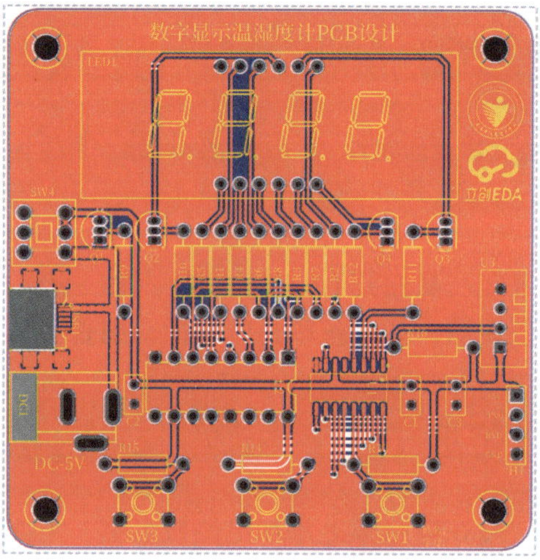

图 4-106　顶层覆铜

完成顶层覆铜后，按照同样的方法给底层进行覆铜，底层覆铜后如图 4-107 所示。

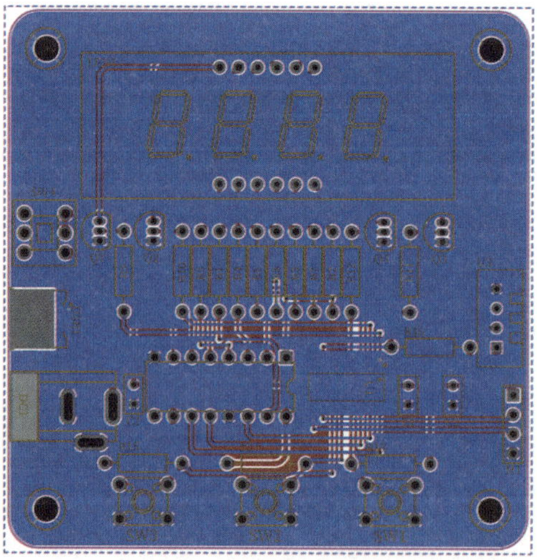

图 4-107　底层覆铜

选中覆铜线框，可在 PCB 设计环境右侧的“覆铜属性”面板中修改属性，如图 4-108 所示。如果对 PCB 做了修改，或者修改了覆铜属性，则可通过单击“重建覆铜区”按钮或按快捷键“Shift+B”重建所有覆铜区，无须重新绘制覆铜区。如果要清除所有覆铜区，可按快捷键“Shift+M”。

图 4-108　覆铜属性

十一、DRC 规则检查

DRC 规则检查是根据设计者设置的规则对 PCB 设计进行检查。在 PCB 设计环境下，单击打开“设计管理器”，然后刷新“DRC 错误”，如图 4-109 所示。一旦检查出 PCB 有违反规则的地方，错误信息将会显示在“DRC 错误”目录下。

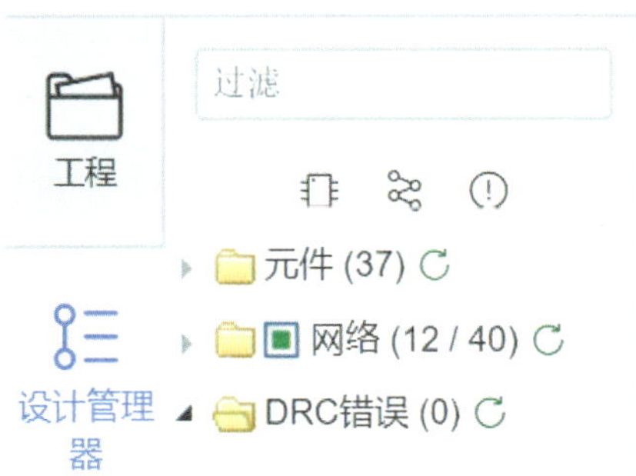

图 4-109　DRC 规则检查

【任务评价】

数字显示温湿度计 PCB 设计评价表如表 4-5 所示。

表 4-5　数字显示温湿度计 PCB 设计评价

项目名称：____________________

姓名：__________　　班级：__________　　学号：__________

评价内容	评价标准		评价要求	分值	得分
考勤纪律（10%）	无迟到、早退、旷课情况； 遵守课堂各项纪律		迟到、早退一次扣 1 分； 旷课一次扣 2 分； 影响上课秩序一次扣 2 分	100	
职业规则（10%）	爱护公共设施、爱护个人及公共环境卫生、不得带饮料及食品进机房		视具体情况扣分	100	
实施步骤（80%）	1. 新建 PCB 文件	在 PCB 工程中新建 PCB 文件并保存	无操作失误	5	
	2. 将原理图导入 PCB 文件	能把原理图直接转换成 PCB 文件	无操作失误	5	
	3. PCB 规则设置	能按要求设置 PCB 边框参数； 完成间距设置、线宽设置、孔外径设置、孔内径设置、线长设置	每错一处扣 2 分，扣完为止	10	
	4. 定位孔设计	能准确绘制定位孔	与要求不符不给分	20	
	5. 元件布局	能按要求及原则进行 PCB 元件布局	无操作失误	10	
	6. 元件布线	能按要求及原则进行 PCB 布线	无操作失误	10	
	7. 添加丝印	能按要求添加丝印	每错一处扣 1 分，扣完为止	10	
	8. 添加电路板信息	能按要求添加电路板信息	每错一处扣 1 分，扣完为止	10	
	9. 电路板覆铜	能按要求进行双面或单面覆铜	无操作失误	10	
	10. DRC 规则检查	DRC 规则检查无误	无操作失误	10	
合　计				100	

【任务小结】

数字显示温湿度计 PCB 印制板设计总结如图 4-110 所示。

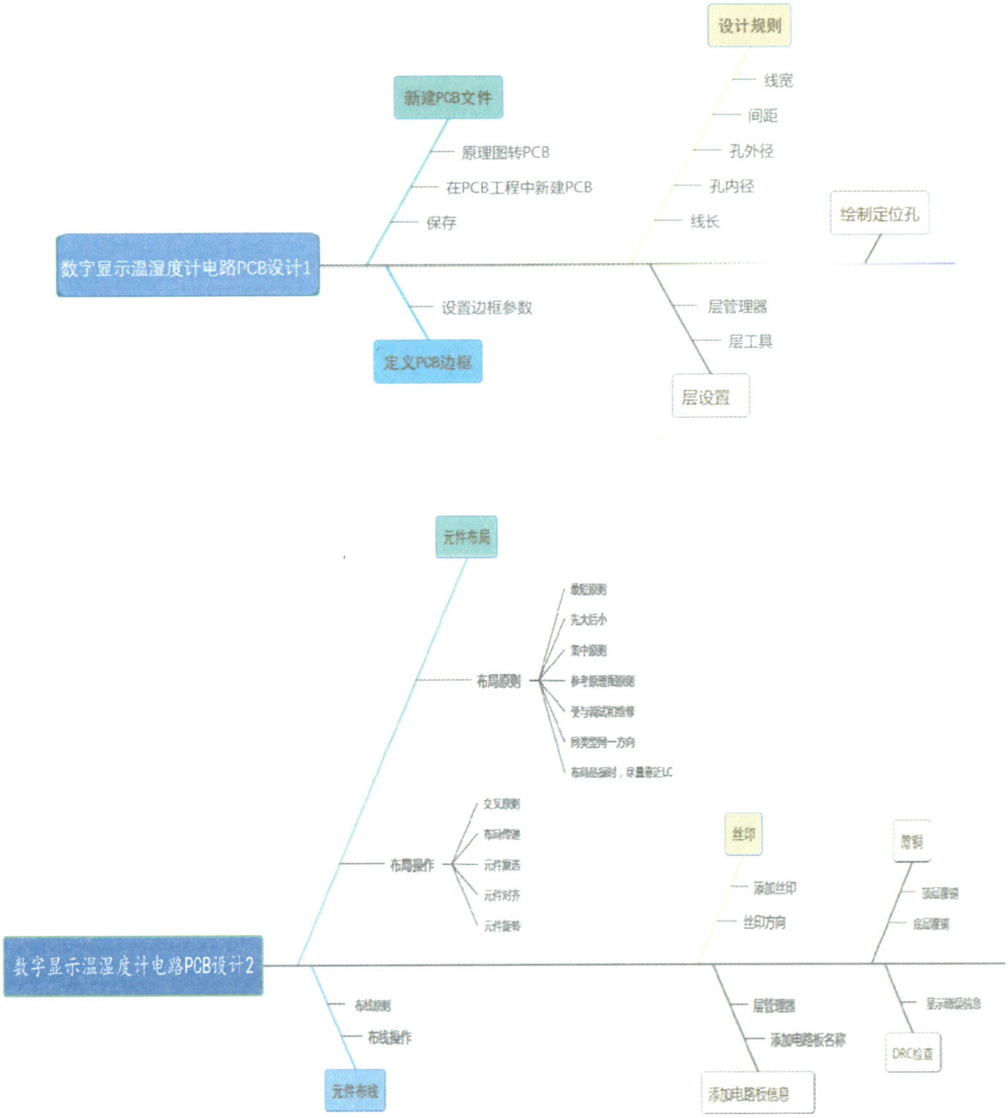

图 4-110　数字显示温湿度计 PCB 设计总结

【任务拓展】

电阻型传感器印制电路板设计

电阻型传感器采用 LM324 运算放大器、电阻、电容等元件构成。

下面提供电路的参考元件清单（见表 4-6）及印制电路板 2D、3D 预览图（见图 4-111、图 4-112），请根据相关要求绘制电路原理图及 PCB 图。

表 4-6　电阻型传感器元件清单

编号	元件名称	位号	封装	数量
1	104	C1,C2	RAD-0.1	2
2	PZ254V-11-01P	J1	HDR-TH_1P-P2.54-V-M	1
3	5K	R3,R6.R7	RES-TH_BD2.2-L6.5-P10.50-D0.6	3
4	100K	R2,R8,R9,R10	RES-TH_BD2.2-L6.5-P10.50-D0.6	4
5	180K	R4	RES-TH_BD2.2-L6.5-P10.50-D0.6	1
6	260K	R5	RES-TH_BD2.2-L6.5-P10.50-D0.6	1
7	10K	RW1	RES-ADJ-TH_3386P	1
8	5K	RX1	RES-ADJ-TH_3386P	1
9	HDR-M-2.54_1X1	T1,T2	HDR-M-2.54_1X1	2
10	LM324	U1	PDIP-8_L9.6-W6.4-P2.54-LS7.6-BL-1	1

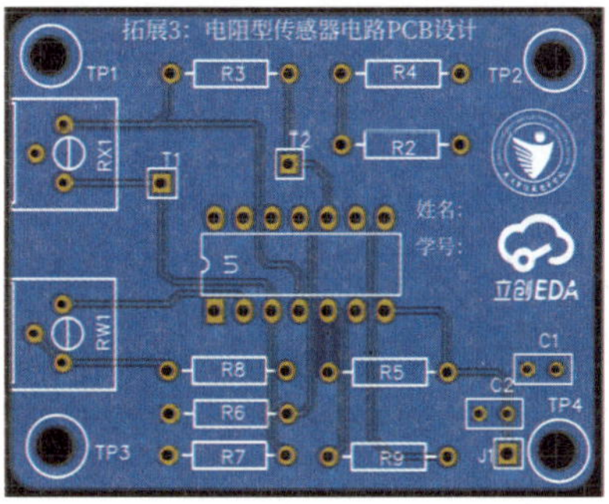

图 4-111　电阻型传感器印制板 2D 预览

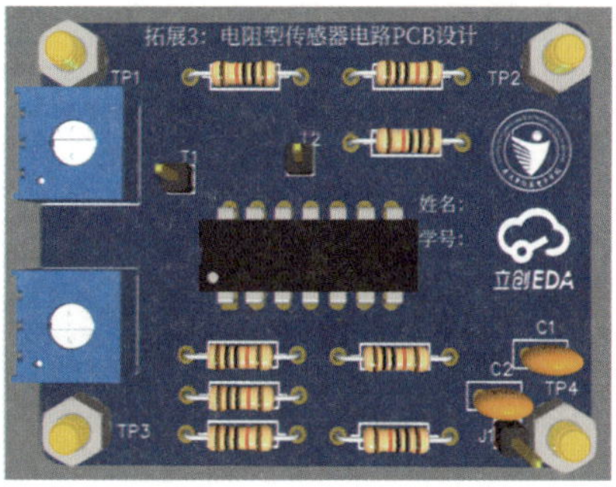

图 4-112　电阻型传感器印制板 3D 预览

1. 原理图设计

建立名为电阻型传感器原理图文件，并设置原理图图纸尺寸为 A4。

2. PCB 设计

要求：

（1）电路板尺寸为不大于：4 000 mil（宽）× 3 800 mil（高）；

（2）信号线宽 10 mil，VCC 线宽 20 mil，接地线宽 30 mil；

（3）对地线在整板的顶层和底层放置铺铜。

3. 扫码观看参考案例

二维动画：电阻型传感器

【项目评价】

总结项目实施情况，填写如表 4-7 所示的项目评价表。

表 4-7　项目小结评价表

项目名称：________________

姓名：________　　班级：________　　学号：________

一、项目小结及自评（100 分）				
完成哪些任务				
遇到的难点				
解决的方法				
收获了哪些知识与技能				
体会到哪些职业素质（团队协作精神，勤奋敬业精神、钻研创新精神等）				
二、小组互评（100 分）				
语言沟通能力				
团队合作精神				
三、师评（100 分）				
按时完成情况				
项目完成质量				
解决问题的能力				
任务创新点				
项目综合评价	自评（35%）	互评（15%）	师评（50%）	项目综合得分

【知识链接】

层管理器的参数

1. 铜箔层

立创 EDA 支持高达 34 层铜箔层，使用的铜箔层越多，PCB 价格就越高。顶层和底层是默认的铜箔层，无法被删除。当从 4 个铜箔层切换到 2 个时，需要将内层的所有元素先删除。

2. 显　示

如果某个层名不需要显示在“层工具”上面，可以把对应层的勾选去掉。注意：这里只是对层名的隐藏，如果隐藏的层有其他元素（如导线等），在导出 Gerber 文件时将一起被导出。

3. 名　称

层的名称。内层支持自定义名称。

4. 类　型

（1）信号层：进行信号连接用的层，如顶层、底层。

（2）内电层：当内层的类型是内电层时，该层默认为铺铜层，通过绘制导线和圆弧分割内电区块，对于分割出的内电区块，可以分别对其设置网络。当生成 Gerber 文件时，绘制的导线会产生对应宽度的间隙。内电层以负片的形式进行绘制，生成 Gerber 文件时以正片的方式生成（即绘制的图元在生成 Gerber 文件的时候不会出现，自动生成的内电区块会在 Gerber 文件中体现），如图 4-113 所示。

图 4-113　内电层属性

注意：在绘制内电层的导线时，导线的起点和端点必须超过边框线的中心线，否则内层区块无法被分割；使用内电层时，PCB 不能有多个闭合边框，否则只会有一个闭合边框内部正常生成内电层。

（3）非信号层：如丝印层、机械层、文档层等。

（4）其他层：只做显示用、如飞线层、孔层。

5. 颜　色

可以为每个层配置不同的颜色。

6. 透明度

默认透明度为 0%，数值越高，层就越透明。

7. 层定义

（1）顶层/底层：PCB 板子顶面和底面的铜箔层，用于信号走线。

（2）内层：铜箔层，用于信号走线和铺铜，可以设置为信号层和内电层。

（3）顶层丝印层/底层丝印层：印在 PCB 板的白色字符层。

（4）顶层锡膏层/底层锡膏层：该层是给贴片焊盘制造钢网用的层，用于帮助焊接，决定上锡膏的区域大小。若印刷板不需要贴片，这个层对生产没有影响。也称为正片工艺时的助焊层。

（5）顶层阻焊层/底层阻焊层：板子的顶层和底层盖油层，一般是绿油，绿油的作用是阻止不需要的焊接。该层属于负片绘制方式，若有导线或者区域不需要盖绿油则在对应的位置进行绘制，这样 PCB 生成后这些区域将没有绿油覆盖，方便上锡等操作，该动作一般被称为开窗。

（6）边框层：板子形状定义层。定义板子的实际大小，板厂会根据这个外形生产板子。

（7）顶层装配层/底层装配层：元器件的简化轮廓，用于产品装配和维修，导出文档打印，不对 PCB 板制作产生影响。生成的制造文件 Gerber 的信息会生成在 GKO 文件中。

（8）机械层：记 PCB 设计记录了机械层信息，仅做信息记录用。生产时默认不采用该层的形状进行制造。一些板厂在使用 AD 文件生产时会使用机械层做边框，当使用 Gerber 文件在嘉立创生产时该层仅做文字标识用，如工艺参数、V 割路径等。在立创 EDA，该层不影响板子的边框形状。如果机械层有闭合的导线，嘉立创在生产板子的时候会优先使用机械层作为板子形状，如果没有机械层的外框才会使用 GKO 文件作为边框（AD 文件的历史影响），需要在设计的时候注意机械层的使用。

（9）文档层：与机械层类似。但该层仅在编辑器可见，生成在 Gerber 文件里不参与制造生产。

（10）飞线层：PCB 网络飞线的显示，这个不属于物理意义上的层，只是为了方便使用和设置颜色，故放置在层管理器进行配置。

（11）孔层：与飞线层类似，不属于物理意义上的层，只作通孔（非金属化孔）的显示和颜色配置用。

（12）多层：与飞线层类似，包括金属化孔的显示和颜色配置。当焊盘层属性为多层时，它将连接每个铜箔层包括内层。

（13）错误层：与飞线层类似，为 DRC（设计规则错误）的错误标识显示和颜色配置用。

【素养链接】

邓中翰委员：关乎国之大者，后摩尔时代集成电路产业如何突破

集成电路产业是电子信息产业的核心，是支撑国家经济社会发展的战略性、基础性、先导性产业，也是我国当前需要重点突破的领域。而后摩尔时代如何占领技术制高点，抢占机遇实现逆势突围，是业界十分关注的问题。在今年的两会上，全国政协委员、“星光中国芯工程”总指挥邓中翰院士在提案中建议：聚焦后摩尔时代，发挥新型举国体制优势，推动我国集成电路技术和产业突破性发展。

“中国芯”献礼建党百年，核心技术服务国家战略

2021 年，在庆祝建党 100 周年的中国共产党历史展览馆中，我国第一代超大规模集成电路“星光中国芯”数字多媒体芯片与长征运载火箭、“蛟龙号”深海探测器等作为国之重器同台进行了展出；同时，中国国家博物馆把“星光中国芯”数字多媒体芯片作为国史文物收藏并永久展出。这几枚由邓中翰院士带领团队研发的芯片虽小，却承载着科技兴国的重任，也成为中国共产党波澜壮阔百年奋斗史中一个重要组成部分。

2022 年在全世界瞩目的冬奥会上，邓中翰院士担任了“科技冬奥”项目负责人，他领衔的团队牵头承担了“科技冬奥”的重要工作，以多项自主创新技术为支点，保证了冬奥会安全顺利进行。在北京和崇礼等冬奥场馆采用公共安全 SVAC 国家标准护航视频图像安全，“科技冬奥”专项项目更是保障了鸟巢冬奥开幕式的安保、京张高铁线路嘉宾和运动员的护送，以及各个奥运场馆疫情防控等重要工作，成功护航冬奥会的精彩举办。

硕果遍写祖国大地，报国贯穿两个百年

邓中翰院士作为留学归国的爱国科技工作者，20 多年来不忘初心，把自己的科研成果“写”在了祖国大地上。从 1999 年开始，邓中翰院士带领团队自主研发“星光智能”系列芯片，彻底结束了中国“无芯”的历史。牵头制定了自主知识产权、技术达到国际领先水平的公共安全 SVAC 国家标准，SVAC 国家标准已经成为保障我国公共安全和信息安全，促进支持社会发展的重要支撑，为中国打造了安全长城。

在新冠疫情期间，邓中翰院士团队的研发成果也在全国上下的“抗疫”之战中起到了重要作用。“星光中国芯工程”推出了防疫检查系统和社区防疫系列产品，参与了湖北、河南、甘肃、山东、辽宁、山西、湖南、广东等地防疫抗疫工作。在河北、山西、广东等 10 多个省市成功部署人员轨迹追踪与溯源系统，建立人员轨迹数据和接触人员关系图谱，有效助力疫情防控工作。并利用时空大数据技术研发了公安疫情核查系统 APP，全部免费向全国的公安部门提供，助力开展分析，为全国各地流行病学防控提供了有力的技术支持，成为防疫战场上“内防反弹”的关键一环。

后摩尔时代紧抓机遇，自立自强再攀科技新高峰

后摩尔时代的来临，对集成电路技术和产业又提出了新的挑战，邓中翰院士前瞻性地提出了智能摩尔技术路线。

然而，在全球疫情持续影响、多个领域严重缺芯以及技术保护主义抬头的大背景

下，我国集成电路技术和产业突破更加迫在眉睫。近几月，主要发达国家纷纷出台新举措，不断加大资金投入，抢占后摩尔时代技术制高点。2022 年 2 月 4 日，美国国会众议院通过了《2022 美国竞争法案》，将创立芯片基金，拨款 520 亿美元，以促进芯片本土产能和新技术研究；2 月 8 日，欧盟出台了《欧盟芯片法案》，计划投入超过 430 亿欧元以提振欧洲芯片业，其中“欧洲芯片倡议”将建立专项基金，拟提供 110 亿欧元用于芯片研究、产能开发和技术创新；2021 年 11 月，日本出台了《半导体产业紧急强化方案》，计划在 2030 年将日本企业芯片营收规模提高至现在的 3 倍；2022 年 1 月，韩国也出台了《半导体特别法案》，计划投入 4510 亿美元，以巩固其世界领先地位，三星、SK 海力士等企业纷纷跟进，三星计划在 2030 年前加大对芯片业务投资，总投资约合 1420 亿美元。

邓中翰院士表示：“我国第一个百年奋斗目标已经实现并取得了丰硕的成果，为了实现下个百年的奋斗目标，作为科技工作者我们将坚持自立自强，面向世界科技前沿、面向经济主战场、面向国家重大需求，加快集成电路产业科技创新，掌握全球科技竞争先机，实现中华民族伟大复兴的中国梦!”

项目五　光幻广州塔印制电路板设计

【项目导入】

广州塔（Canton Tower）又称广州新电视塔，俗称小蛮腰，如图 5-1 所示。

广州塔塔身正式亮灯时有紫红蓝绿四色灯光交替闪亮，其外围一共有 6696 盏泛光灯，通过一个总的控制器，由一人控制即可。整个灯光控制系统采用双层保险，除了一楼的总控制台外，每一层都有一个灯光分控制器，确保新电视塔的灯光能够安全照明，如图 5-2 所示。

图 5-1　广州塔

图 5-2　广州塔夜景

本项目采用 STC12C5A60S2 作为控制系统，显示部分采用的是 16×16 的点阵，通过对单片机 STC12C5A6OS2 进行编程，然后输出信号到显示电路控制每个 LED 灯的亮灭，利用人眼的暂留效应，得以呈现出不同的图案和动画。

本项目提供光幻广州塔元件清单（见表 5-1），引导学生进行电路原理图设计、PCB 设计，从而完成印制电路板设计。

表 5-1 光幻广州塔元件清单

序号	名称	位号	封装	数量
1	30pF	C1,C2,C3	ICAP-TH_L5.0-W3.0-P5.00-D1.0	3
2	470uF	C4	ICAP-TH_BD6.3-P2.50-D1.0-FD	1
3	PZ254V-11-01P	J1,J2,J3,J4,J5,J6,J7,J8,J9,J10,J11,J12,J13,J14,J15,J16,J17,J18,J19,J20,J21,J22,J23,J24,J25,J26,J27,J28,J29,J30,J31,J32	HDR-TH_1P-P2.54-V-M	32
4	LED-TH-5mm_R	LED1,LED2,LED3,LED4	LED-TH_BD5.0_RED	4
5	HDR-M-2.54_1X4	P2	HDR-M-2.54_1X4	1
6	100K	R1,R2	RES-TH_BD2.5-L6.5-P10.50-D0.6	2
7	56R	R3,R4,R5,R6,R7,R8,R9,R10,R11,R12,R13,R14,R15,R16,R17,R18,R19,R20,R21,R22	RES-TH_BD2.2-L6.5-P10.50-D0.6	20
8	HS0038B3VM	RX1	OPTO-TH_HSO038B3VM	1
9	PS22F021-2B1-21	SW1	SW-TH_6P_PS22F021.-2B1-21	1
10	GT-TC1O1F-H060-L1	SW2	SW-TH_4P-L7.5-W6.0-P4.50	1
11	M3X10-6	TP1，TP2,TP3,TP4	M3X10-6	4
12	STC12C5A60S2-35I-PDIP40	U1	DIP-40_1.52.3-W13.9-P2.54-LS15.2-BL	1
13	USB-Micro_2	USB1	MICRO-USB-SMD_5P_C40957	1
14	12MHz	Y1	HC-49US_L11.5-W4.5-P4.88	1

立创 EDA 软件还提供印制电路板的 2D 仿真示意图，从而更直观地展示设计完成的印制电路板（见图 5-3）。本项目导入详细内容请扫二维码进行观看。

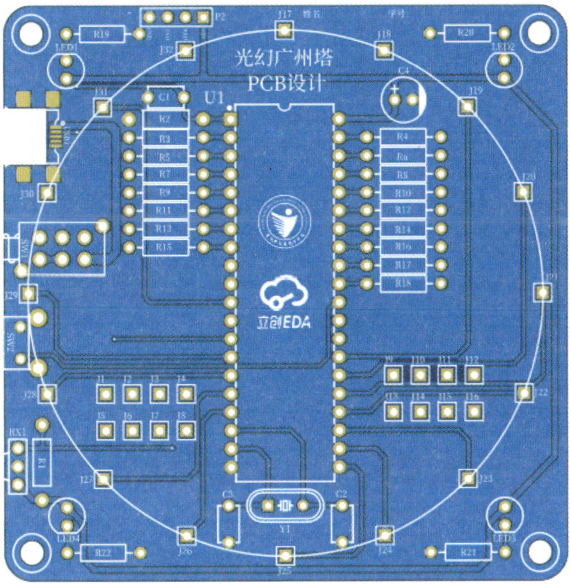

图 5-3　印制电路板的 2D 仿真示意图

视频：光幻广州塔印制电路板设计项目导入

【项目目标】

1. 知识目标

（1）了解光幻广州塔电路板原理图设计、原理图库设计、PCB 封装库设计、PCB 板设计的基本流程。

（2）掌握光幻广州塔电路板原理图设计、原理图库设计、PCB 封装库设计、PCB 板设计的步骤。

2. 技能目标

（1）通过学习能够使用 EDA 绘图工具。

（2）能根据要求准确地绘制印制电路板。

3. 素质目标

（1）通过理实一体化教学，使学生获得较强的实践动手能力。

（2）培养学生良好的操作规范，养成良好职业行为习惯。

（3）在项目教学过程中，锻炼学生的团队合作能力，进行专业技术交流的表达能力。

任务一　光幻广州塔原理图设计

【任务目标】

视频：光幻广州塔原理图设计

1. 知识目标

（1）掌握原理图设计的基本流程。

（2）掌握画布设置的方法。

（3）掌握网格、栅格的区别以及设置参数的方法。

2. 能力目标

（1）掌握创建原理图文件的步骤。

（2）掌握放置元件符号的方法。

（3）掌握对元件符号属性进行设置的方法。

（4）掌握元件布局原则，并完成导线连接。

【任务实施】

一、原理图的设计流程

光幻广州塔电路原理图设计有 7 个步骤，分别为新建工程、新建原理图文件、设置相关参数、封装配置、放置元器件、连线和检查电路，如图 5-4 所示。

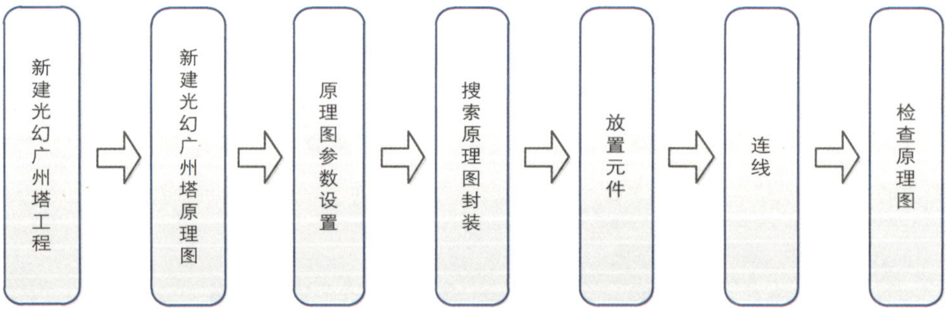

图 5-4　光幻广州塔原理图设计流程

（1）新建光幻广州塔工程。用鼠标单击："开始" → "程序" → "立创 EDA" 或双击桌面图标，启动软件，新建光幻广州塔工程文件。

（2）新建光幻广州塔原理图。在光幻广州塔工程文件，新建一个光幻广州塔原理图文件，进入原理图编辑器。

（3）原理图参数设置。在绘制原理图之前，应首先设置好工作环境，对图纸大小、方向、网格参数等进行设置。

（4）搜索原理图封装。在立创 EDA 元件库中搜索原理图对应的原理图封装。

（5）放置元器件。一般情况下，电路中所需元器件在立创 EDA 常用库中都可以找到，只要从库中选择所需类型添加到原理图中就可以了，但是有些元器件需要在元件库中搜索找到编辑后再进行放置。

（6）元器件连线。将添加并排列好的元器件引脚用导线、网络标签连接起来，形成完整的电路。

（7）检查原理图。利用立创 EDA 提供的设计管理器对电路的元件和网络进行检查，并根据检查结果对原理图进行调整和修改。

二、新建工程

（一）启动立创 EDA 软件

用鼠标单击："开始"→"程序"→ "立创 **EDA**"或双击桌面图标，启动软件操作界面如图 5-5 所示。

图 5-5　立创 EDA 操作界面图

（二）创建工程文件

1. 新建工程

点击顶部的"文件"→"新建"→"工程"新建工程，如图 5-6 所示。也可点击界面中"快速开始"下面的"新建工程"图标新建工程。

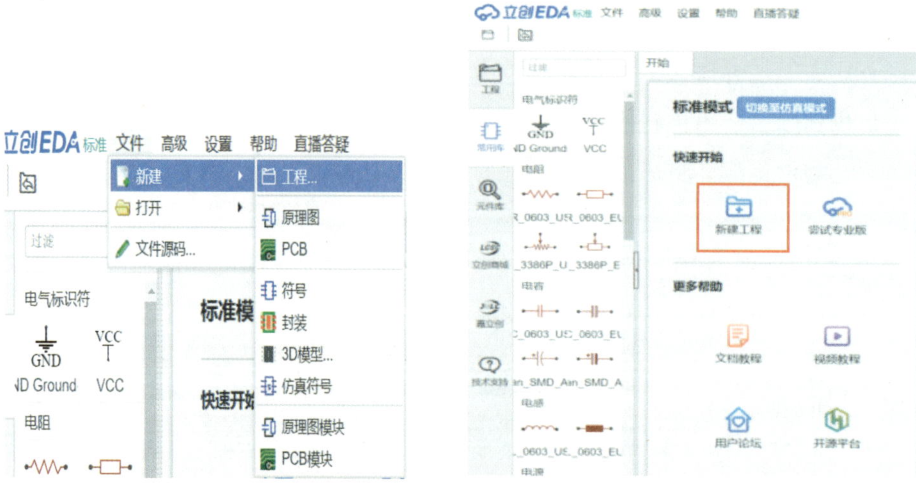

图 5-6　新建工程

2. 工程文件命名及保存

在新建工程界面的标题处对工程进行命名，也可以对工程进行简单的描述，最后点击“保存”，如图 5-7 所示。

图 5-7　工程命名及保存

三、新建原理图文件

1. 新建原理图

点击顶部菜单的“文件”→“新建”→“原理图”即可新建原理图，系统默认原理图文件名为 Sheet _ 1，如图 5-8 所示。或是选择光幻广州塔工程文件并单击鼠标右键，在下拉菜单中选择“新建原理图”，也可在光幻广州塔工程下新建一个原理图文件。

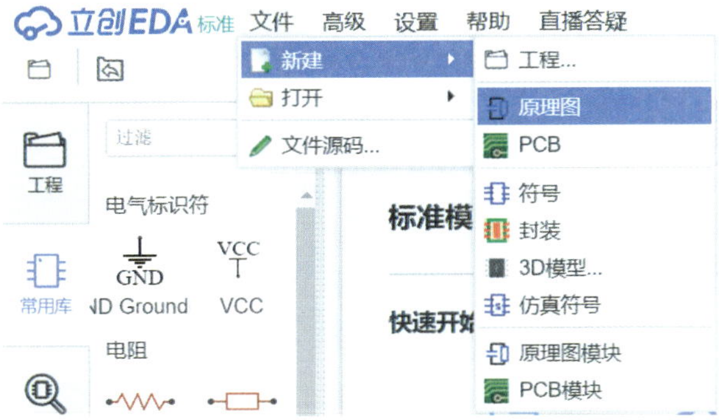

图 5-8　新建原理图

2. 重命名原理图

鼠标选择 Sheet _ 1 文件，右键在下拉菜单中选择修改命令，如图 5-9 所示。

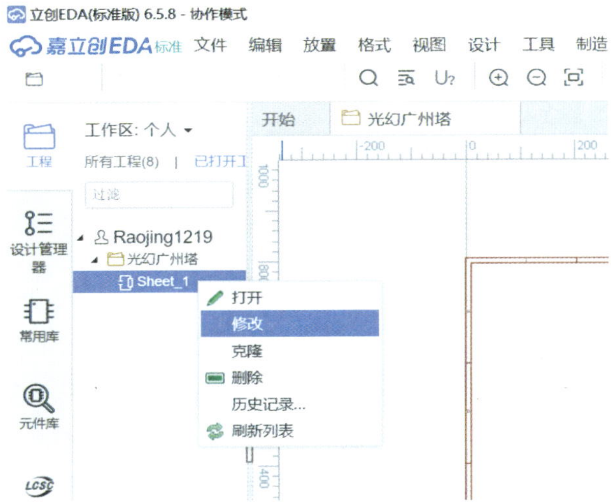

图 5-9　重命名原理图

在“修改文档信息”对话框中将原理图标题修改为“光幻广州塔”，可以根据需要添加相关描述，如图 5-10 所示。最后单击“确定”按钮即可看到原理已被重命名。

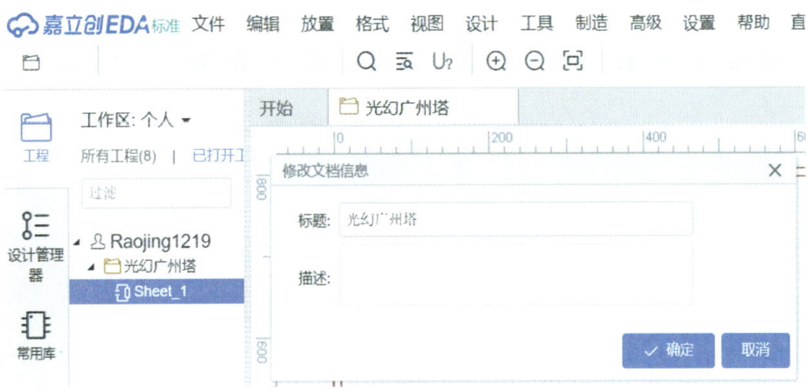

图 5-10　重命名原理图

创建新原理图设计界面如图 5-11 所示。

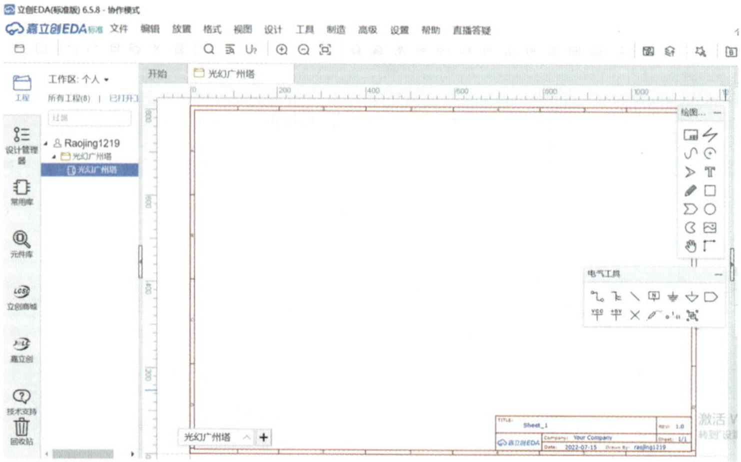

图 5-11　原理图设计界面

四、原理图参数设置

在绘制原理图之前，需要对相关参数进行规范化设置。常规参数包括网格大小、栅格尺寸、画布规格和 Title Block，下面进行详细说明。

1. 设置网格大小

网格大小是用于标识间距和校准元件符号的线段，便于将元件摆放整齐。网格默认的大小为 5，如图 5-12 所示，可根据需要进行设置。

图 5-12　设置网格大小

2. 设置栅格尺寸

栅格尺寸是指光标移动时的步进距离，便于将元件与布线对齐。栅格尺寸越小，元件和布线移动的步进距离就越小，也越精准，ALT 键栅格是指按下“Alt”键，然后移动元件时的步进距离。栅格和 ALT 键栅格默认尺寸均为 5，如图 5-13 所示。

图 5-13　设置栅格尺寸

3. 设置画布规格

根据电路的难易程度，单击绘图工具中的（图纸设置）进行画布大小的设置，如图 5-14 所示。立创 EDA 的画布默认规格是 A4，光幻广州塔电路采用 A4 大小的纸就可以容纳所有元件。

图 5-14　设置画布规格

4. 设置 Title Block

在 Title Block 中双击对应的文本就可以修改标题名称、版本、公司信息、日期和作者等相关信息，如图 5-15 所示。

图 5-15　设置 Title Block

（1）修改 TITLE：双击 Sheet_1，在弹出的文本框中输入“光幻广州塔”即可完成修改。

（2）版本号（REV）修改为 V1.0；Sheet 保持系统默认设置；Date 设置为设计时间；Drawn By 处输入作者姓名。

（3）修改 Title Block 文本属性：选中 Title Block 中的文本，在原理图设计界面右侧的“文本属性”面板中可以修改文本的颜色、字体、字体大小等属性，如图 5-16 所示。

图 5-16　修改 Title Block 文本属性

（4）可以添加 LOGO：单击绘图工具中的图标可以向 Title Block 中添加图片，在弹出的图片属性对话框中输入图片网址或是从本地上传图片，单击“确定”，如图 5-17 所示。

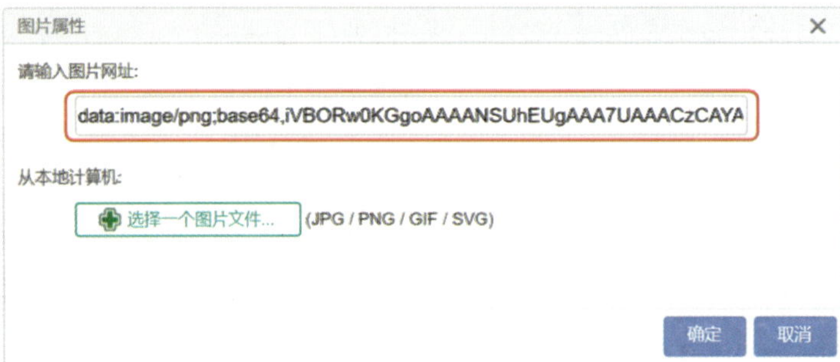

图 5-17　导入图片

（5）上述参数修改完成后，Title Block 设置完成，如图 5-18 所示。

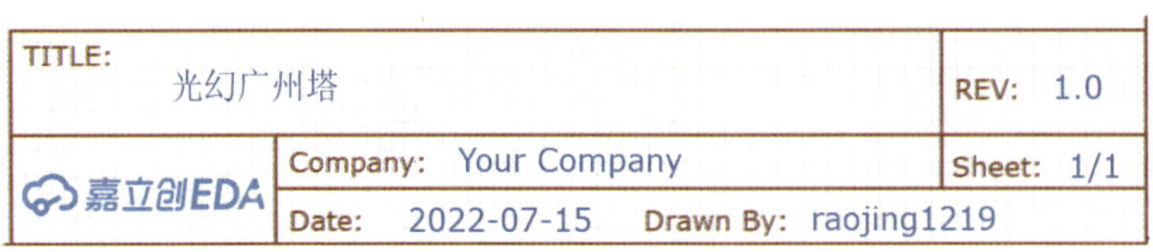

图 5-18　Title Block 设置完成图

五、放置元件

在原理图设计中，用来存放元器件的库有常用库和元件库。

常用库包含的是一些常用的元器件，它不支持自定义。在常用元件库中单击元件，然后移动指针到画布，单击鼠标左键即可放置元件。元件库中的元件需要先进行搜索找到需要的元件再进行放置才可以使用。在光幻广州塔电路中用到了电阻、电容、发光二极管、开关、插针、单片机、红外接收器等。下面以“红外接收器 HS0038B3VM”为例介绍如何从元件库中获取元件。

单击原理图设计界面左侧的元件库 按钮，或是使用快捷键“Shift+F”打开“元件库”对话框。在搜索引擎中输入 HS0038B3VM，单击 或是按“回车键”进行搜索，如图 5-19 所示。

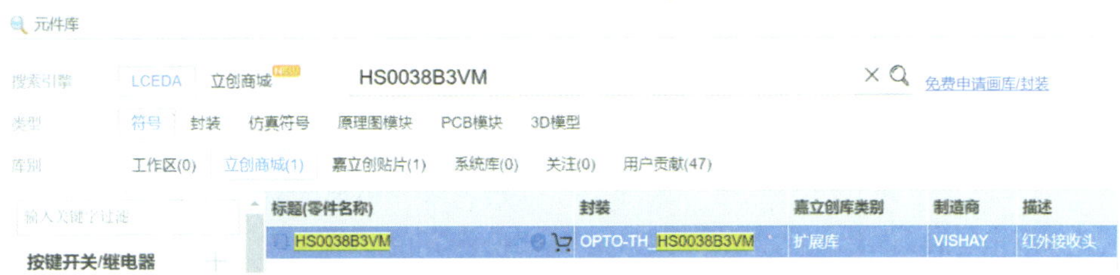

图 5-19　搜索 HS0038B3VM

根据元件的封装和制造商等信息在搜索结果中选择所需元件，如图 5-20 所示。

图 5-20　选择 HS0038B3VM

选择完成以后单击图 5-20 中的“放置”按钮，然后在原理图中单击就可以放置所选元器件。放置时，元件的引脚要放置在格点上，以方便后续导线的连线，如图 5-21 所示。

元件放置之后，在原理图设计界面右侧的“元件属性”中对元件的属性进行设置。例如，将位号设置为 U1，如图 5-22 所示。使用同样的方法搜索原理图中其他元件进行放置，并对其属性进行修改。

图 5-21　引脚放置正确

图 5-22　元件属性设置

为了使电路的原理清晰明了，我们将光幻广州塔电路原理图分成 6 个电路模块，分别是红外遥控电路、下载电路、氛围显示电路、单片机电路、排针接口电路及电源输入电路。下面以单片电路为例说明原理图的绘制方法。单片机电路中的所有元件全部放置在画布上并完成了相应的属性设置后如图 5-23 所示。

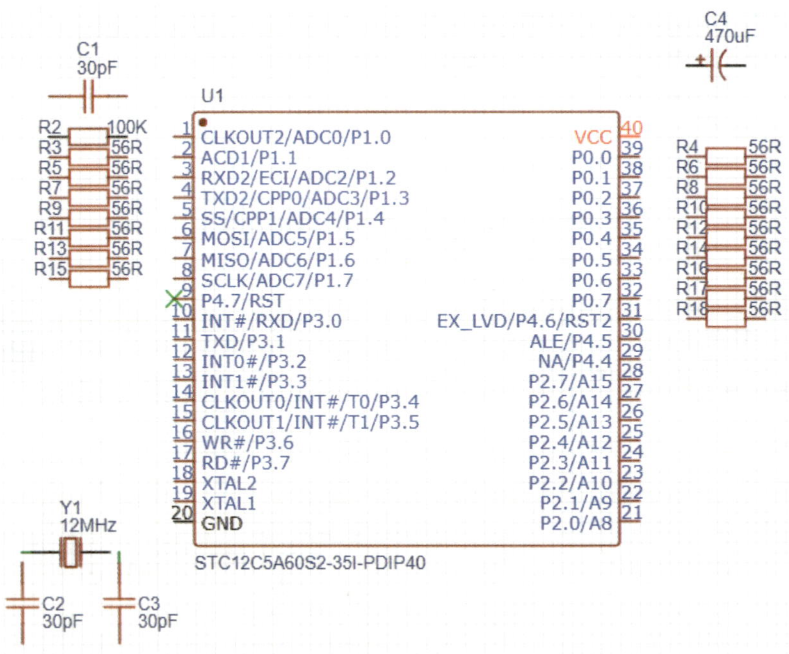

图 5-23　光幻广州塔单片机电路元件放置

一个完整的电路包括元件、导线、电源和接地端。因此在元件放置结束后还需要添加电源和接地端。单击“常用库”按钮，在“电气标识符”中选择“GND”和“电源（VCC）”，如图 5-24 所示。点击右下角的可以选择电路中所需的形式进行放置，如图 5-25 所示。

图 5-24　电气标识符

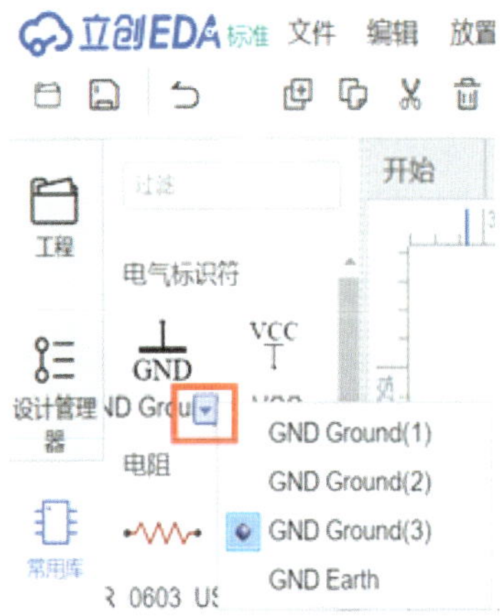

图 5-25　接地形式

还可以在标识符属性框中对颜色、字体、字体大小等属性进行修改，如图 5-26 所示。

图 5-26　电源和接地端属性修改

光幻广州塔单片机电路的元件、电源、接地端放置完成后如图 5-27 所示。

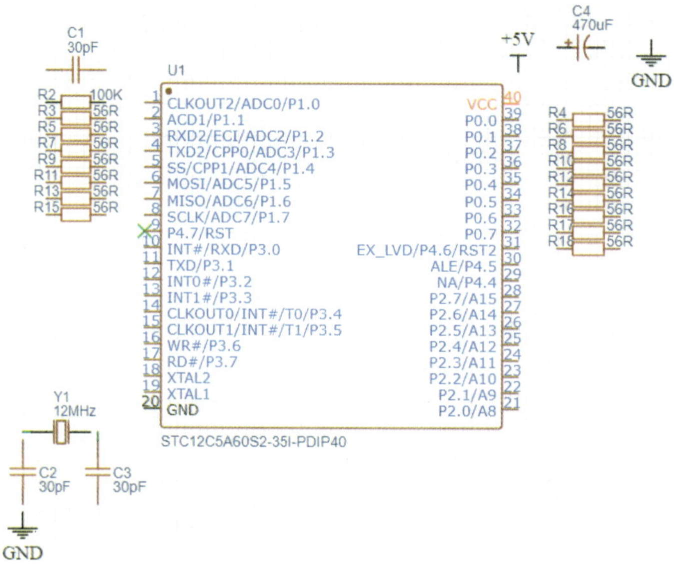

图 5-27　光幻广州塔单片机电路放置元件、电源、接地端

六、连　线

将所有元件放置完成后，需要通过导线或网络标签进行电气连接。

导线具有电气性质，用来连接元件电气点的连线。导线上的任一点都具有电气性质。元件之间的电气连接主要通过导线来实现的。单击电气工具中的导线（W）按钮进入连线模式。将指针移动到需要连接的元件引脚上，这时在引脚的端点处会出现一个灰色的圆点，单击即可放置导线的起点，如图 5-28 所示。移动指针到需要连接的引脚，在引脚的端点处出现一个灰色圆点，单击即可完成两个引脚之间的连接，此时指针仍处于连线模式，重复上述操作可继续连接其他引脚。单击鼠标右键或是按 Esc 键，即可退出连线模式。还可以根据需要对导线的颜色、线宽、样式等参数进行属性设置，如图 5-29 所示。

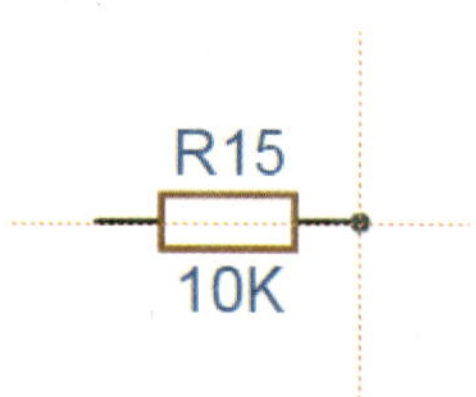

图 5-28　连接元件

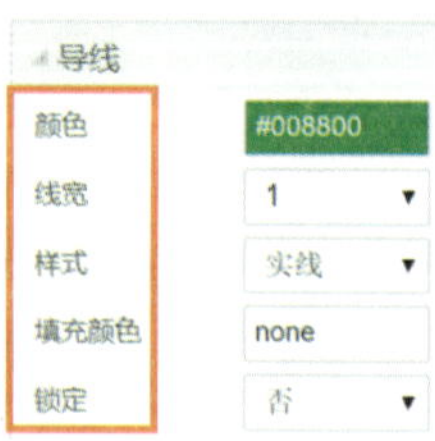

图 5-29　导线属性

"网络标签"实际上也是一种电气连接方式，具有相同网络标签的导线是连在一起的。使用网络标签可以避免电路中出现较长的连线，使电路原理图连线更清晰。

放置网络标签的方法是：单击电气工具中网络标签（N）按钮，然后按 Tab 键，在弹出的"属性"对话框中修改网络标签名称，如图 5-30 所示。另外一种修改网络标签的方法是双击要修改的网络标签，在弹出的文本框中输入新的网络标签名，如图 5-31 所示。

图 5-30　设置标签（1）

图 5-31　设置标签（2）

也可对网络标签的属性进行修改，单击选中的网络标签，在“网络标签”面板中修改标签的名称、颜色、字体和字体大小，如图 5-32 所示。本书使用默认属性。

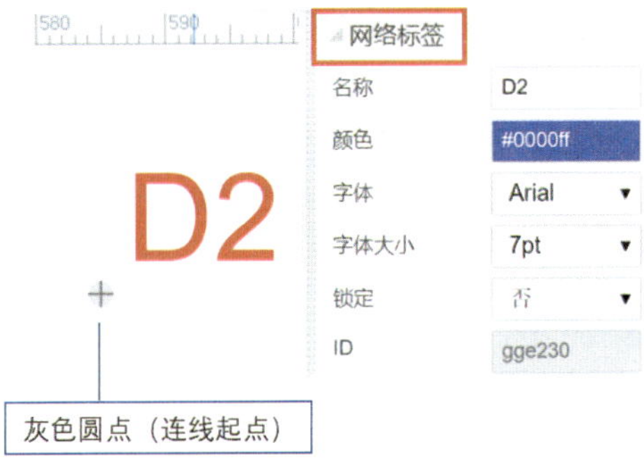

图 5-32　修改标签属性

在光幻广州塔单片机电路中，U1 的 9 脚不需要连接任何网络或是元件，这时要给悬空的引脚添加“非连接标志”。单击“电气工具”中非连接标志 ✕ 按钮，放置在悬空的引脚上，如图 5-33 所示。

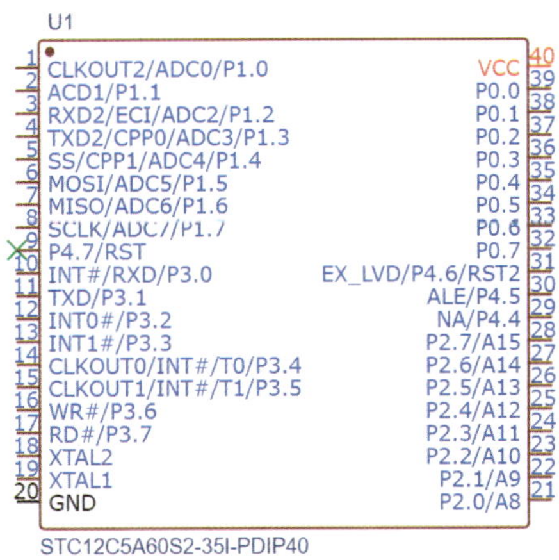

图 5-33　悬空引脚非连接标志

按照上述电气连接方式完成所有元件导线的连接后，就可以上述步骤绘制其他模块的原理图，最后对每个模块进行分区及文本说明，即完成了整个光幻广州塔电路的原理图设计，如图 5-34 所示。

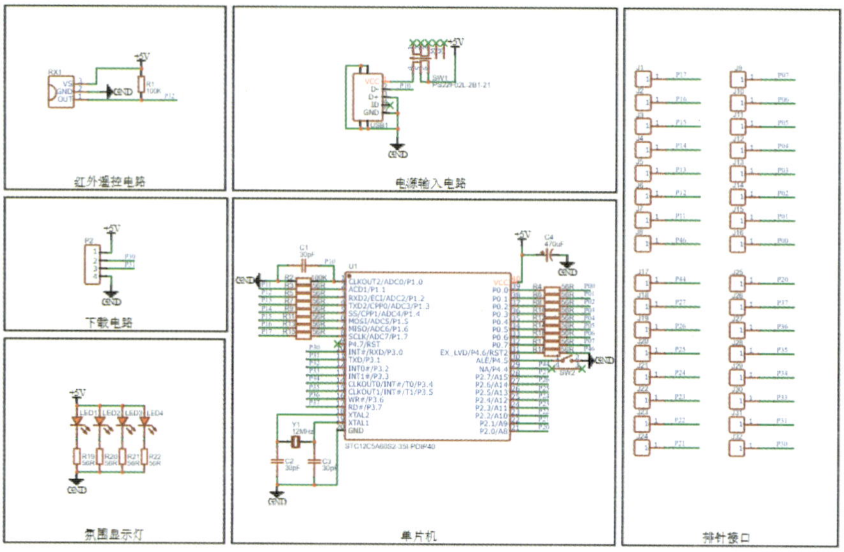

图 5-34　光幻广州塔电路原理图

七、原理图检查

原理图设计完成后，需要对原理图的电气连接性进行检查。最常见的检查项目有元件的 PCB 封装和网络的连接，单击原理图设计界面左侧的“设计管理器”按钮，可见检查元件及网络列表，如图 5-35 所示。

图 5-35　检查元件及网络

点击元件列表，可检查元件是否都有 PCB 封装（元件编号后面的括号内为 PCB 封装名称），如图 5-36 所示。

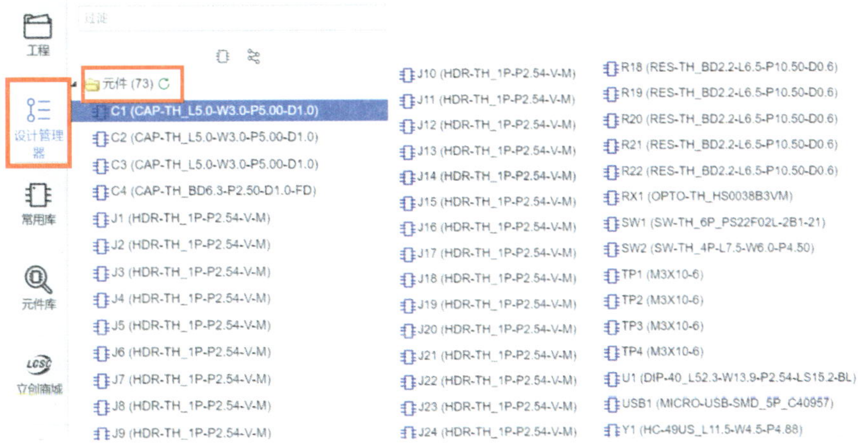

图 5-36　检查元件

在元件列表中单击某一元件，系统将自动在原理图中定位该元件的位置。例如，若要定位 U1，单击元件 U1 就可以实现，如图 5-37 所示，同时单击元件引脚可以定位该引脚，如图 5-38 所示。

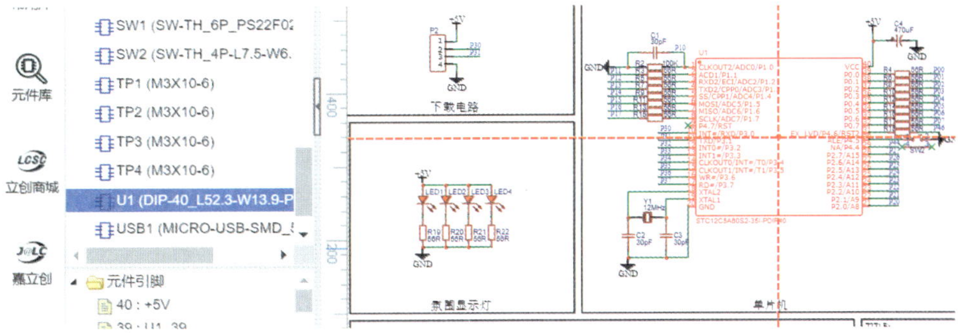

图 5-37　定位元件

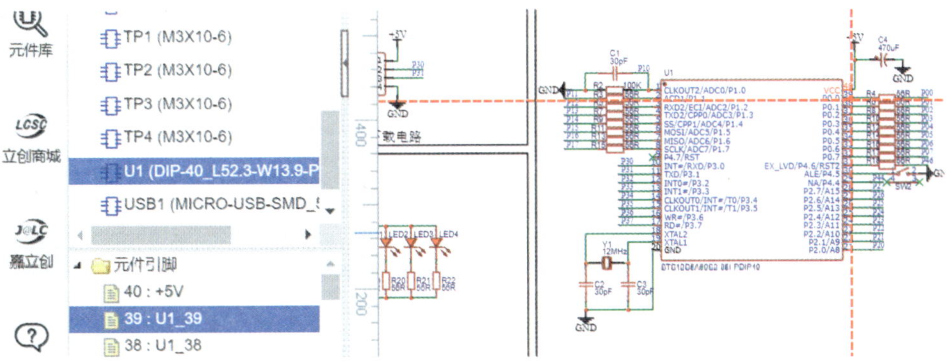

图 5-38　元件引脚

点击网络列表可查看网络连接情况，如果存在网络没有连接，则会在列表中的网络名称前显示警告标志 ⚠，如图 5-39 所示。把带有警告标志的网络进行连接，该显示就可恢复正常。

图 5-39　网络检查

【任务评价】

光幻广州塔原理图设计评价表如表 5-2 所示。

表 5-2　光幻广州塔原理图设计评价

项目名称：____________________

姓名：__________　　　　班级：__________　　　　学号：__________

<table>
<tr><th>评价内容</th><th colspan="2">评价标准</th><th>评价要求</th><th>分值</th><th>得分</th></tr>
<tr><td>考勤纪律（10%）</td><td colspan="2">无迟到、早退、旷课情况；
遵守课堂各项纪律</td><td>迟到、早退一次扣 1 分；
旷课一次扣 2 分；
影响上课秩序一次扣 2 分</td><td>100</td><td></td></tr>
<tr><td>职业规则（10%）</td><td colspan="2">爱护公共设施、爱护个人及公共环境卫生、不得带饮料及食品进机房</td><td>视具体情况扣分</td><td>100</td><td></td></tr>
<tr><td rowspan="8">实施步骤（80%）</td><td>1. 新建文件</td><td>按要求新建工程文件，保存到指定路径；
按要求新建原理图文件，保存到指定路径</td><td>无操作失误</td><td>10</td><td></td></tr>
<tr><td>2. 画布属性设置</td><td>按要求设置画布属性</td><td>与要求不符不给分</td><td>10</td><td></td></tr>
<tr><td>3. 常用库元件调用</td><td>能正确调用元件；
按样图放置元件；
对元件属性进行修改</td><td>每错一处扣 1 分</td><td>10</td><td></td></tr>
<tr><td>4. 元件库使用</td><td>能在库进行元件搜索；
能对元件属性进行修改；
按照样图放置元件；
能对库中元件进行编辑</td><td>每错一处扣 1 分</td><td>20</td><td></td></tr>
<tr><td>5. 放置连线</td><td>按照样图正确绘制连线</td><td>每错一处扣 1 分</td><td>20</td><td></td></tr>
<tr><td>6. 放置网络标签</td><td>按照样图正确修改网络标签属性并放置网络标签</td><td>与要求不符不给分</td><td>10</td><td></td></tr>
<tr><td>7. 原理图检查</td><td>查看原理图中所有元件封装是否符合要求；
查看网络是否完整</td><td>每错一处扣 1 分</td><td>10</td><td></td></tr>
<tr><td>8. 保存文件</td><td>文件上传至 D 盘：\××班级提交资料\</td><td>与要求不符不给分</td><td>10</td><td></td></tr>
<tr><td colspan="4">合　计</td><td>100</td><td></td></tr>
</table>

【任务小结】

光幻广州塔原理图设计任务总结如图 5-40 所示。

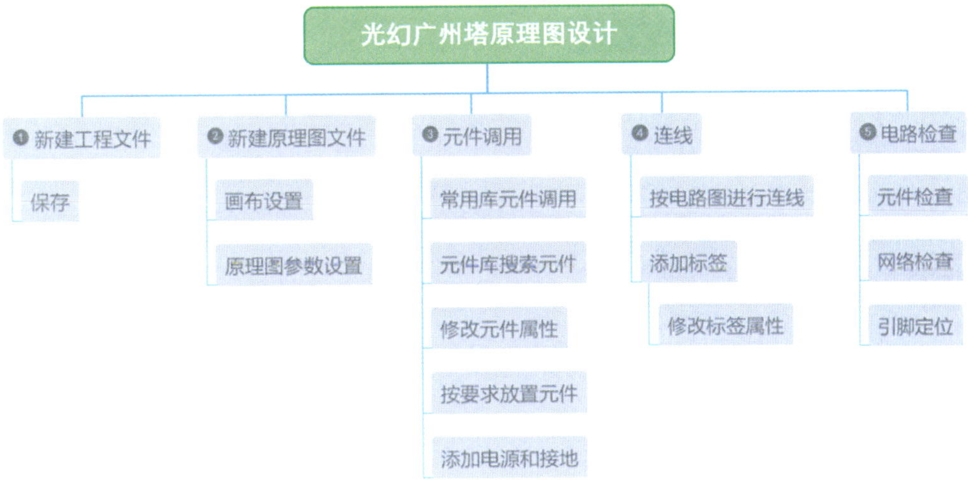

图 5-40　任务小结

【任务拓展】

绘制四路抢答器电路原理图，如图 5-41 所示。要求采用 A4 画布，横向放置，背景色为灰色，栅格、网格尺寸为默认值。

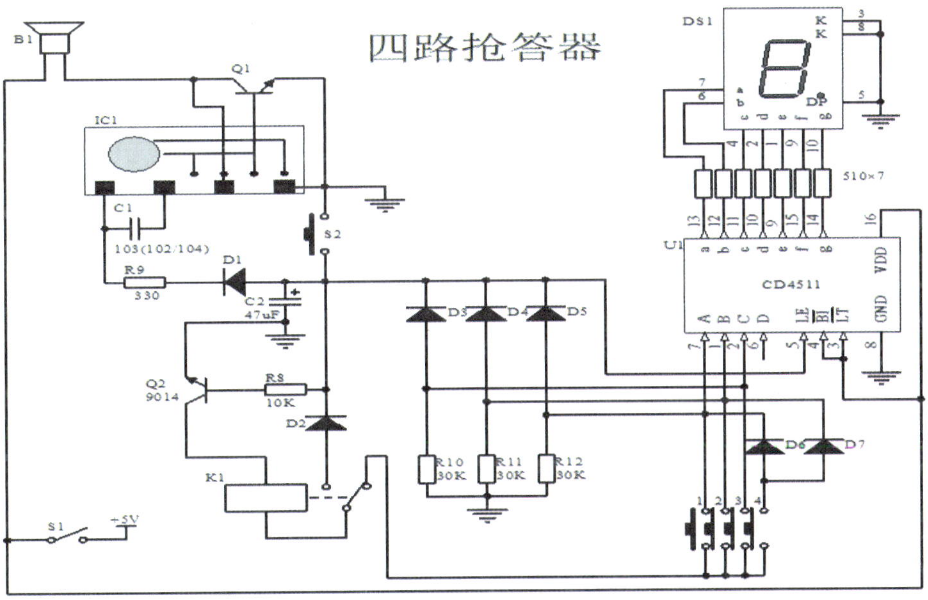

图 5-41　四路抢答器电路

任务二　光幻广州塔原理图库设计

【任务目标】

视频：光幻广州塔原理图库设计

1. 知识目标

（1）了解创建原理图库的流程。

（2）掌握原理图库设计的步骤。

2. 能力目标

（1）掌握创建原理图库文件步骤。

（2）掌握制作原理图符号方法。

（3）掌握添加属性信息的步骤。

（4）掌握添加 PCB 封装的方法。

【任务实施】

一、原理图库设计

规范化的元件库对于硬件电路的设计开发非常重要，立创 EDA 已经提供了丰富的元件库资源，但由于元件种类众多，仍然有些元件可能不包含在库中。因此，考虑到个性化的设计需求，有必要建立自己专属的元件库。鉴于此，本任务将以光幻广州塔原理图中的红外接收头 HS0038B3VM 元件为例（见图 5-42），讲解元件库的制作方法。

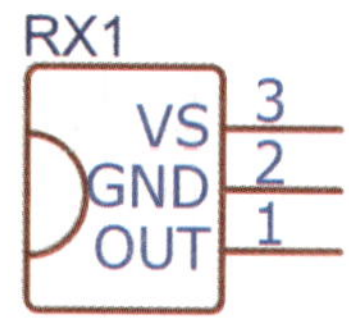

图 5-42　红外接收头 HS0038B3VM 元件

原理图库的设计包括：新建原理图库、新建元件、绘制元件符号、添加引脚（设置极性）、添加元件属性信息以及添加 PCB 封装等操作步骤，如图 5-43 所示。

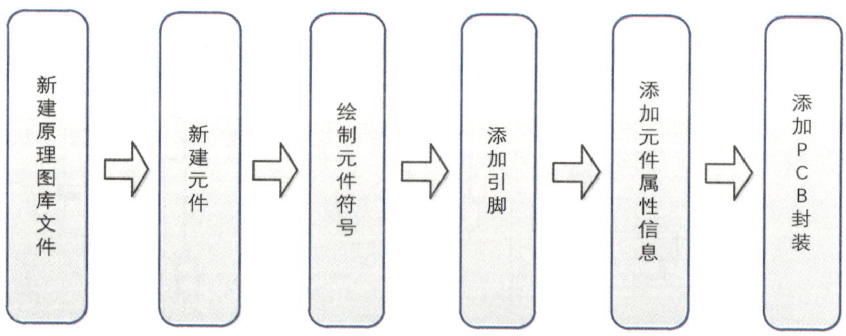

图 5-43　原理图库设计流程图

（1）新建原理图库文件。用鼠标单击：“文件”→“新建”→ “符号”打开空白的库文件，进入原理图库编辑器并保存。

（2）新建元件。在原理图库编辑器，新建电路图中所需的元件。

（3）绘制元件符号。在原理图库编辑器，对画布的属性如网格大小、栅格大小等属性进行设置，然后根据元器件的实际情况绘制边框。

（4）添加引脚。在边框绘制好后，在绘图工具中点击引脚标志添加引脚，并对引脚的属性进行设置。

（5）添加元件属性信息。在“自定义属性”面板中对绘制元件的名称、封装和编号等信息进行设置。

（6）添加 PCB 封装。单击“自定义属性”面板中“封装”对应的文本框，打开“封装管理器”对话框搜索所需封装类型进行封装添加即可。

二、新建原理图库

如图 5-44 所示，单击工具栏中的“文件”按钮，在下拉菜单中执行“新建”“符号”命令。

图 5-44　新建符号

单击符号命令即可打开一个空白的原理图库文件，如图 5-45 所示。

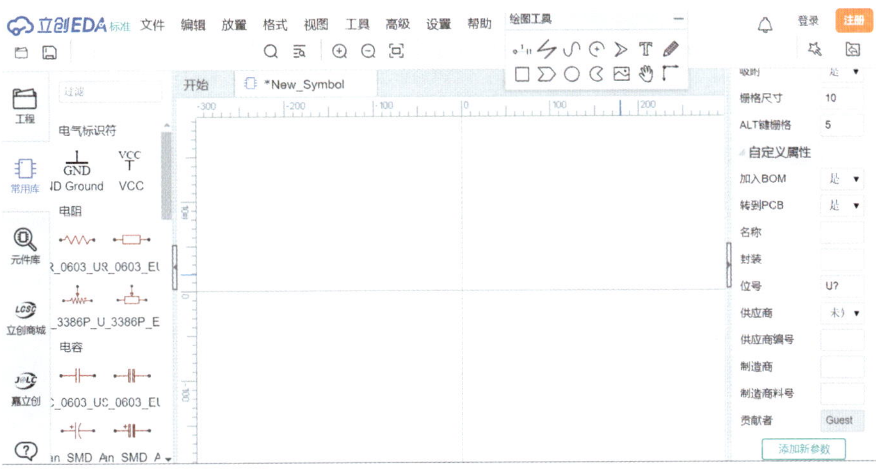

图 5-45　原理图库设计界面

三、制作红外接收头 HS0038B3VM 原理图符号

1. 绘制元件符号

首先，在原理图库设计界面右侧的“画布属性”面板中将网格大小和栅格尺寸设置为 10，将“ALT 键栅格”设置为 5，如图 5-46 所示。单击画图工具中的线条（L）按钮并长按“Alt”键，绘制原理图符号边框，点击圆弧按钮将元件符号画完整，如图 5-47 所示。

图 5-46 原理图库画布设置

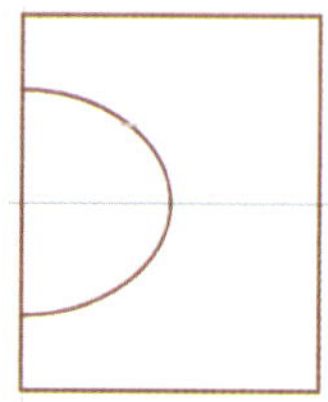

图 5-47 元件符号

2. 添加引脚

单击绘图工具中的管脚（P）按钮，添加原理图符号的引脚，如图 5-48 所示。注意，引脚的端点应朝外，因为它是用于连接导线的连接点。

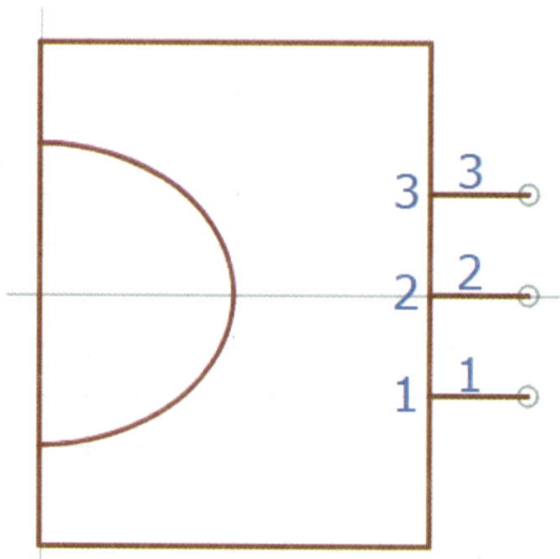

图 5-48 添加符号引脚

按下来需要编辑引脚属性。单击选中引脚 1，在“引脚属性”面板中将“显示名

字”和“显示编号”设置为“是”；设置引脚长度为 10；因为引脚的长度改变了，所以通过设置“起点 x”为-100 来调整引脚的位置，如图 5-49 所示。以同样的方法编辑其他引脚的属性。最终红外接收头的原理图符号外形如图 5-50 所示。

图 5-49　引脚属性编辑

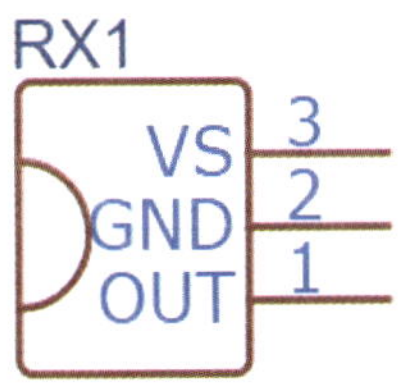

图 5-50　红外接收头原理图符号

3. 添加属性信息

在该界面右下“自定义属性”面板中可以设置符号的名称、封装和编号等信息，如图 5-51 所示。

图 5-51　设置红外接收头位号

4. 添加封装

添加封装的方法是：单击“自定义属性”，面板中“封装”对应的文本框，打开“封装管理器”对话框，如图 5-52 所示，在右侧“搜索”框中用封装的关键词进行搜索，在“库别”中选择封装库，在搜索结果中单击选中一个封装后可以查看“封装焊盘信息”，根据实际需求选择其中一个，然后单击“更新”按钮即可分配封装。更新成功后单击“取消”按钮，关闭对话框。

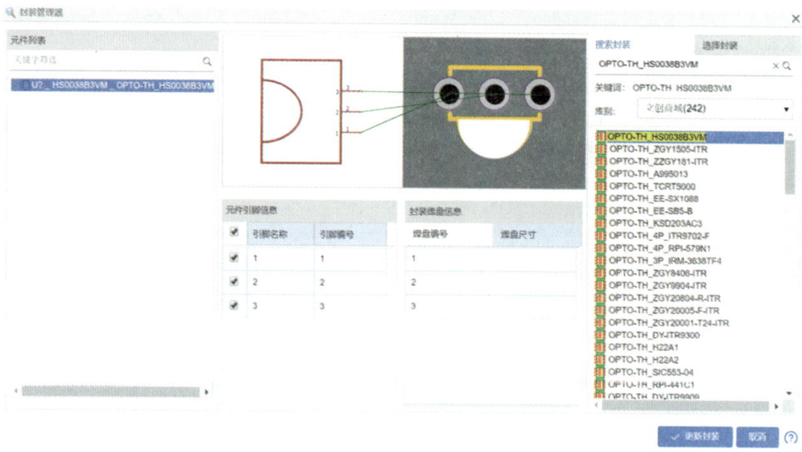

图 5-52　添加封装

在“文件”下拉菜单中单击“保存”命令，打开“保存为原理图库文件”对话框，单击“保存”按钮，即可保存封装，如图 5-53 所示。

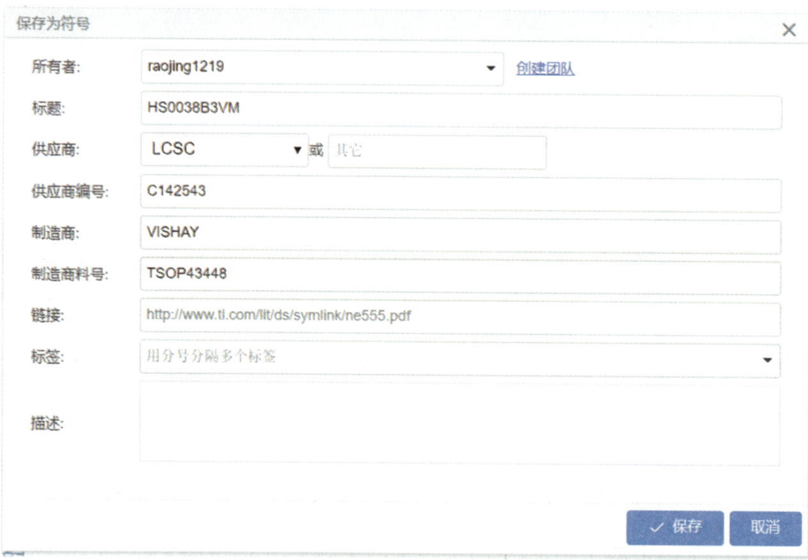

图 5-53　保存封装

以上就是原理图符号制作的方法步骤，制作完成之后可以在“元件库”→“符号”→“工作区”中查看，如图 5-54 所示。

图 5-54　查看原理图符号

【任务评价】

原理图库设计任务评价表如表 5-3 所示。

表 5-3　光幻广州塔原理图库设计评价

项目名称：________________________

姓名：__________　　　　班级：__________　　　　学号：__________

<table>
<tr><th>评价内容</th><th colspan="2">评价标准</th><th>评价要求</th><th>分值</th><th>得分</th></tr>
<tr><td>考勤纪律（10%）</td><td colspan="2">无迟到、早退、旷课情况；
遵守课堂各项纪律</td><td>迟到、早退一次扣 1 分；
旷课一次扣 2 分；
影响上课秩序一次扣 2 分</td><td>100</td><td></td></tr>
<tr><td>职业规则（10%）</td><td colspan="2">爱护公共设施、爱护个人及公共环境卫生、不得带饮料及食品进机房</td><td>视具体情况扣分</td><td>100</td><td></td></tr>
<tr><td rowspan="8">实施步骤（80%）</td><td>1. 新建文件</td><td>按要求新建工程文件，保存到指定路径；
按要求新建原理图文件，保存到指定路径</td><td>无操作失误</td><td>10</td><td></td></tr>
<tr><td>2. 画布属性设置</td><td>按要求设置画布指定属性</td><td>与要求不符不给分</td><td>10</td><td></td></tr>
<tr><td>3. 新建元件</td><td>能正确新建元件</td><td>每错一处扣 1 分</td><td>10</td><td></td></tr>
<tr><td>4. 绘制元件符号</td><td>能用绘图工具进行边框绘制</td><td>每错一处扣 1 分</td><td>20</td><td></td></tr>
<tr><td>5. 添加引脚</td><td>根据样图正确添加引脚，并对其引脚进行属性修改</td><td>每错一处扣 1 分</td><td>20</td><td></td></tr>
<tr><td>6. 添加元件属性</td><td>根据要求正确添加元件属性</td><td>与要求不符不给分</td><td>10</td><td></td></tr>
<tr><td>7. 添加 PCB 封装</td><td>根据要求添加封装</td><td>每错一处扣 1 分</td><td>10</td><td></td></tr>
<tr><td>8. 查看制作效果</td><td>元件调用到原理图文件中能正确使用</td><td>与要求不符不给分</td><td>10</td><td></td></tr>
<tr><td colspan="4">合　计</td><td>100</td><td></td></tr>
</table>

【任务小结】

光幻广州塔原理图库设计总结如图 5-55 所示。

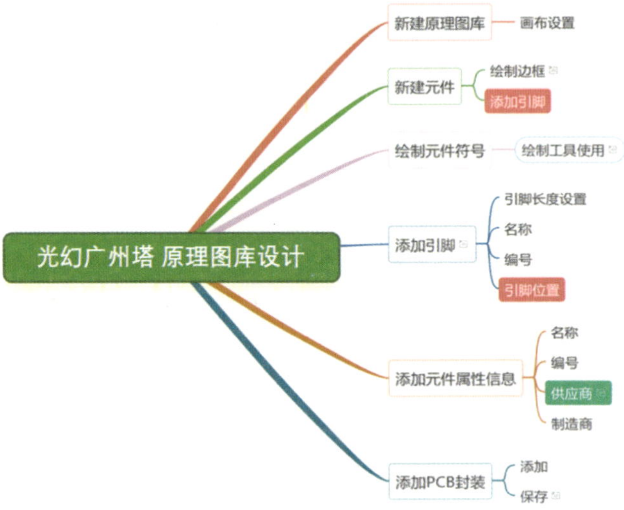

图 5-55　任务小结

【任务拓展】

绘制如图 5-56 所示的原理图符号。

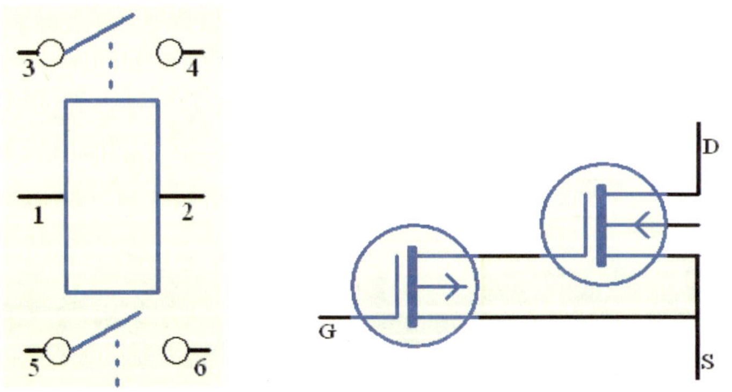

图 5-56　原理图符号样图

任务三　光幻广州塔 PCB 封装库设计

【任务目标】

视频：光幻广州塔 PCB 封装库设计

1. 知识目标

（1）掌握创建 PCB 封装库的流程。

（2）掌握制作封装符号的方法。

2. 能力目标

（1）掌握创建 PCB 库文件的方法。

（2）掌握制作封装符号的步骤。

（3）掌握对封装符号进行添加属性信息的方法。

【任务实施】

一、PCB 封装库设计

PCB 封装库简称 PCB 库，由一系列元件的 PCB 封装组成。元件的 PCB 封装在电路板上通常表现为由一组焊盘、丝印层上的边框及芯片的说明文字组成。焊盘是 PCB 封装中最重要的组成部分之一，用于连接元件的引脚。丝印层上的边框和说明文字起指示作用，指明 PCB 封装所对应的芯片，方便电路板的焊接。尽管立创 EDA 软件提供了大量的 PCB 封装，但是现有的 PCB 封装未必符合设计者的需求。因此，设计者有必要掌握设计 PCB 封装的技能，并能够建立个人的 PCB 库来满足个性需求。鉴于此，本任务将以光幻广州塔原理图中红外接收头 HS0038B3VM 为例（见图 5-57），重点讲解 PCB 库的制作。

图 5-57　红外接收头 HS0038B3VM 元件封装图

PCB 封装库设计步骤包括：新建 PCB 库、添加焊盘、添加丝印、添加属性信息、保存 PCB 封装，如图 5-58 所示。

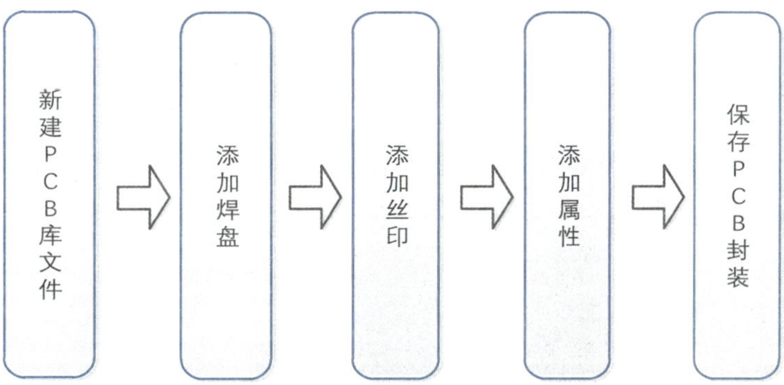

图 5-58　PCB 库设计流程图

（1）新建 PCB 文件。用鼠标单击："文件"→"新建"→ "封装"打开空白的库文件，进入 PCB 库编辑器并保存。

（2）添加焊盘。在 PCB 库编辑器画布属性中，对焊盘的单位进行设置，然后在画布中放置焊盘。放置完成后对其属性如编号、层、形状等属性进行设置。

（3）添加丝印。放置完焊盘后，将层切换到"顶层丝印层"进行丝印添加。

（4）添加属性。在"自定义属性"面板中输入封装名称、编号等信息。

（5）保存 PCB 封装。在"文件"的下拉菜单中单击"保存"命令，打开对话框进行保存。

二、新建 PCB 库

单击主界面工具栏中的"文件"按钮，如图 5-59 所示，在下拉菜单中执行"新建"→"封装"命令。

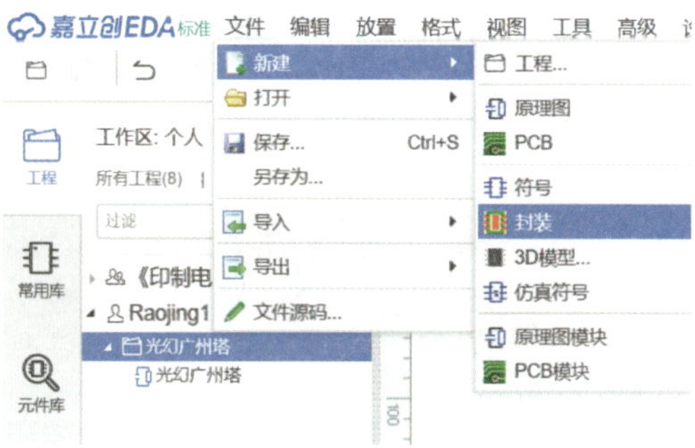

图 5-59 新建封装

点击"封装"命令，即可打开一个空白的 PCB 库文件，如图 5-60 所示。

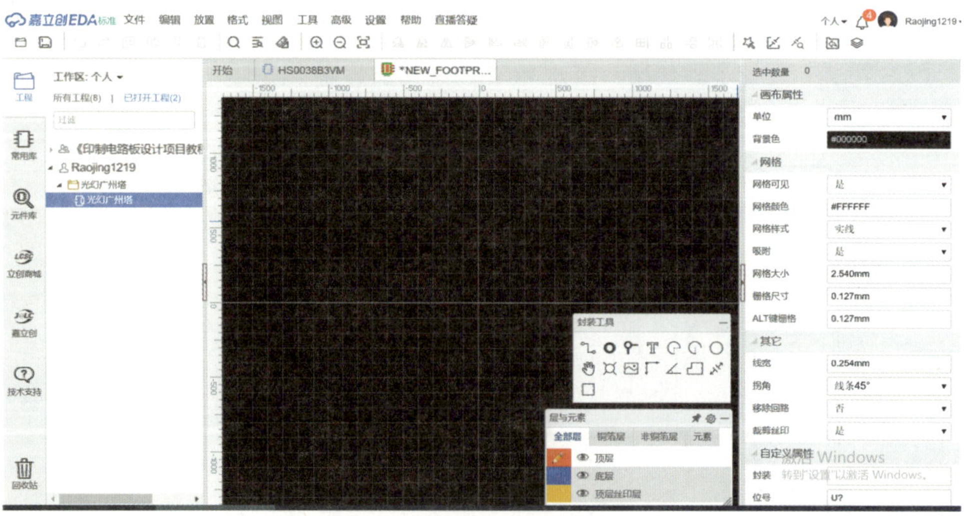

图 5-60 PCB 库设计界面

三、制作红外接收头 HS0038B3VM 封装

1. 添加焊盘

在主界面右边的“画布属性”面板中设置单位为 mm，如图 5-61 所示。单击封装工具中焊盘（P）的 按钮，如图 5-62 所示，在画布上单击，放置焊盘 1，如图 5-63 所示。

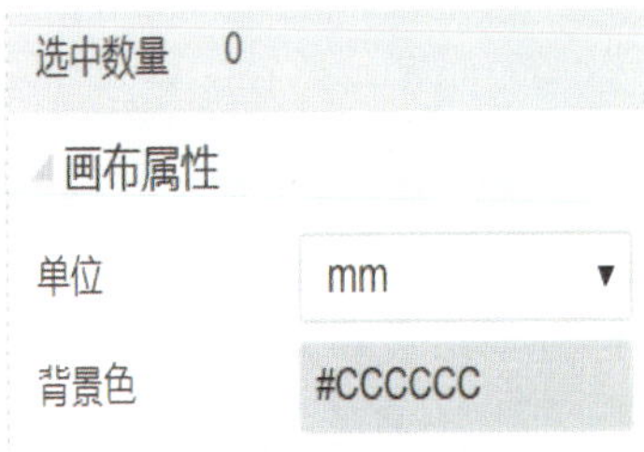

图 5-61　PCB 库画布设置

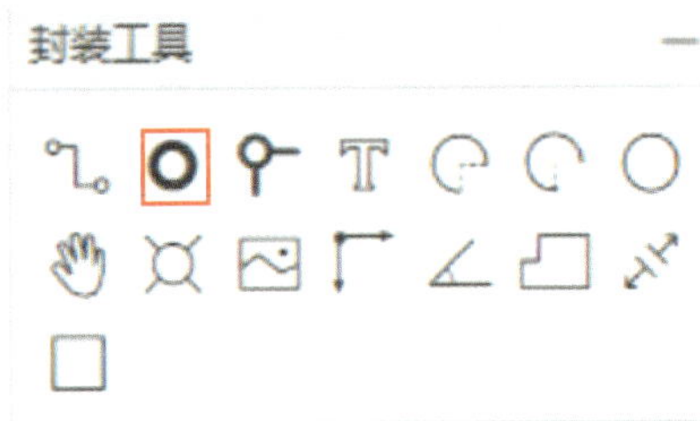

图 5-62　PCB 库画封装工具

图 5-63　放置焊盘 1

单击选中焊盘 1，在“焊盘属性”面板中设置层、形状、宽、高均采用默认值，将焊盘 1 的中心坐标设为（0，0），如图 5-64 所示。设置完成的效果如图 6-55 所示。注意：绘制 PCB 封装时，建议将焊盘的大小设置为比元件实际引脚面积稍大。

图 5-64　焊盘属性设置

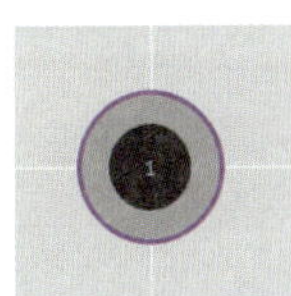

图 5-65　焊盘设置效果

其余焊盘采用复制粘贴的方式完成，具体操作为单击焊盘 1，按快捷键“Ctrl+C”复制，再按“Ctrl+V”粘贴，单击放置在画布上即可。接着在“焊盘属性”面板中将“编号”改为相应的号码即可完成，完成效果如图 5-66 所示。

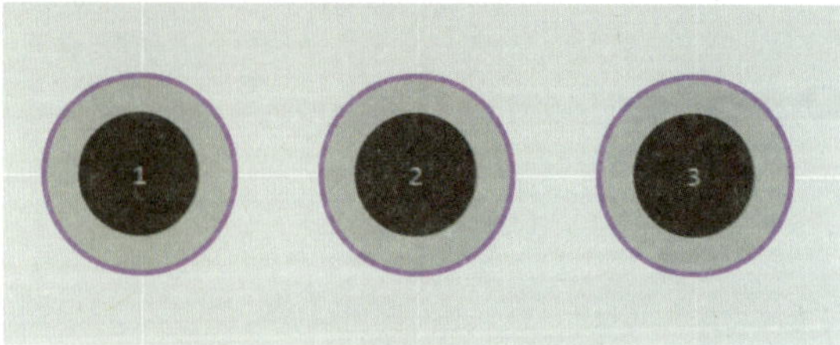

图 5-66 添加焊盘后效果图

2. 添加丝印

放置完焊盘后，需要添加丝印，用于表示元件外形以及标示元件在电路板上的位置。在“层与元素”面板中将 PCB 工作层切换到“顶层丝印”层，如图 5-67 所示。

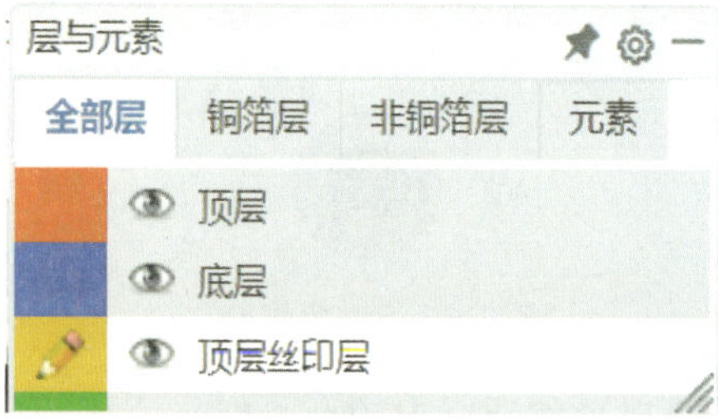

图 5-67 PCB 工作层切换到“顶层丝印”层

其次，设置栅格尺寸为 0.127 mm，线宽为 0.254 mm，拐角为 45°，如图 5-68 所示。

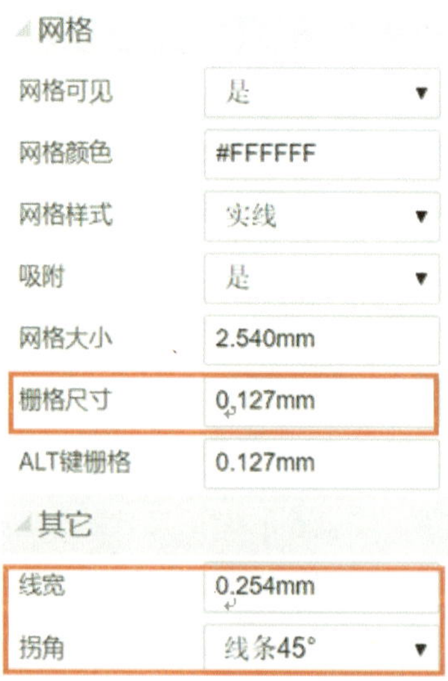

图 5-68 设置丝印参数

最后，单击封装工具中导线（W）和圆弧按钮进行丝印绘制，绘制完成后效果如图 5-69 所示。

图 5-69　封装完成效果图

3. 添加属性

在“自定义属性”面板中输入封装名称“OPTO-TH_HS0038B3VM”，编号为 RX1，如图 5-70 所示。

图 5-70　属性设置

4. 保存封装

在“文件”的下拉菜单中单击“保存”命令，打开“保存为封装”对话框，单击“保存”按钮，如图 5-71 所示。

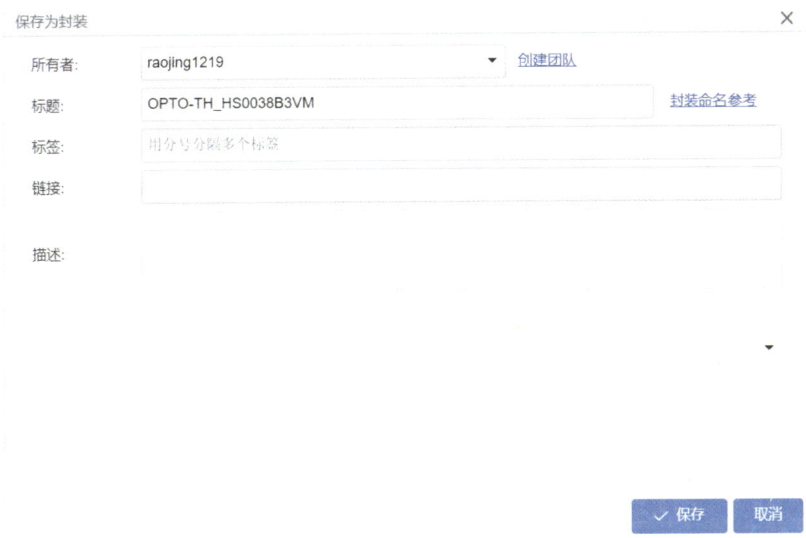

图 5-71　保存封装

至此，PCB 封装制作完毕。在“元件库”→“封装”→“工作区”中进行查看，如图 5-72 所示。

图 5-72　查看 PCB 封装

【任务评价】

光幻广州塔 PCB 封装库设计评价表如表 5-4 所示。

表 5-4　数字显示温湿度计 PCB 封装库设计评价

项目名称：____________________

姓名：__________　　班级：__________　　学号：__________

<table>
<tr><th>评价内容</th><th colspan="2">评价标准</th><th>评价要求</th><th>分值</th><th>得分</th></tr>
<tr><td>考勤纪律（10%）</td><td colspan="2">无迟到、早退、旷课情况；
遵守课堂各项纪律</td><td>迟到、早退一次扣 1 分；
旷课一次扣 2 分；
影响上课秩序一次扣 2 分</td><td>100</td><td></td></tr>
<tr><td>职业规则（10%）</td><td colspan="2">爱护公共设施、爱护个人及公共环境卫生、不得带饮料及食品进机房</td><td>视具体情况扣分</td><td>100</td><td></td></tr>
<tr><td rowspan="7">实施步骤（80%）</td><td>1. 新建 PCB 库</td><td>按照要求新建 PCB 库文件，并保存到指定路径</td><td>无操作失误</td><td>10</td><td></td></tr>
<tr><td>2. 画布属性设置</td><td>按要求对画布的指定属性进行设置</td><td>与要求不符不给分</td><td>10</td><td></td></tr>
<tr><td>3. 添加焊盘</td><td>根据要求添加焊盘</td><td>每错一处扣 1 分</td><td>20</td><td></td></tr>
<tr><td>4. 添加丝印</td><td>能正确使用封装工具；
能准确添加丝印</td><td>每错一处扣 1 分</td><td>20</td><td></td></tr>
<tr><td>5. 添加属性</td><td>按照样图正确添加属性信息</td><td>每错一处扣 1 分</td><td>20</td><td></td></tr>
<tr><td>6. 保存 PCB 元件封装</td><td>将 PCB 元件封装文件保存到相应工程目录</td><td>与要求不符不给分</td><td>10</td><td></td></tr>
<tr><td>7. 查看制作效果</td><td>元件调用到 PBC 文件中能正确使用</td><td>与要求不符不给分</td><td>10</td><td></td></tr>
<tr><td colspan="4">合　计</td><td>100</td><td></td></tr>
</table>

【任务小结】

PCB 封装库设计任务总结如图 5-73 所示。

图 5-73　任务小结

【任务拓展】

制作如图 5-74 所示元件的 PCB 封装。

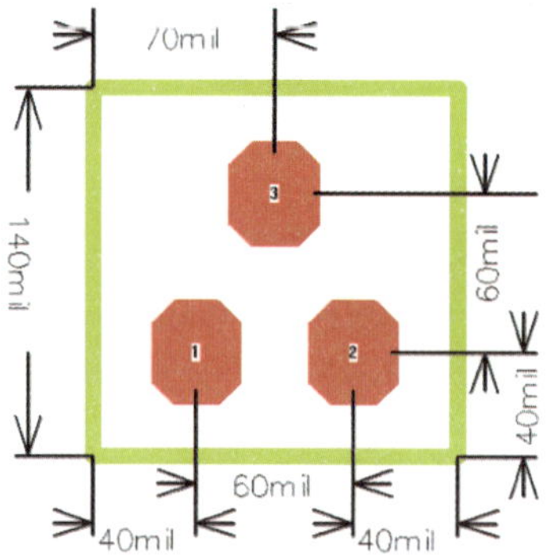

图 5-74　PCB 封装

任务四　光幻广州塔 PCB 设计

【任务目标】

1. 知识目标

（1）了解立创 EDA 进行 PCB 设计的流程。

（2）掌握将原理图导入 PCB 文件的方法。

（3）掌握边框、定位孔设计方法和 PCB 规则设置。

视频：光幻广州塔 PCB 设计

2. 能力目标

（1）掌握创建 PCB 文件的方法。

（2）掌握元件布局操作的步骤。

（3）掌握 PCB 布线操作的步骤。

（4）掌握根据要求完成流水灯 PCB 设计的方法。

【任务实施】

一、光幻广州塔 PCB 设计流程

光幻广州塔的 PCB 设计包括新建 PCB 文件、将原理图导入 PCB 文件、在 PCB 设计环境中设置 PCB 设计规则、设计印制板图的边框和定位孔等，具体流程如图 5-75 所示。

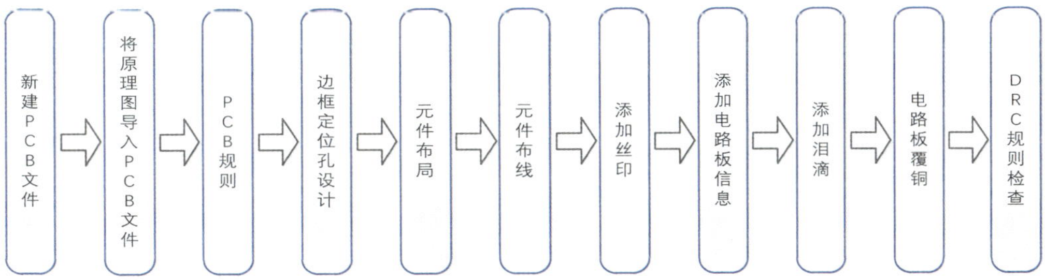

图 5-75 光幻广州塔 PCB 设计流程

（1）新建 PCB 文件。在光幻广州塔工程文件，新建一个光幻广州塔 PCB 文件，进入 PCB 编辑器。

（2）将原理图导入 PCB 文件。将光幻广州塔原理图导入到光幻广州塔 PCB 编辑器中。

（3）PCB 规则设置。在 PCB 的设计环境中设置 PCB 的设计规则

（4）边框、定位孔设计。在 PCB 编辑器中设计光幻广州塔 PCB 板的边框和定位孔。

（5）元件布局。在边框和定位孔设计好后，按照元件布局的原则对元件进行合理的布局。

（6）元件布线。在合理的布局后选择布线工具，根据布线原则以及布线注意事项在正确的层进行布线操作。

（7）添加丝印。为了方便电路板的焊接、调试、安装和维修在布线完成以后在电路板上进行丝印添加。添加时要注意丝印字符布置原则。

（8）添加电路板信息。在电路板中添加电路板信息方便对电路板进行版本管理。

（9）添加泪滴。在电路板设计过程中，常常需要在导线和焊盘或过孔的连接处补泪滴，这样做一来可以避免在电路板受到撞击时免于断裂，二来避免 PCB 在生产过程中蚀刻不均或是过孔偏位导致的裂缝。

（10）电路板覆铜。覆铜可以提高电源效率，与地线相连的覆铜可以减少环路面积。

（11）DRC 规则检查。根据设计规则对 PCB 设计进行检查。在 PCB 设计环境下，单击“设计管理器”刷新“DRC 错误”，一旦检查出错误，错误信息将会出现在目录下。

二、新建光幻广州塔 PCB 文件

如图 5-76 所示，选中光幻广州塔工程文件夹并单击右键，在右键快捷菜单中选择“新建 PCB”命令。

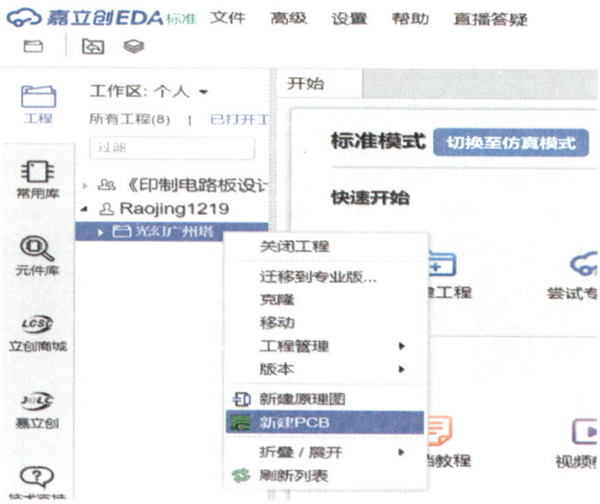

图 5-76　新建 PCB 文件

三、定义 PCB 边框大小

在新建对话框中按照图 5-77 所示设置单位、铜箔层、边框、宽、高等参数，最后点击“应用”按钮。设置边框效果如图 5-78 所示。

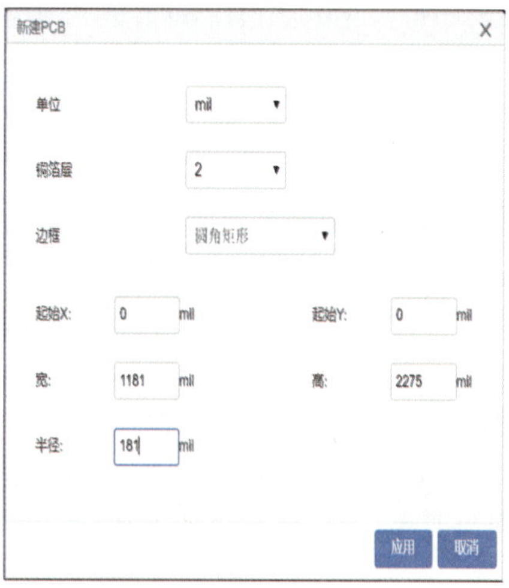

图 5-77　新建 PCB 文件图

图 5-78　PCB 边框效果

如果需要重新定义边框，则单击主菜单中“工具”→“边框设置”，如图 5-79 所示。

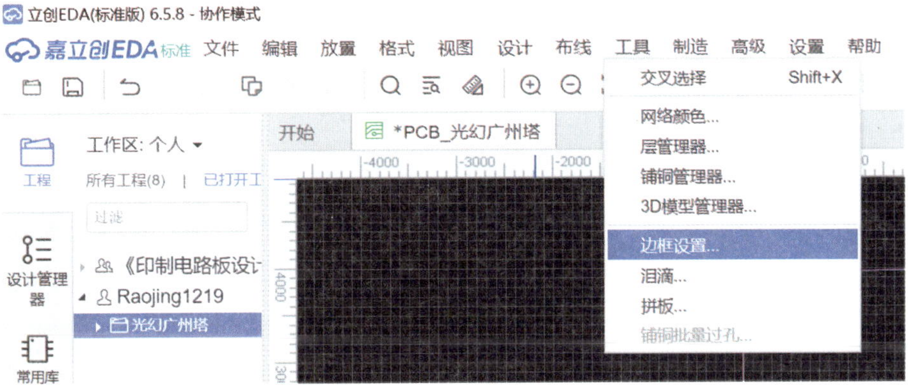

图 5-79 重新定义 PCB 边框（一）

然后在弹出的“边框设置”对话框中重新设置所需参数，设置完成后点击应用即可，如图 5-80 所示。

图 5-80 重新定义 PCB 边框（二）

四、原理图转 PCB 印制电路板

在 PCB 设计环境中，单击主菜单中“设计”→“原理图转 PCB”就可以将元件从原理图导入 PCB 中，如图 5-81 所示。

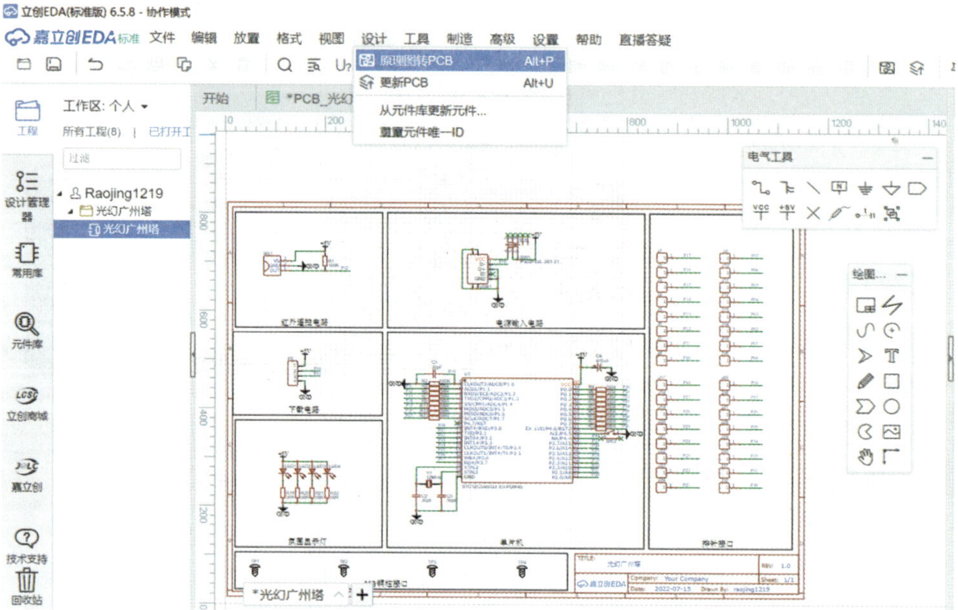

图 5-81　原理图转 PCB

当所有元件由原理图导入印制板图后，可得到如图 5-82 所示效果。

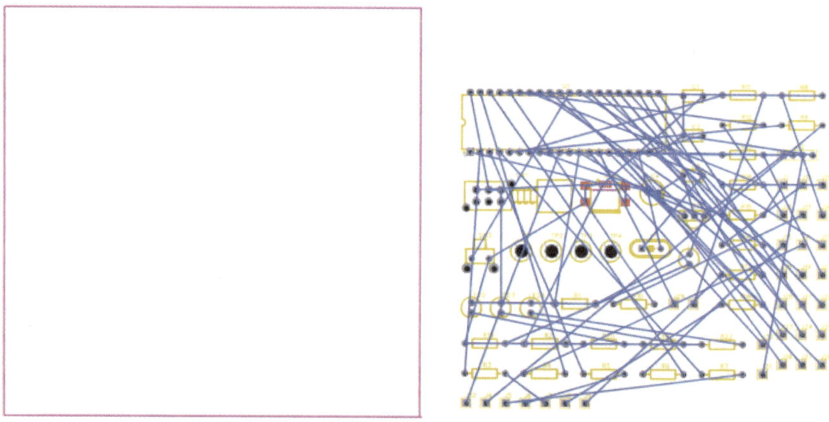

图 5-82　原理图转 PCB 效果图

五、绘制定位孔

在 PCB 的实物中，电路板的 4 个顶角需要各安放一个定位孔。单击 PCB 工具中的圆（C）○按钮，在 PCB 上绘制一个圆，然后单击选中该圆，在 PCB 板设计界面右侧的“圆属性”面板中设置圆的参数，如图 5-83 所示。属性设置完成后的圆如图 5-84 所示。

图 5-83　绘制定位孔（1）

图 5-84　绘制定位孔（2）

继续单击选中该圆，在单击鼠标右键，在右键快捷菜单中选择“转为槽孔”命令，如图 5-85 所示。转成槽孔之后的圆如图 5-86 所示。

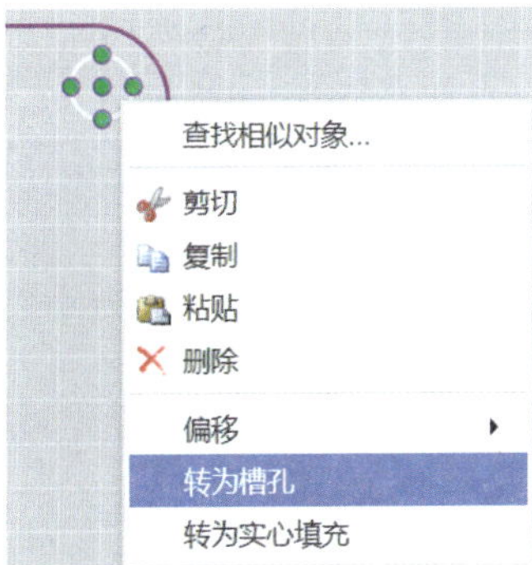

图 5-85　转为槽孔

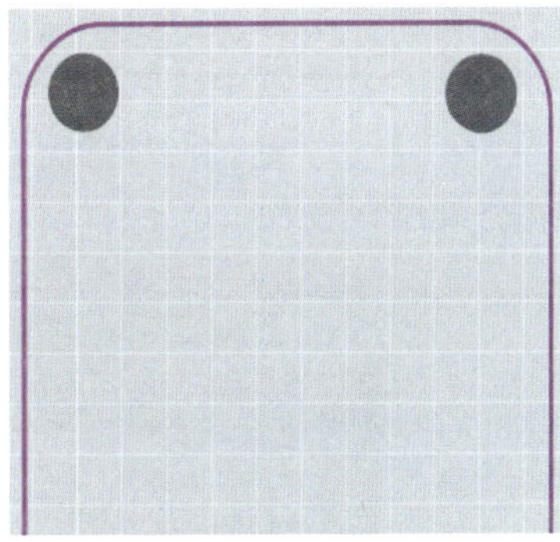

图 5-86　转为槽孔效果图

按照同样的方法设置其他方位的槽孔，4 个槽孔全会绘制完成的效果如图 5-87 所示。

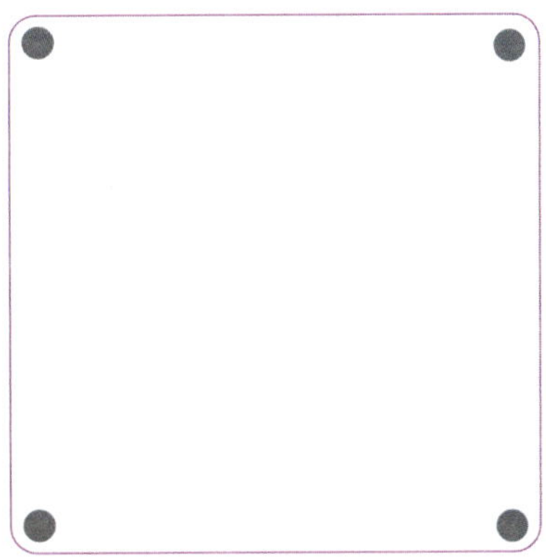

图 5-87　4 个定位孔完成效果图

单击主菜单中的“视图”按钮，在下拉菜单中选择“3D 预览”命令，如图 5-88 所示，可查看设置槽孔后的 3D 预览图。

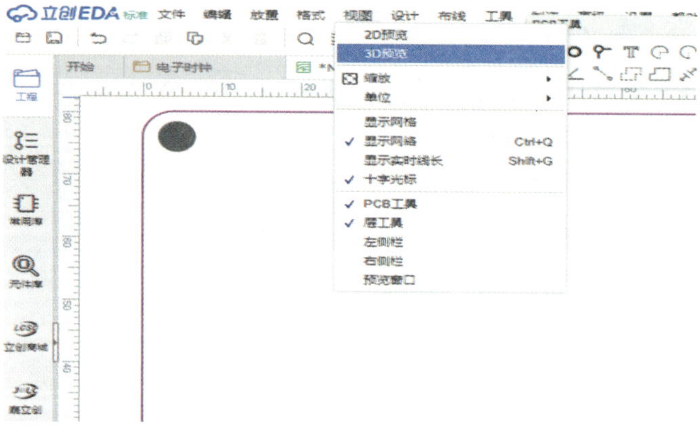

图 5-88　3D 预览命令

在设计 PCB 时，常常会在定位孔的外侧增加一个丝印圈，为的是提醒设计者在进行 PCB 布线时不要距离定位孔太近，以避免 PCB 打样钻孔时将布线切掉。

在层与元素面板中选择顶层丝印层；然后单击 PCB 工具中按圆（C）◯按钮，在 PCB 中绘制一个圆，单击选中该圆，在 PCB 设计界面右侧的“圆属性”面板中设置圆的参数，如图 5-89 所示。通过同样的方式或是通过复制、粘贴的方式完成其他丝印圈的放置，如图 5-90 所示。

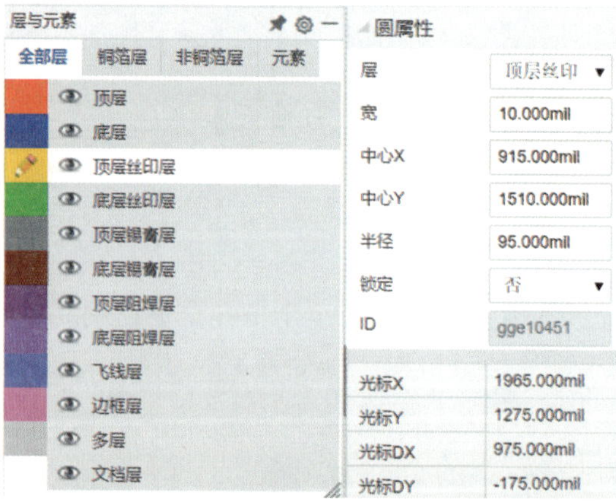

图 4-89　设置定位孔丝印圈属性

图 5-90　定位孔丝印圈效果图

六、元件的布局

布局是将元件按照一定的规则在 PCB 中摆放的过程。布局合理，后继的布线操作才会相对容易。

1. 布局原则

布局一般要遵循以下原则：

（1）布线最短原则。例如，集成电路的去耦电容应尽量放置在相应的 VCC 和 GND 引脚之间，且距离集成电路尽可能近，使之与 VCC 和 GND 之间形成的回路最短。

（2）将同一功能模块集中原则。即实现同一功能的相关电路模块中的元件就近集中布局。

（3）“先大后小，先难后易”原则。即重要的单元电路、核心元件应优先布局。

（4）布局应参考原理图，根据电路的主信号流向规律放置主要元件。

（5）元件的排列要便于调试和维修，即小元件周围不能放置大元件，需调试的元件周围要有足够的空间。

（6）同类型插件元件在 X 轴或 Y 轴方向上应朝同一个方向放置。同一种类型的有极性分立元件也要尽量在 X 轴或 Y 轴方向上保持一致，以便于生产和检验。

（7）布局时，位于电路边缘的元件，离电路板边缘一般不小于 2 mm，如果空间容许，建议距离设置为 5 mm。

（8）布局晶振时，应尽量靠近集成电路，且与晶振相连的电容要紧邻晶振。

2. 布局基本操作

进行元件布局时，应掌握以下基本操作。

（1）交叉选择：用于切换原理图符号和 PCB 封装之间的对应位置。在原理图中选中一个元件，单击主菜单中的“工具”按钮，在下拉菜单中选择“交叉选择”命令，如图 5-91 所示。或是使用快捷键“Shift+X”，即可切换至 PCB 封装并高亮显示该元件的 PCB 封装。

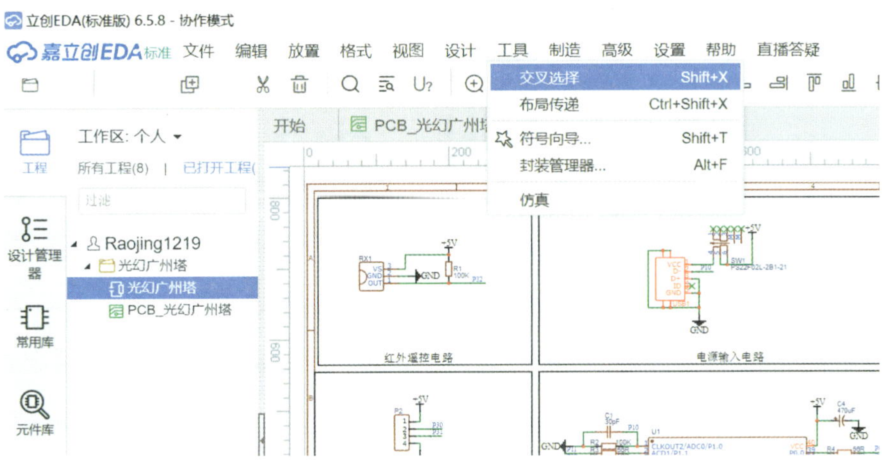

图 5-91　交叉选择

注意，在使用该功能之前，应确保 PCB 已经保存；如果没有打开 PCB，编辑器会自动打开；若工程内含有多个 PCB 文件且都尚未打开，则编辑器会自动打开第一个。

（2）布局传递：在原理图中，同一模块电路中的元件一目了然，但是当原理图中的元件被更新到 PCB 之后，具有相同封装的元件会被放置在同一列，无法区分各模块电路中的元件，为此，立创 EDA 提供了“布局传递”功能。布局传递是将元件在原理图中的布局位置传递到 PCB 中的元件封装布局位置。

（3）元件复选：按下 Ctrl 键，同时单击元件，即可实现多个元件的复选。

（4）元件对齐：首先选中需要对齐的元件，然后单击工具栏中的“格式”按钮，在下拉菜单中选择所需要的对齐操作即可实现元件的对齐摆放，如图 5-92 所示。

（5）元件旋转：单击选中待旋转的元件，然后单击工具栏中的“格式”按钮，在下拉菜单中选择需要的操作即可实现元件的旋转，如图 5-93 所示。也可选中元件，按空格键实现元件旋转。注意，PCB 封装不支持镜像操作。

图 5-92　元件对齐

图 5-93　元件旋转

光幻广州塔布局完成后的效果图如图 5-94 所示。

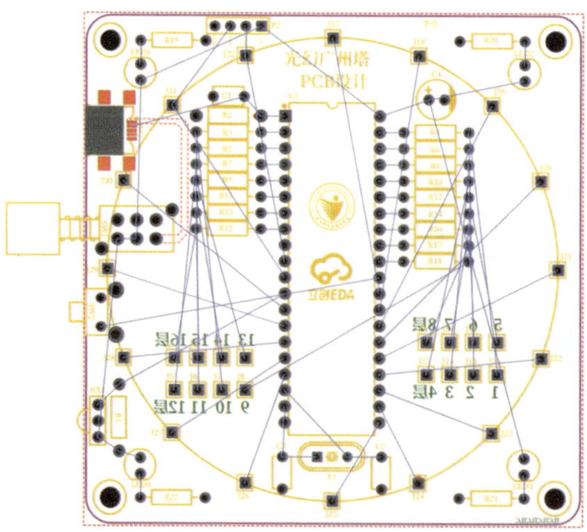

图 5-94　光幻广州塔电路 PCB 布局完成效果图

图 5-94 所示的光幻广州塔电路 PCB 布局完成效果图中有飞线，这些飞线会影响视觉效果，可以把飞线隐藏，如图 5-95 所示。

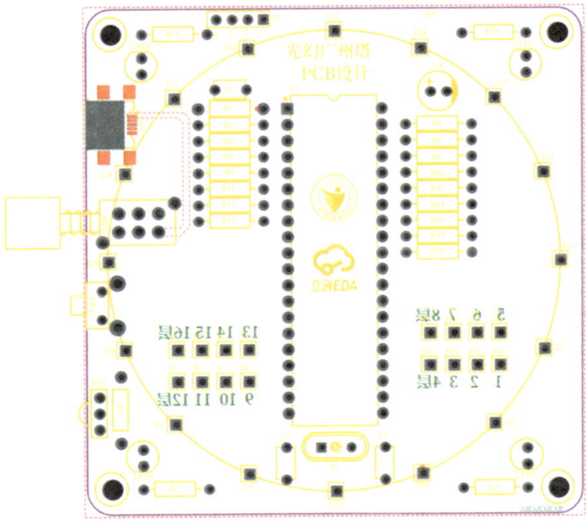

图 5-95　光幻广州塔电路 PCB 布局完成效果图（隐藏飞线）

七、元件的布线

1. 布线基本操作

（1）关闭飞线。飞线是基于相同网络产生的，当两个焊盘的网络相同时，将会出现飞线，表示这两个焊盘可以通过导线连接。如果需要关闭某条网络的飞线（即隐藏飞线），可以在设计管理器中取消勾选该网络，待布线完成后再打开，这样可以减少飞线对布线的干扰。如图 5-96、图 5-97 所示。

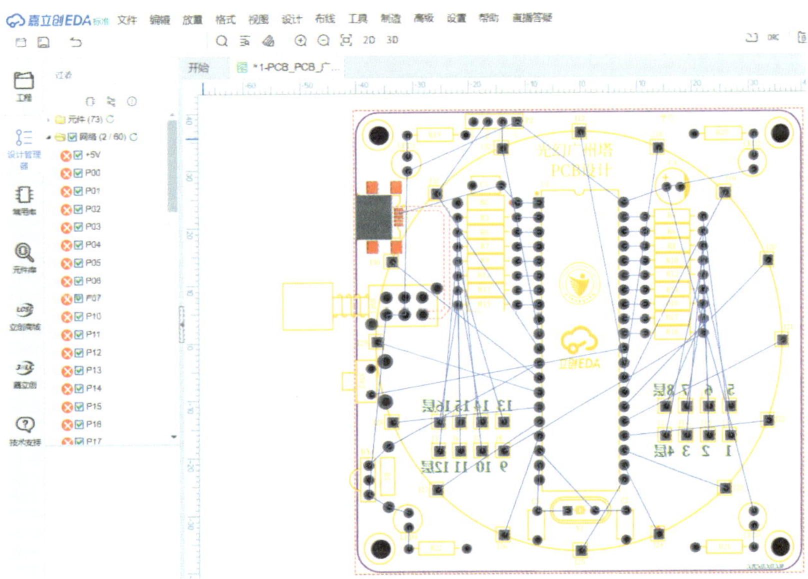

图 5-96　关闭飞线前效果图

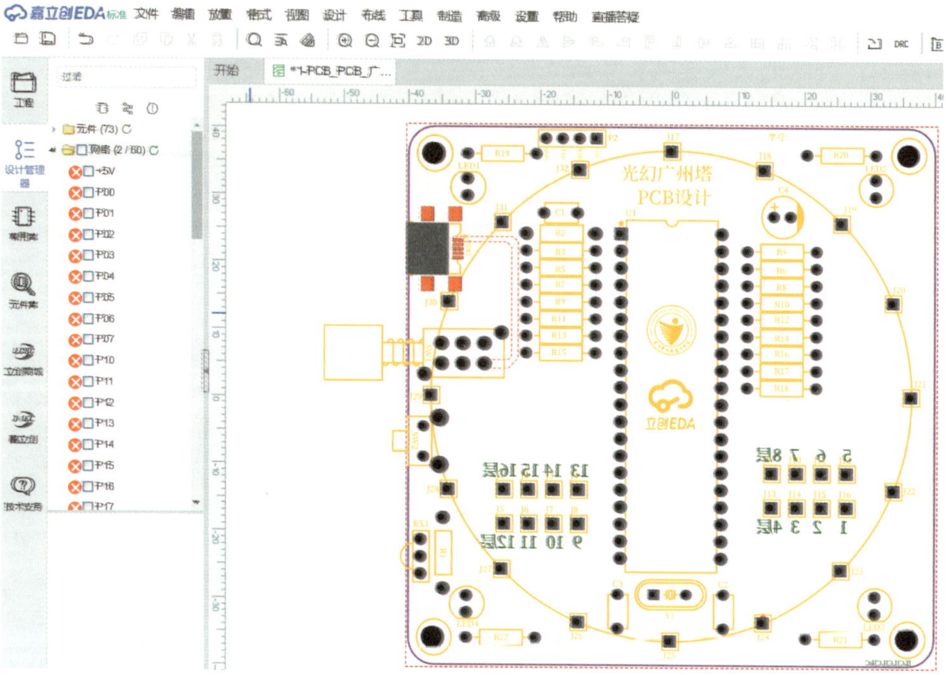

图 5-97　关闭飞线后效果图

（2）选择布线工具。单击 PCB 工具中的导线（W）按钮，或按快捷键（W），在画布上单击“开始绘制”，再次单击“确认”布线。单击鼠标右键可取消布线，再次单击鼠标右键即可退出布线模式。布线时要选择正确的层，铜箔层和非铜箔层都可用该布线工具绘制导线。

（3）修改导线属性。首先选择待修改属性的一段导线，然后在 PCB 设计环境右侧的“导线属性”面板中修改即可，如图 5-98 所示。

图 5-98　修改导线属性

（4）切换布线活动层。在顶层绘制一段导线，单击“确认”布线，然后按“B”键，可以自动添加过孔，并自动切换到底层继续布线。按 T 键可由底层切换至顶层。

（5）调节导线线宽。在布线过程中，按“+”“-”键可以调节当前导线的线宽，线宽以 2 mil 的幅度递增或递减。也可以按 Tab 键修改线宽的参数。如果在布完一段导线后，要增大下一段导线的线宽，则先按“L”键，再按“+”键调整。

（6）移动导线线段。单击选中一段导线，拖动即可调节其位置。

（7）切换布线角度。在布线过程中，按 L 键可以切换布线角度。布线角度有 4 种：90°布线、45°布线、任意角度布线和弧形布线。按空格键可以切换当前布线的角度。

（8）高亮显示网络。单击选中待高亮显示的网络的其中一段导线，按“H”键可以高亮显示该网络的所有导线，再次按“H”键，可以取消高亮显示。

（9）删除导线。在布线的过程中，要撤销上一段布线可以通过按“Delete”键实现；要删除导线的某一线段，可以按下“shit”键，同时双击要删除的线段，或者选中要该线段，然后单击鼠标右键，在右键快捷菜单中选择“删除线段”命令即可实现。

（10）布线冲突。在 PCB 设计过程中，需要打开布线冲突中的“阻挡”功能，如图 5-99 所示。这样在布线过程中，不同网络之间将不相连。

（11）布线吸附。在布线过程中，需要打开“吸附”功能，如图 5-100 所示，这样布线时将自动吸附在焊盘的中心位置。

图 5-99　布线冲突

图 5-100　布线吸附

2. 布线注意事项

（1）电源主干线原则上要加粗（尤其是电路板的电源输入输出线）。

（2）PCB 布线不要距离定位孔和电路板边框太近，否则在进行 PCB 钻孔加工时，导线很容易被切掉一部分甚至被切断，如图 5-101 所示。

图 5-101　布线吸附

（3）同一层禁止 90°拐角布线，不同层之间允许过孔 90°布线。此外，布线时尽可能遵守一层水平布线、另一层垂直布线原则。

（4）高频信号线不要加粗，尽可能布线在同一层。

（5）根据布线规则，光幻广州塔电路布线完成效果如图 5-102 所示。

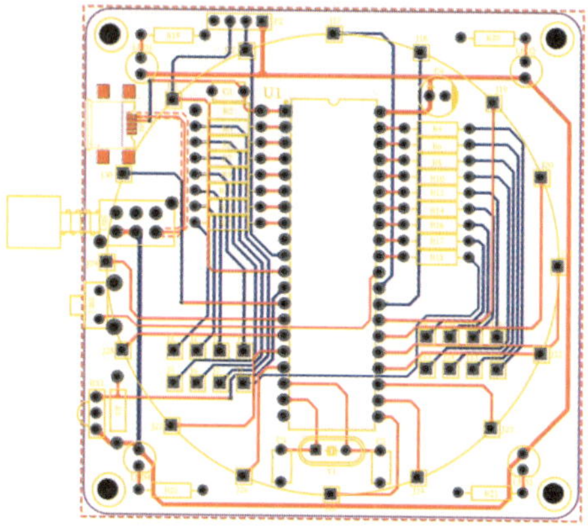

图 5-102　光幻广州塔布线效果图

八、丝　印

丝印是指印刷在电路板表面的图案和文字，丝印字符布置原则是“不出歧义，见缝插针，美观大方”。添加丝印就是在 PCB 的上下表面印刷上所需要的图案和文字等，主要是为了方便电路板的焊接、调试、安装和维修等。

（一）添加丝印

1. 在顶层丝印层添加丝印

在“层与元素”面板中选择“顶层丝印层”，如图 5-103 所示。

单击 PCB 工具中的 T 按钮，这时指针处会出现 TEXT 字符，接着按“Tab”键，在弹出的“属性”文本框中输入要添加的丝印文本，如图 5-104 所示，然后单击“确定”按钮。

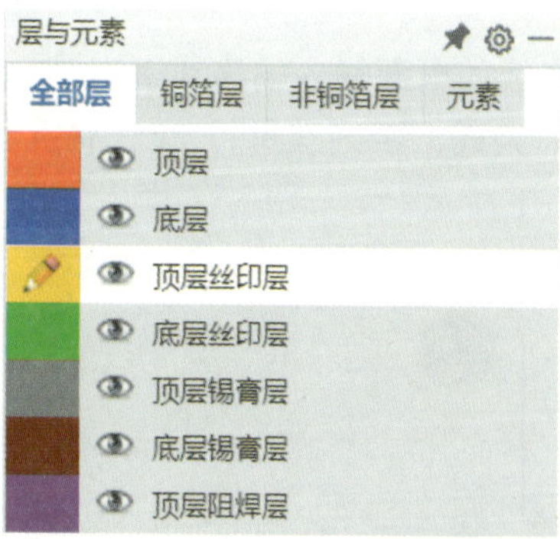

图 5-103　选择顶层丝印层

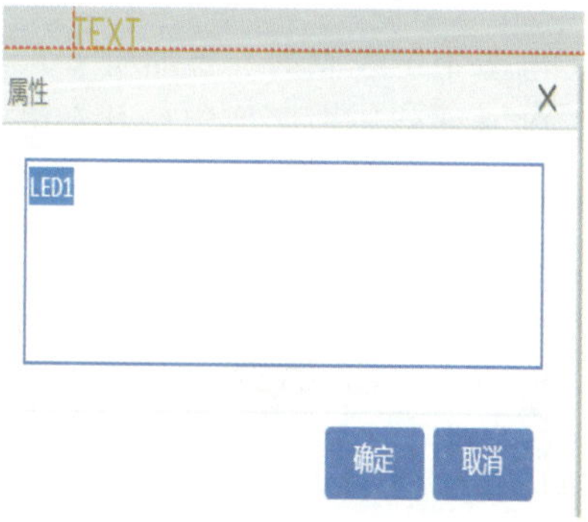

图 5-104　输入丝印文本

这时指针处的 TEXT 文本变成 LED1，单击放置在 PCB 相应的位置上。然后，单击选中丝印 LED1 在 PCB，设计环境右侧的“文本属性”面板中修改文本的线宽、高等参数，如图 5-105 所示。

2. 在底层丝印层添加丝印

在“层与元素”面板中选择“底层丝印层”，其余操作与在顶层丝印层添加丝印相似，也可在“文本属性”面板中的“层”下拉菜单中选择“底层丝印”，将顶层丝印切换为底层丝印。顶层丝印和底层丝印效果图如图 5-106 所示，两者呈镜像关系。

图 5-105　修改文本丝印属性

图 5-106　顶层丝印和底层丝印

（二）丝印方向

丝印的摆放方向应遵守“从左到右，从上到下″的原则。也就是说，如果丝印是横排的，则首字母须位于左侧；如果丝印是竖排的，则首字母须位于上方。

九、添加电路板信息

为了便于产品管理，可在电路板上添加电路板名称。下面详细介绍如何添加电路板名称。

在“层与元素”面板中选择“顶层丝印层”，单击 PCB 工具中的 T 按钮，然后按 Tab 键，在弹出的“属性”。文本框中输入“项目五 广州塔”（见图 5-107）。也可以设置文本属性，然后放置在合适的位置。

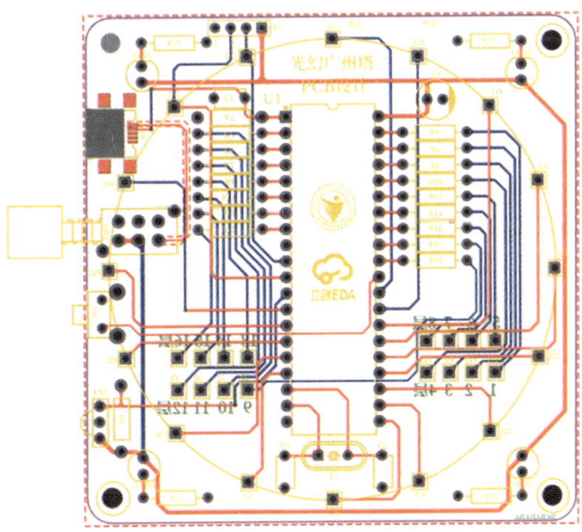

图 5-107　添加电路板信息

十、覆　铜

覆铜是指将电路板上没有布线的部分用固体铜填充，又称为灌铜，一般与电路的一个网络相连，大多数情况与 GND 网络相连。对大面积的 GND 或电源网络覆铜将起到屏蔽作用，可提高电路的抗干扰能力。此外，覆铜还可以提高电源效率，与地线相连的覆铜可以减小环路面积。

对于光幻广州塔电路项目，将覆铜网络设置为 GND。以顶层覆铜为例，首先在“层与元素”面板中选择“顶层”，单击 PCB 工具中的 按钮，或按 E 键开始绘制覆铜。在 PCB 边框外部沿着绘制一个比边框略大的矩形框，结束绘制时单击鼠标右键，系统将自动填充，如图 5-108 所示。

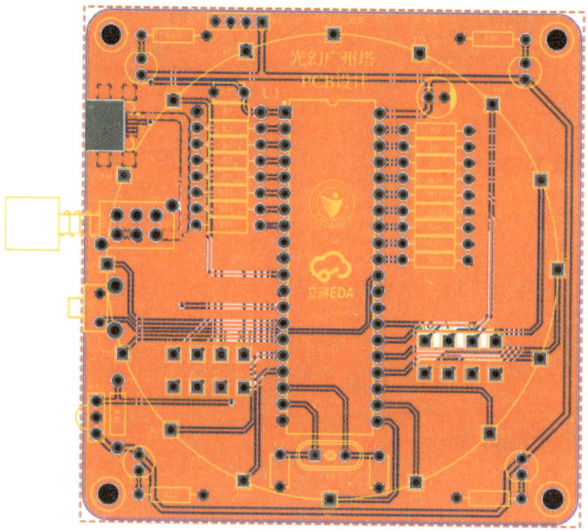

图 5-108　顶层覆铜

完成顶层覆铜后，按照同样的方法给底层进行覆铜，底层覆铜后如图 5-109 所示。

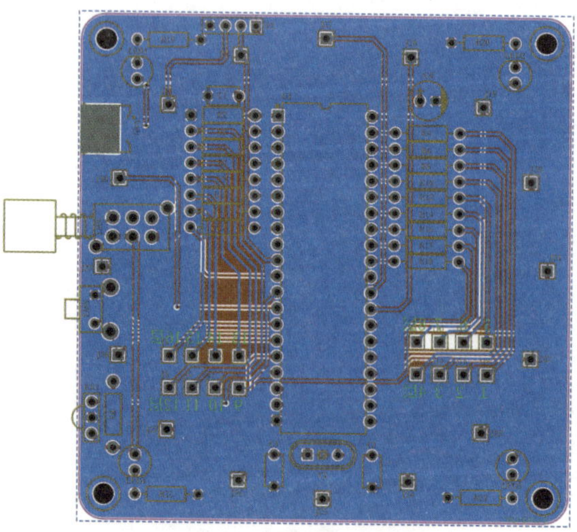

图 5-109　底层覆铜

选中覆铜线框，可在 PCB 设计环境右侧的“覆铜属性”面板中修改属性，如图 5-110 所示。如果对 PCB 做了修改，或者修改了覆铜属性，则可通过单击“重建覆铜区”按钮或按快捷键“Shift+B”重建所有覆铜区，无须重新绘制覆铜区。如果要清除所有覆铜区，可按快捷键“Shift+M”。

图 5-110　覆铜属性

十一、DRC 规则检查

DRC 规则检查是根据设计者设置的规则对 PCB 设计进行检查。在 PCB 设计环境下，单击打开“设计管理器”，然后刷新“DRC 错误”，如图 5-111 所示。一旦检查出 PCB 有违反规则的地方，错误信息将会显示在“DRC 错误”目录下。

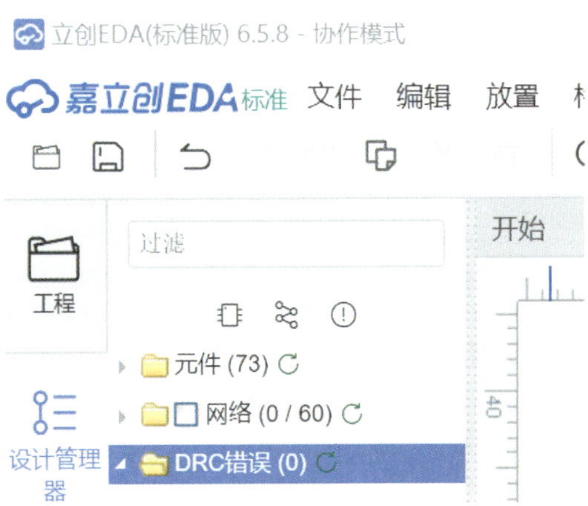

图 5-111　DRC 规则检查

【任务评价】

光幻广州塔 PCB 设计评价表如表 5-5 所示。

表 5-5　光幻广州塔 PCB 设计评价

项目名称：________________

姓名：________　　班级：________　　学号：________

<table>
<tr><th>评价内容</th><th colspan="2">评价标准</th><th>评价要求</th><th>分值</th><th>得分</th></tr>
<tr><td>考勤纪律（10%）</td><td colspan="2">无迟到、早退、旷课情况；
遵守课堂各项纪律</td><td>迟到、早退一次扣 1 分；
旷课一次扣 2 分；
影响上课秩序一次扣 2 分</td><td>100</td><td></td></tr>
<tr><td>职业规则（10%）</td><td colspan="2">爱护公共设施、爱护个人及公共环境卫生、不得带饮料及食品进机房</td><td>视具体情况扣分</td><td>100</td><td></td></tr>
<tr><td rowspan="10">实施步骤（80%）</td><td>1.新建 PCB 文件</td><td>在 PCB 工程中新建 PCB 文件并保存</td><td>无操作失误</td><td>5</td><td></td></tr>
<tr><td>2.将原理图导入 PCB 文件</td><td>能把原理图直接转换成 PCB 文件</td><td>无操作失误</td><td>5</td><td></td></tr>
<tr><td>3.PCB 规则设置</td><td>能按要求设置 PCB 边框参数；
完成间距设置、线宽设置、孔外径设置、孔内径设置、线长设置</td><td>每错一处扣 2 分，扣完为止</td><td>10</td><td></td></tr>
<tr><td>4.定位孔设计</td><td>能准确绘制定位孔</td><td>与要求不符不给分</td><td>20</td><td></td></tr>
<tr><td>5.元件布局</td><td>能按要求及原则进行 PCB 元件布局</td><td>无操作失误</td><td>10</td><td></td></tr>
<tr><td>6.元件布线</td><td>能按要求及原则进行 PCB 布线</td><td>无操作失误</td><td>10</td><td></td></tr>
<tr><td>7.添加丝印</td><td>能按要求添加丝印</td><td>每错一处扣 1 分，扣完为止</td><td>10</td><td></td></tr>
<tr><td>8.添加电路板信息</td><td>能按要求添加电路板信息</td><td>每错一处扣 1 分，扣完为止</td><td>10</td><td></td></tr>
<tr><td>9.电路板覆铜</td><td>能按要求进行双面或单面覆铜</td><td>无操作失误</td><td>10</td><td></td></tr>
<tr><td>10.DRC 规则检查</td><td>DRC 规则检查无误</td><td>无操作失误</td><td>10</td><td></td></tr>
<tr><td colspan="4">合　计</td><td>100</td><td></td></tr>
</table>

【任务小结】

光幻广州塔 PCB 印制板设计总结如图 5-112 所示

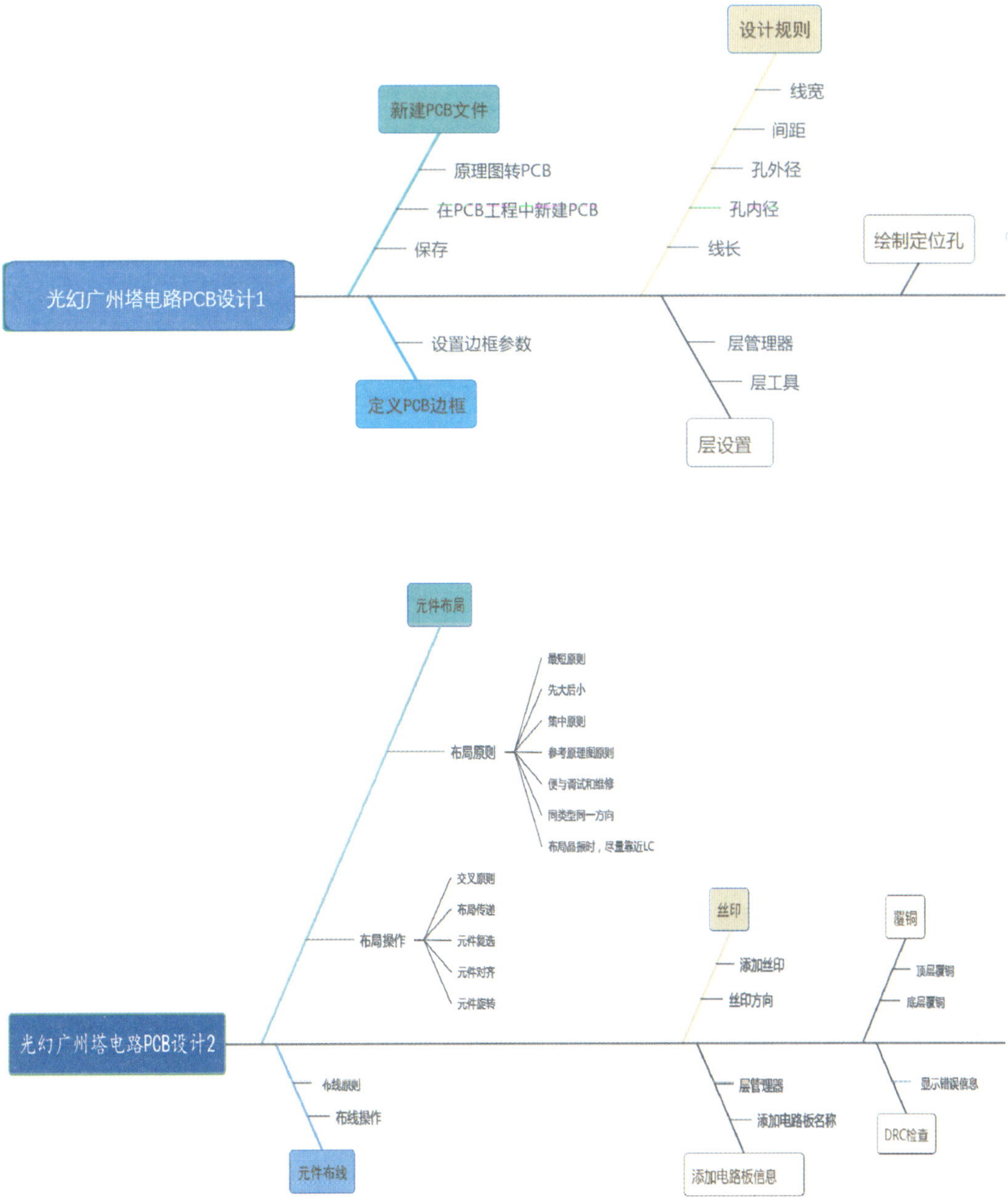

图 5-112 光幻广州塔 PCB 设计总结

【任务拓展】

数模转换（D/A）电路印制电路板设计

数模转换（D/A）电路采用 8 位 D/A 转换器芯片 DAC0832、双运放放大器 LM358、电阻、电容等元件构成。

下面提供电路的参考元件清单（见表 5-6）及印制电路板 2D、3D 预览图（见图 5-113、图 5-114），请根据相关要求绘制电路原理图及 PCB 图。

表 5-6　数模转换（D/A）电路元件清单

编号	元件名称	位号	封装	数量
1	1nF	C2,C3,C4	CAP-TH_L8.0-W4.3-P5.00-D0.5	3
2	J6	J6	HDR-TH_3P-P2.54-V-M	1
3	HDR-M-2.54_1x8	J7	HDR-M-2.54_1X8	1
4	HDR-M-2.54_1x1	]8	HDR-M-2.54_1X1	1
5	HDR-M-2.54_1x3	J9	HDR-M-2.54_1x3	1
6	1.2k	R2,R3,R5	RES-TH_BD2.3-L6.5-P10.50-D0.5	3
7	500	R4	RES-TH_BD2.3-L6.5-P10.50-D0.5	1
8	DACO832	U2	DIP-20_L26.8-W6.4-P2.54-LS7.6-BL	
9	LM358	u3	DIP-8_L9.2-W6.3-P2.54-LS7.62-BL	

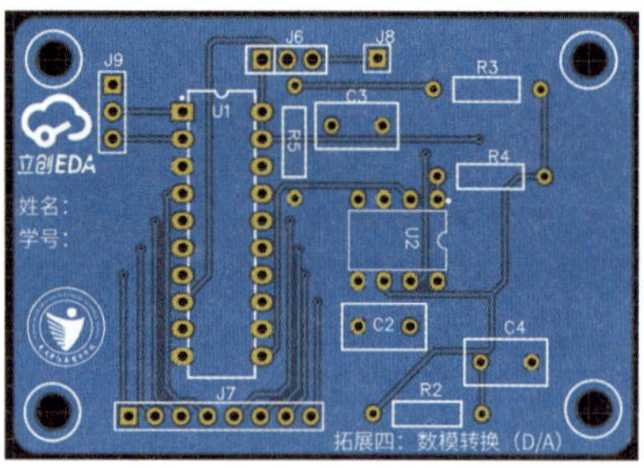

图 5-113　数模转换（D/A）电路印制板 2D 预览

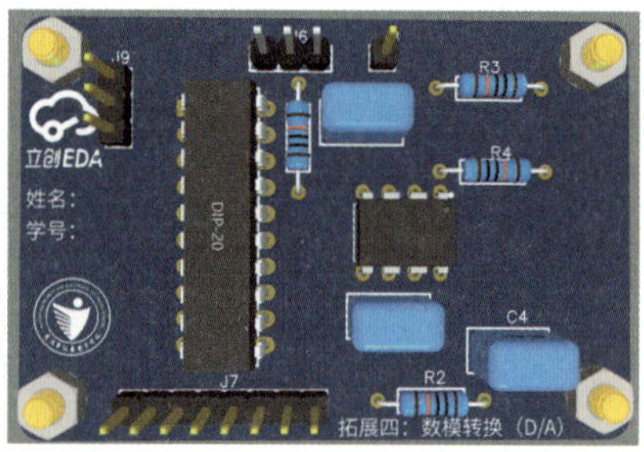

图 5-114　数模转换（D/A）电路印制板 3D 预览

1. 原理图设计

建立名为数模转换（D/A）电路原理图文件，并设置原理图图纸尺寸为 A4。

2. PCB 设计

要求：

（1）电路板尺寸为不大于：4 000 mil（宽）×3 800 mil（高）；

（2）信号线宽 10 mil，VCC 线宽 20 mil，接地线宽 30 mil；

（3）对地线在整板的顶层和底层放置铺铜。

3. 扫码观看参考案例

视频：数模转换（D/A）电路

【项目评价】

总结项目实施情况，填写表 5-7 所示的项目评价表。

表 5-7　项目小结评价表

项目名称：________________________

姓名：__________　　　　班级：__________　　　　学号：__________

<table>
<tr><td colspan="5">一、项目小结及自评（100 分）</td></tr>
<tr><td rowspan="3">完成哪些任务</td><td colspan="4"></td></tr>
<tr><td colspan="4"></td></tr>
<tr><td colspan="4"></td></tr>
<tr><td>遇到的难点</td><td colspan="4"></td></tr>
<tr><td>解决的方法</td><td colspan="4"></td></tr>
<tr><td>收获了哪些知识与技能</td><td colspan="4"></td></tr>
<tr><td>体会到哪些职业素质（团队协作精神，勤奋敬业精神、钻研创新精神等）</td><td colspan="4"></td></tr>
<tr><td colspan="5">二、小组互评（100 分）</td></tr>
<tr><td>语言沟通能力</td><td colspan="4"></td></tr>
<tr><td>团队合作精神</td><td colspan="4"></td></tr>
<tr><td colspan="5">三、师评（100 分）</td></tr>
<tr><td>按时完成情况</td><td colspan="4"></td></tr>
<tr><td>项目完成质量</td><td colspan="4"></td></tr>
<tr><td>解决问题的能力</td><td colspan="4"></td></tr>
<tr><td>任务创新点</td><td colspan="4"></td></tr>
<tr><td rowspan="2">项目综合评价</td><td>自评（35%）</td><td>互评（15%）</td><td>师评（50%）</td><td>项目综合得分</td></tr>
<tr><td></td><td></td><td></td><td></td></tr>
</table>

【知识链接】

PCB 设计规则

为了使电路板在后续工作过程中保持良好的性能，在 PCB 设计中常常需要添加设计规则，如线间距、线宽、不同电气节点的最小间距等。不同的 PCB 设计有不同的规则要求，因此每个 PCB 设计项目开始之前都要设计相应的规则。学习完本节后，建议读者查阅相关文献了解更多设计规则。

在 PCB 设计环境中，单击工具栏中的“设计”按钮，在下拉菜单中选择“设计规则”命令，如图 5-115 所示。也可在画布中单击鼠标右键，在右键快捷菜单中选择“设计规则”命令。

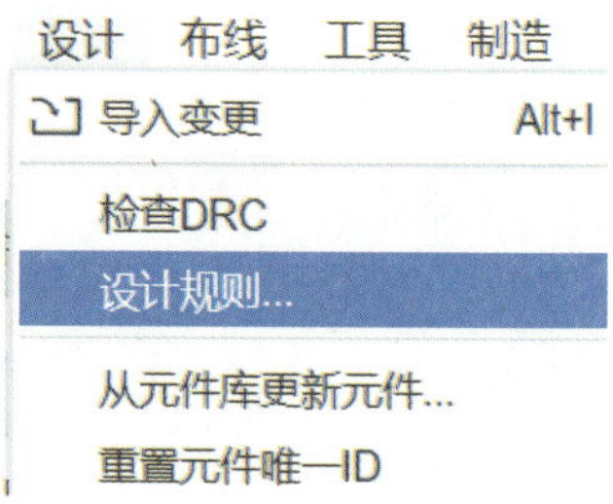

图 5-115 设计规则

“设计规则”包括以下参数：

（1）规则：默认为 Default，单击“新增”按钮，可以设计多个规则。规则支持自定义名称，每个网络只能应用一个规则，每个规则可以设置不同的参数。

（2）线宽：当前规则的导线宽度。PCB 中的导线宽度不能小于规则线宽。

（3）间距：当前规则的元素间距。PCB 中具有不同网络的两个元素之间的间距不能小于规则间距。

（4）孔外径：当前规则的孔外径。PCB 中的孔外径不能小于规则孔外径，如通孔的外径、圆形多层焊盘的外径等，都要大于或等于规则孔外径。

（5）孔内径：当前规则的孔内径。PCB 中的孔内径不能小于规则孔内径，如过孔的内径、圆形多层焊盘的内径等，都要大于或等于规则孔内径。

（6）线长：当前规则的导线总长度。相同网络的导线总长度不能大于规则线长，否则会报错。如果输入框留空，则不限制导线长度。总长度包括导线、圆弧的长度。

【素养链接】

大国工匠：海尔集团首席技师崔惠峰

业精于勤 行成于思

崔惠峰今年 32 岁，是海尔集团冰箱工厂的一名工人。他已经在海尔的工厂里工作了 12 年，12 年来他每天的工作都是对着生产线上的冰箱，但他从没有感到厌倦。他说做一项工作，就要兢兢业业、勤勤恳恳。他能在 120 个不同工种的工位上熟练操作，改进了 30 多项冰箱生产工艺，编写了 200 多份工作标准化指导书。我们问他这些成绩都是从何而来，腼腆的他却几乎不假思索，说这都是同事一起努力的结果。

低调小伙如何一鸣惊人

崔惠峰 1984 年出生在山东滨州的一个农村家庭，2004 年他加入海尔集团成为一名冰箱装配工人。那一年还是学徒的他估计不会想到 10 年之后自己可以站在冠军的领奖台。

崔惠峰说，刚到工厂什么都不懂，师傅教什么，自己就学什么。但他渐渐发现如果仅仅是进行这种流水账一样的工作，自己并不能得到进步和提高。于是他开始主动出击，遇到不懂的问题就求教师傅和同事，解不开的技术疑问就找专家解答。稳重的性格让他能够沉下心来思考，也有毅力坚持。

崔惠峰待过焊接、灌注、注料等 120 多个冰箱生产的岗位，每个岗位他都可以熟练操作。后来他担任了冰箱总装、发泡工序班的组长，练就了冰箱制造装配的技能和绝技专长，也开始慢慢向新来的工人传授自己的技术和体会。

2014 年，默默无闻的崔惠峰成为在海尔集团人尽皆知的明星。凭借扎实的技能功底，他在青岛市第十三届创客技能大赛上一鸣惊人，创造了 4 分 30 秒装配一台冰箱的纪录。辉煌的背后，是日复一日的坚守和从不懈怠的勤勉。

智慧和匠心孕育硕果

冰箱的制造过程在现代机械的帮助下已经变得并不复杂，人需要参与的劳动过程相比以前已经大为减少。随着工业 4.0 时代的到来，海尔集团提出了“互联工厂”的概念，提前布局未来可能改变的生产方式。

新的工作方式要求高素质的人才。崔惠峰通过网络、电视等各个渠道对新的生产方式和前沿技术进行了深入的了解和学习，他察觉到每次工业的变革，都是对一线工人的大考，如果不能及时跟上时代的发展，就会被时代淘汰。

在自我追赶的过程中，崔惠峰在业务上更加得心应手，他不仅能熟练操作各种新型设备，并且开始在工作中改进工艺和流程。最让他感到满意的，是他对冰箱焊接工艺的改进。焊接是冰箱制造的重点工序，人员技能要求高，整体质量把控极为严格。焊接用的银焊条要焊一次蘸一次焊粉，这是国内行业的通用做法，但焊接工人反映这种方式既影响操作节奏，又影响质量和现场整洁，崔惠峰自己也多次受到这个问题的困扰。

有没有更好的解决方案？他不停地查阅资料，找到专家一起探讨关于这方面的知识，与同事领导反复沟通，在半年多的时间里进行了各种尝试和努力，最终崔惠峰成功地引入药芯焊条新技术，使焊接过程可以持续进行，省去了繁杂的蘸粉环节，既提高了工作效率，又节省了生产成本。

坚守一线演绎“工匠精神”

在冰箱制造过程中，崔惠峰还提出了多项技术创新——“冰箱在线性能自动检测技术”可以做到实时监控冰箱各项功率指标；“自动化扫描安检项目”实现了质量追溯的信息化；“汉森阀检漏工装”使冰箱抽空灌注不良率降低为零……

30 余项工艺创新背后是崔惠峰一颗工匠的心在驱使。

除了攻关与创新，崔惠峰还肩负着培养新技术工人的重任。多年来在一线的坚守让崔惠峰积累了大量的工作实践经验和心得体会，他在生产线上手把手、一遍一遍地传授给后辈工人。他累计带徒 77 人，由他培养的工人中有 3 人成长为技师，20 余人成为各自生产线的骨干力量。

在今年的政府工作报告中李克强总理提到要“鼓励企业开展个性化定制、柔性化生产，培育精益求精的工匠精神，增品种、提品质、创品牌。”“工匠精神”也成为今年的热点话题备受社会关注。工匠精神体现的是生产者在技艺和工艺流程上的精益求精，也体现了一个人对事业和人生的敬畏之心。

已经在一线坚守了 12 年的崔惠峰，正在用自己的实际行动，演绎着属于他的“工匠精神”。

项目六　电子时钟印制电路板设计

【项目导入】

随着人们生活水平的不断提高，老式机械钟表逐步被各种新型电子时钟所代替。与传统的机械钟表相比，电子时钟具有走时准确、显示直观、无机械传动装置、可个性化定制闹铃等优点，广泛地应用在人们的生活中。随着科学技术的发展，现代电子钟不但可以显示时间，还可以显示年份、日期、农历以及星期等，给人们的日常生活带来了方便（见图 6-1）。

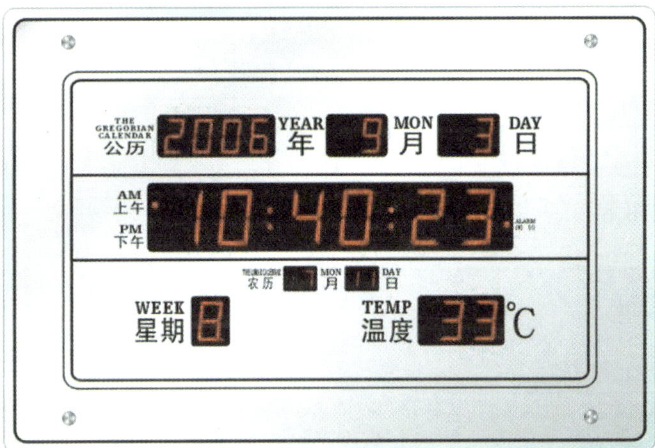

图 6-1　虹泰万年历

本项目电子时钟采用 STM32F030K6T6TR 单片机，整个系统分为实时时钟、数码显示、整点报时、按键调整 4 个模块，可以通过按键来调节时间，通过数码模块将实时时间显示出来，并在整点可实现语音报时功能。

本项目提供电子时钟元件清单（见表 6-1），引导学生进行电路原理图设计、PCB 设计，从而完成印制电路板设计。

表 6-1　电子时钟元件清单

序号	名称	位号	封装	数量
1	104	C1,C3,C4,C5,C6,C8,C10,C14,C16	C0805	9
2	106	C2,C13,C15	C0805	3
3	470uF	C7	CAP-TH_BD6.3-P2.50-D1.0-FD	1
4	220uF	C9	CAP-TH_BD6.3-P2.50-D1.0-FD	1
5	20pF	C11,C12	C0805	2
6	DCO05-2.0MM	DC1	DC-IN-TH_DC005	1
7	6V	H1	HDR-TH_2P-P2.54-V-M-1	1
8	HDR-M-2.54_1×5	J1	HDR-M-2.54_1×5	1
g	HDR-M-2.54_1×4	J2	HDR-M-2.54_1×4	1
10	220	L1	L0805	1
11	MG-52B	LDR1	RES-TH_L7.0-W5.9-P5.00-D0.5	1
12	SEG-Red-0.56×4_TH	LED1	LED-SEG-TH_SLRO564FR1C4BD-3.5	1
13	10k	R1，R2,R3,R4,R5,R7,R16,R18,R20,R23	R0805	10
14	5k	R6	R0805	1
15	510R	R8,R9,R10,R11,R12,R13,R14,R15,R22	R0805	9
16	100k	R17,R19,R21,R24	R0805	4
17	K4-6×6_TH	RST,SW1,SW2,SW3,SW4	KEY-TH_4P-L6.0-W6.0-P4.50-LS6.5	5
18	M3×10+6	TP1,TP2,TP3,TP4	M3×10-6	4
19	L78MO5CDT-TR	U2	TO-252-3_L6.5-W6.1-P4.58-LS9.9-BR	1
20	74HC595D	U3	SOP-16_L10.0-w3.9-P1.27-LS6.0-BL	1
21	TLV1117LV33DCYR	U4	SOT-223-3_L6.5-W3.4-P2.30-LS7.0-BR	1
22	USB-Micro_2	USB1	MICRO-USB-SMD_5P_C40957	1
23	SS54A	VD1,VD2	SMA_L4.2-W2.6-LS5.1-RD	2
24	8050	VT1,VT2,VT3,VT4	SOT-323-3_L2.1-W1.3-P1.30-LS2.3-BR	4
25	8MHz	X1	HC-49US_L11.5-W4.5-P4.88	1
26	STM32F030K6T6TR	U1	LQFP-32_L7.0-W7.0-P0.80-LS9.0-TL	1

立创 EDA 软件还提供印制电路板的 2D 仿真示图，从而更直观地展示设计完成的印制电路板（见图 6-2），本项目导入详细内容请扫二维码进行观看。

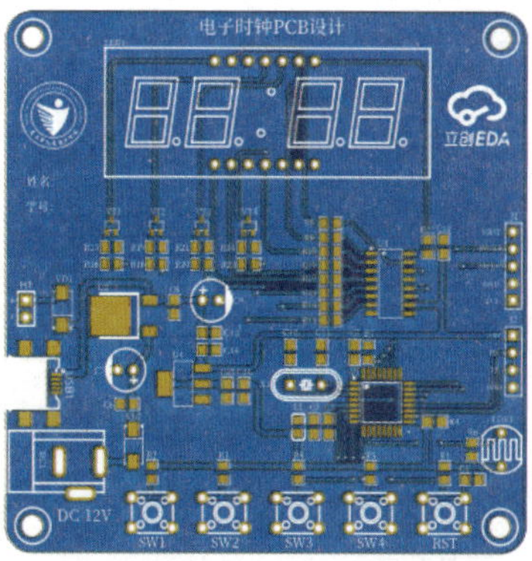

图 6-2　印制电路板的 2D 仿真示图

视频：电子时钟印制电路板设计项目导入

【项目目标】

1. 知识目标

（1）了解电子时钟电路原理图设计、原理图库设计、PCB 封装库设计、PCB 板设计的基本流程。

（2）掌握电子时钟电路原理图设计、原理图库设计、PCB 封装库设计、PCB 板设计的设计步骤。

2. 技能目标

（1）通过学习能够使用 EDA 绘图工具。

（2）能根据要求准确地绘制印制电路板。

3. 素质目标

（1）通过理实一体化，使学生获得较强的实践动手能力。

（2）培养学生良好的操作规范，养成良好职业行为习惯。

（3）在项目教学过程中，锻炼学生的团队合作能力，进行专业技术交流的表达能力。

任务一　电子时钟原理图设计

【任务目标】

视频：电子时钟原理图设计

1. 知识目标

（1）掌握原理图设计的基本流程。

（2）掌握画布设置的方法。

（3）掌握网格、栅格的区别以及设置参数的方法。

2. 能力目标

（1）掌握创建原理图文件的步骤。

（2）掌握放置元件符号的方法。

（3）掌握对元件符号属性进行设置的方法。

（4）掌握元件布局原则，并完成导线连接。

【任务实施】

一、原理图的设计流程

电子时钟电路原理图设计有 7 个步骤，分别为新建工程、新建原理图文件、设置相关参数、封装配置、放置元器件、连线和检查电路，如图 6-3 所示。

（1）新建电子时钟电路工程。用鼠标单击：“开始”→“程序”→“立创 EDA”或双击桌面图标，启动软件，新建电子时钟电路工程文件。

（2）新建电子时钟电路原理图。在电子时钟电路工程文件，新建一个电子时钟电路原理图文件，进入原理图编辑器。

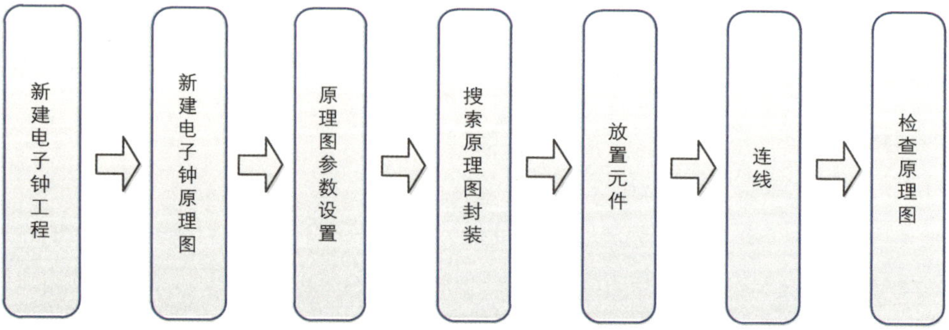

图 6-3　电子时钟电路原理图设计流程

（3）原理图参数设置。在绘制原理图之前，应首先设置好工作环境，对图纸大小、方向、网格参数等进行设置。

（4）搜索原理图封装。在立创 EDA 元件库中搜索原理图对应的原理图封装。

（5）放置元器件。一般情况下，电路中所需元器件在立创 EDA 常用库中都可以找到，只要从库中选择所需类型添加到原理图中就可以了，但是有些元器件需要在元件库中搜索找到编辑后再进行放置。

（6）元器件连线。将添加并排列好的元器件引脚用导线、网络标签连接起来，形成完整的电路。

（7）检查原理图。利用立创 EDA 提供的设计管理器对电路的元件和网络进行检查，并根据检查结果对原理图进行调整和修改。

二、新建工程

（一）启动立创 EDA 软件

用鼠标单击："开始" → "程序" → "立创 EDA" 或双击桌面图标，启动软件操作界面如图 6-4 所示。

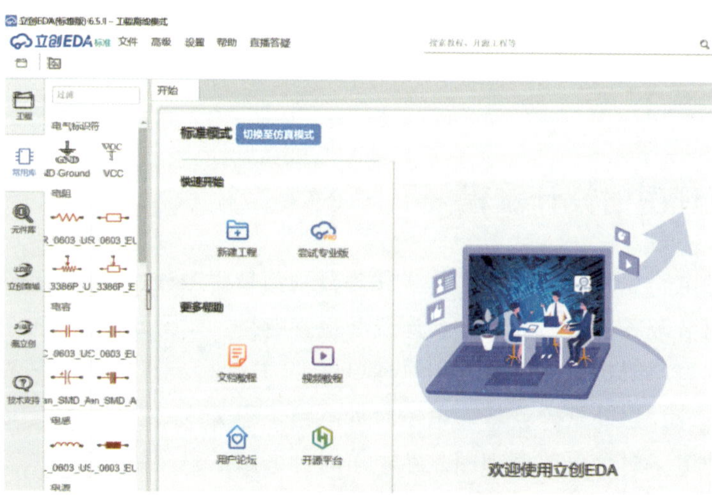

图 6-4　立创 EDA 操作界面图

（二）创建工程文件

1. 新建工程

点击顶部菜单的“文件”→“新建”→“工程”新建工程，如图 6-5 所示。也可点击界面中“快速开始”下面的“新建工程”图标新建工程。

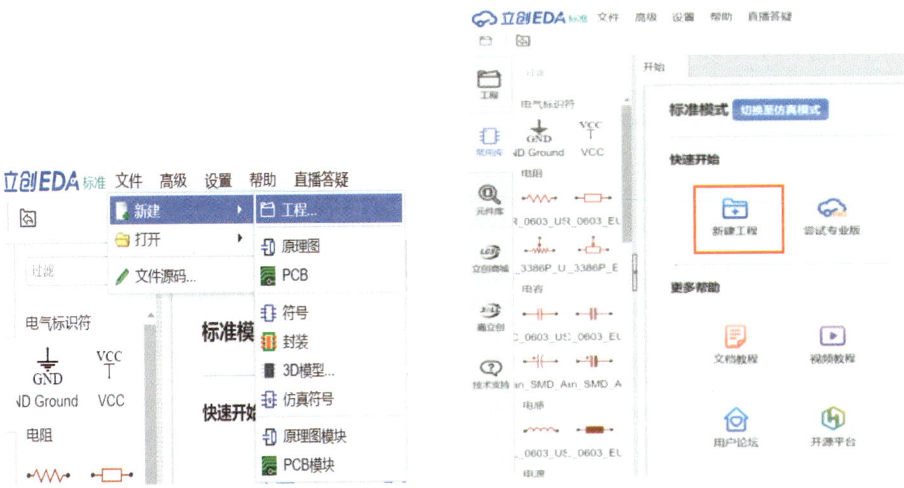

图 6-5　新建工程

2. 工程文件命名及保存

在新建工程界面的标题处对工程进行命名，也可以对工程进行简单的描述，最后点击“保存”，如图 6-6 所示。

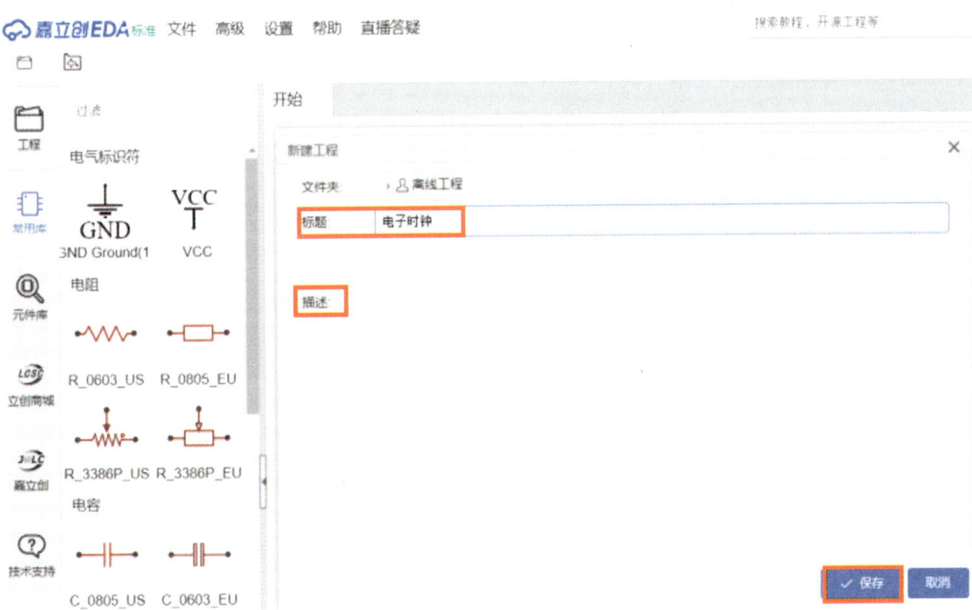

图 6-6　工程命名及保存

三、新建原理图文件

1. 新建原理图

点击顶部菜单的“文件”→“新建”→“原理图”即可新建原理图，系统默认原理图文件名为 Sheet_1，如图 6-7 所示。或是选择电子时钟电路工程文件并单击鼠标右键，在下拉菜单中选择“新建原理图”，也可在手持式智能电子时钟电路工程下新建一个原理图文件。

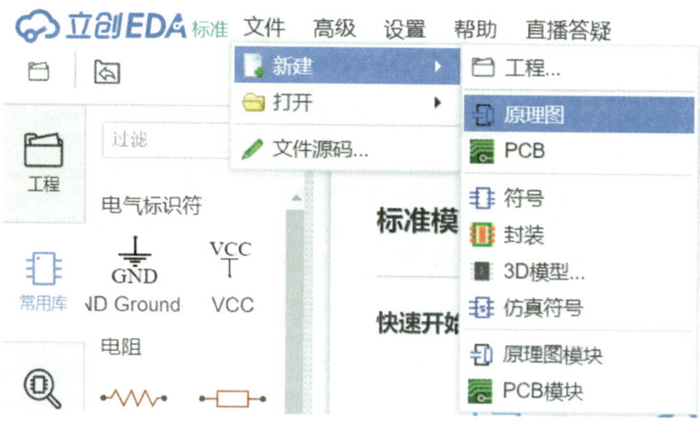

图 6-7　新建原理图

2. 重命名原理图

鼠标选择 Sheet_1 文件，右键在下拉菜单中选择修改命令，如图 6-8 所示。

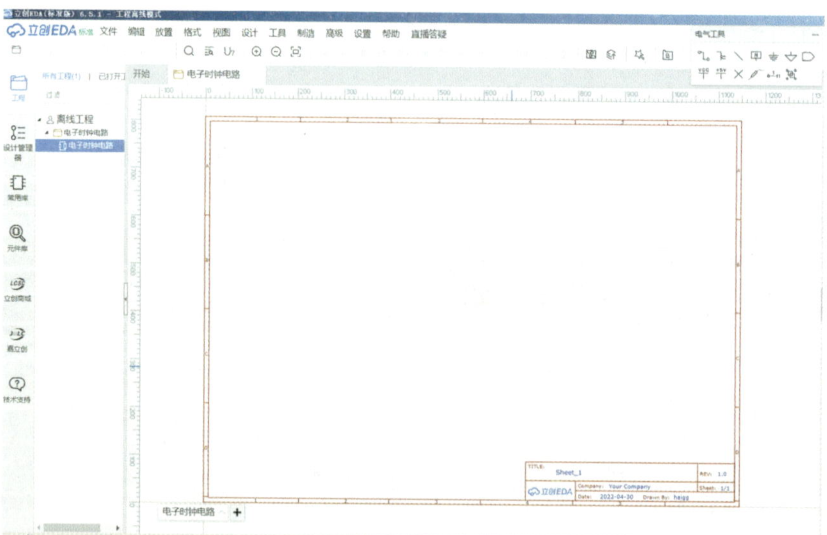

图 6-8　重命名原理图

四、原理图参数设置

在绘制原理图之前，需要对相关参数进行规范化设置。常规参数包括网格大小、栅格尺寸、画布规格和 Title Block，下面进行详细说明.

1. 设置网格大小

网格大小是用于标识间距和校准元件符号的线段，便于将元件摆放整齐。网格默认的大小为 5，如图 6-9 所示，可根据需要进行设置。

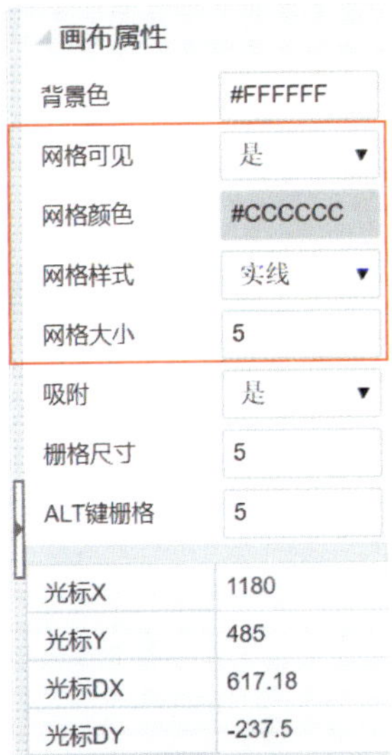

图 6-9　设置网格大小

2. 设置栅格尺寸

栅格尺寸是指光标移动时的步进距离，便于将元件与布线对齐。栅格尺寸越小，元件和布线移动的步进距离就越小，也越精准，ALT 键栅格是指按下“Alt”键，然后移动元件时的步进距离。栅格和 ALT 键栅格默认尺寸均为 5，如图 6-10 所示。

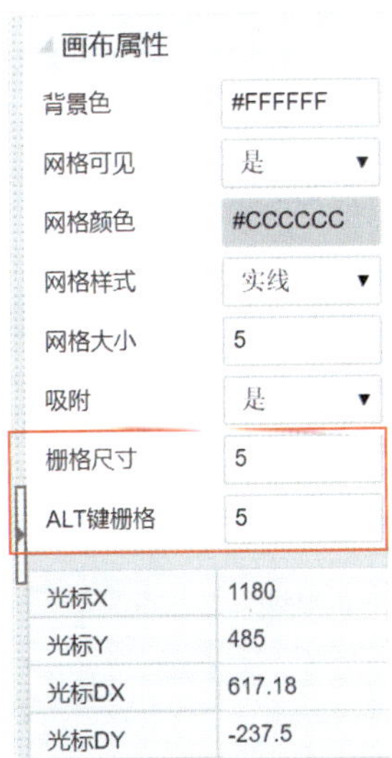

图 6-10　设置栅格尺寸

3. 设置画布规格

根据电路的难易程度，单击绘图工具中的 进行画布大小的设置，如图 6-11 所示。立创 EDA 的画布默认规格是 A4，电子时钟电路也采用 A4 大小的纸就可以容纳所有元件。

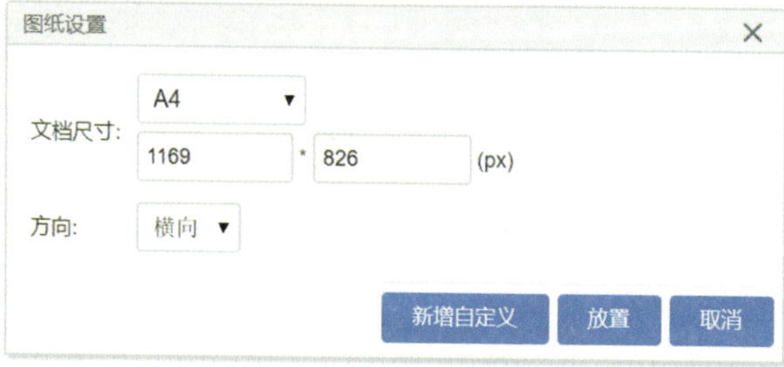

图 6-11　设置画布规格

4. 设置 Title Block

在 Title Block 中双击对应的文本就可以修改标题名称、版本、公司信息、日期和作者等相关信息，如图 6-12 所示。

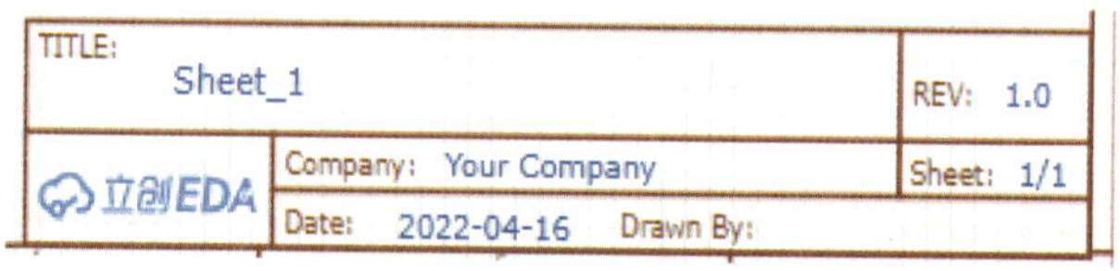

图 6-12　设置 Title Block

（1）修改 TITLE：双击 Sheet_1，在弹出的文本框中输入“电子时钟电路”即可完成修改。

（2）版本号（REV）修改为 V1.0；Sheet 保持系统默认设置；Date 设置为设计时间；Drawn By 处输入作者姓名。

（3）修改 Title Block 文本属性：选中 Title Block 中的文本，在原理图设计界面右侧的“文本属性”面板中可以修改文本的颜色、字体、字体大小等属性，如图 6-13 所示。

图 6-13　修改 Title Block 文本属性

（4）可以添加 LOGO：单击绘图工具中的图标可以向 Title Block 中添加图片，在弹出的图片属性对话框中输入图片网址或是从本地上传图片，单击“确定”，如图 6-14 所示。

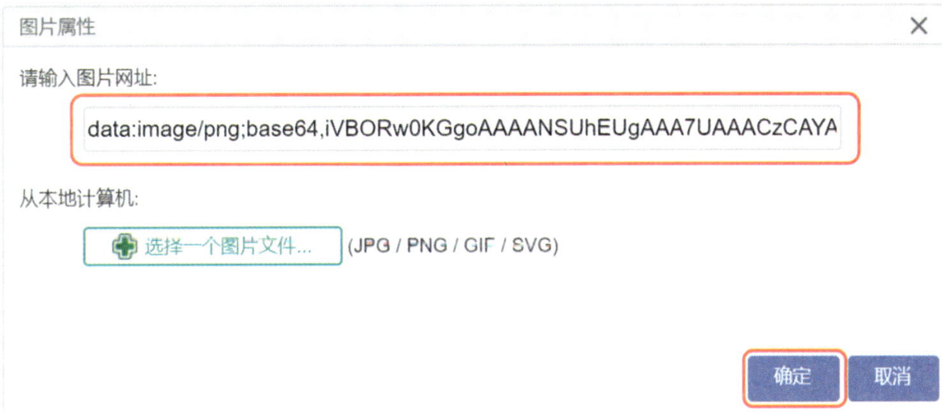

图 6-14　导入图片

（5）上述参数修改完成后，Title Block 设置完成，如图 6-15 所示。

图 6-15　Title Block 设置完成图

五、放置元件

在原理图设计中，用来存放元器件的库有常用库和元件库。

常用库包含的是一些常用的元器件，它不支持自定义。在常用元件库中单击元件，然后移动指针到画布，单击鼠标左键即可放置元件。元件库中的元件需要先进行搜索找到需要的元件再进行放置才可以使用，例如在电子时钟电路中用到了电阻、电容、三极管、接地端 GND 和 VCC 等。

参照电子时钟电路元件清单，在常用元件库中获取电阻、电容等，如图 6-16 所示。

其余元件可以在元件库中采用搜索引擎获取，下面以光敏电阻“MG-52B”为例介绍如何从元件库中获取元件。

单击原理图设计界面左侧的元件库按钮，或是使用快捷键“Shift+F”打开“元件库”对话框。在搜索引擎中输入 MG-52B，单击或是按“回车键”进行搜索，根据元件的封装和制造商等信息在搜索结果中选择所需元件，如图 6-17 所示。

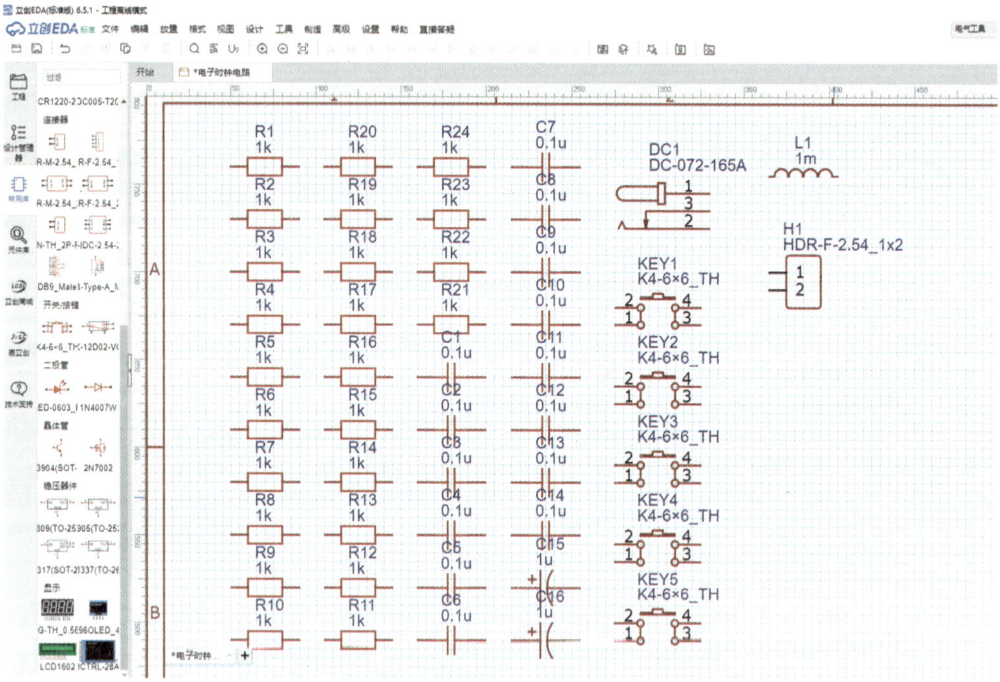

图 6-16　从常用元件库中获取元件

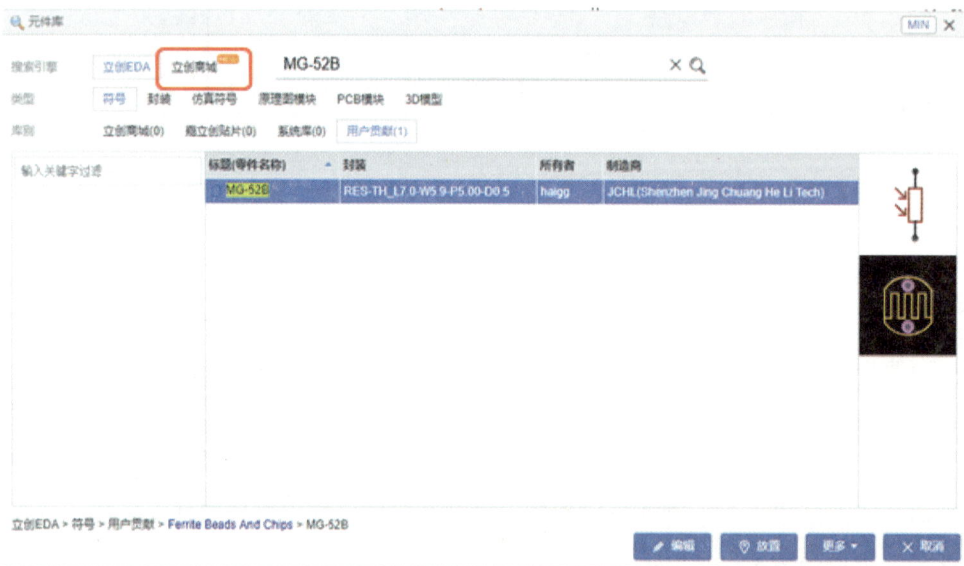

图 6-17　搜索光敏电阻 MG-52B

选择完成以后单击图中的“放置”按钮，然后在原理图中单击就可以放置所选元器件。放置时，元件的引脚要放置在格点上，以方便后续导线的连线。

元件放置之后，在原理图设计界面右侧的“元件属性”中对元件的属性进行设置。例如将位号设置为 LDR1，如图 6-18 所示。使用同样的方法搜索原理图中其他元件进行放置，并对其属性进行修改。

图 6-18　元件属性设置

电子时钟电路中的所有元件全部放置并完成相应的属性设置后如图 6-19 所示。

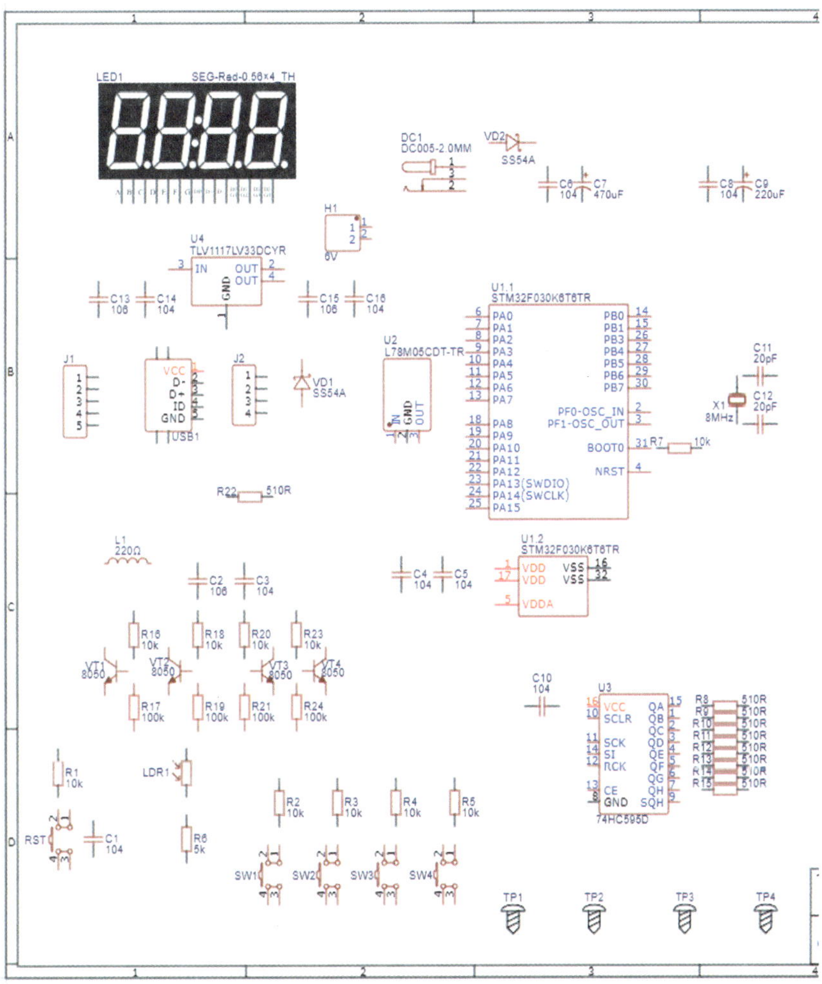

图 6-19　电子时钟电路元件放置

一个完整的电路包括元件、导线、电源和接地端。因此在元件放置结束后还需要添加电源和接地端。单击“常用库”按钮，在“电气标识符”中选择“GND”和“电源（VCC）”，如图 6-20 所示。点击右下角的可以选择电路中所需的形式进行放置，如图 6-21 所示。

图 6-20 电气标识符

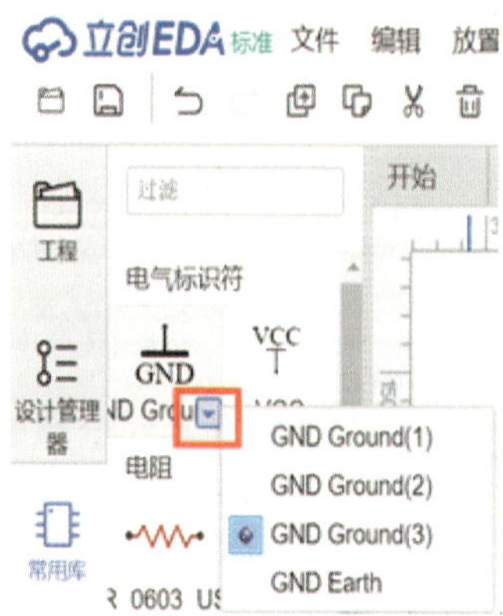

图 6-21 接地形式

还可以在标识符属性框中对颜色、字体、字体大小等属性进行修改，如图 6-22 所示。

图 6-22 电源和接地端属性修改

电子时钟电路的元件、电源、接地端放置完成后如图 6-23 所示。

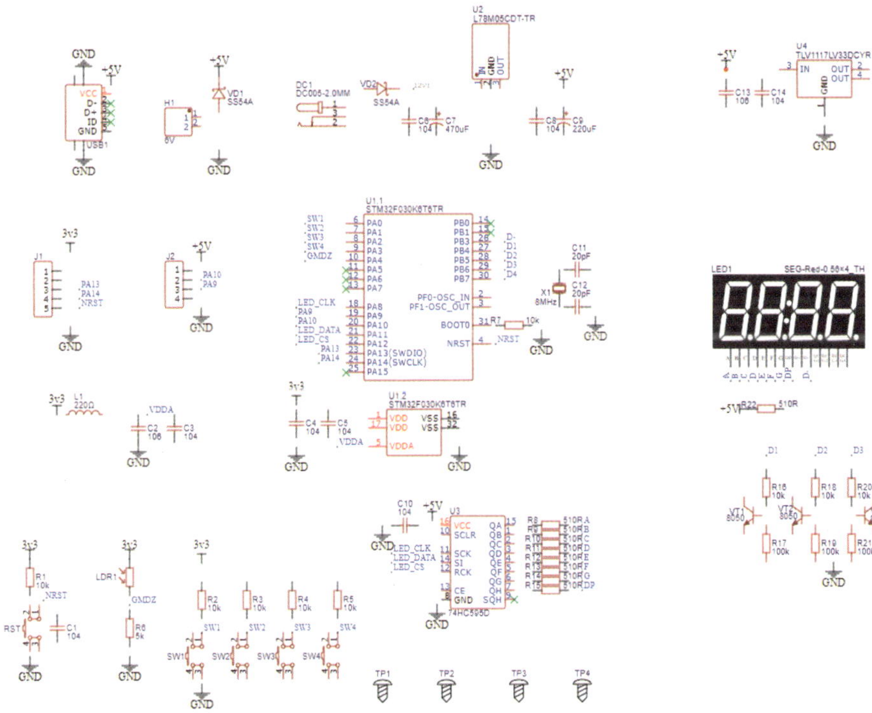

图 6-23　电子时钟电路放置元件、电源、接地端

六、连　线

将所有元件放置完成后，需要通过导线或网络标签进行电气连接。

导线具有电气性质，用来连接元件电气点的连线。导线上的任一点都具有电气性质。元件之间的电气连接主要通过导线来实现的。单击电气工具中的导线（W）按钮进入连线模式。将指针移动到需要连接的元件引脚上，这时在引脚的端点处会出现一个灰色的圆点，单击即可放置导线的起点，如图 6-24 所示。移动指针到需要连接的引脚，在引脚的端点处出现一个灰色圆点，单击即可完成两个引脚之间的连接，此时指针仍处于连线模式，重复上述操作可继续连接其他引脚。单击鼠标右键或是按 Esc 键，即可退出连线模式。还可以根据需要对导线的颜色、线宽、样式等参数进行属性设置，如图 6-25 所示。

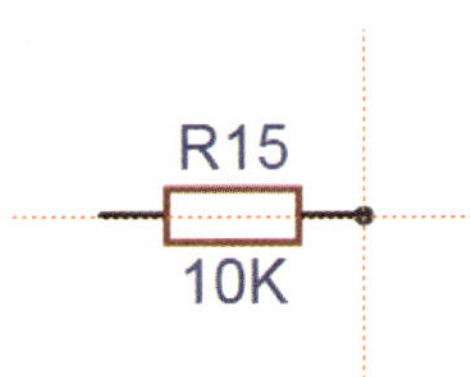

图 6-24　连接元件

图 6-25　导线属性

“网络标签”实际上也是一种电气连接方式，具有相同网络标签的导线是连在一起

的。使用网络标签可以避免电路中出现较长的连线，使电路原理图连线更清晰。

放置网络标签的方法是：单击电气工具中网络标签（N）按钮，然后按 Tab 键，在弹出的“属性”对话框中修改网络标签名称，如图 6-26 所示。另外一种修改网络标签的方法是双击要修改的网络标签，在弹出的文本框中输入新的网络标签名，如图 6-27 所示。

图 6-26 设置标签（1）

图 6-27 设置标签（2）

也可对网络标签的属性进行修改，单击选中的网络标签，在“网络标签”面板中修改标签的名称、颜色、字体和字体大小，如图 6-28 所示。本书使用默认属性。

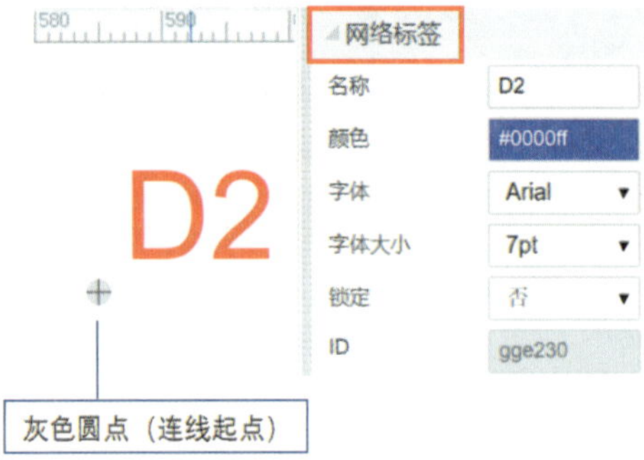

图 6-28 修改标签属性

在电子时钟电路中，U1.1 的 11 脚不需要连接任何网络或是元件，这时要给悬空的引脚添加“非连接标志”。单击“电气工具”中非连接标志 ✕ 按钮，放置在悬空的引脚上，如图 6-29 所示。

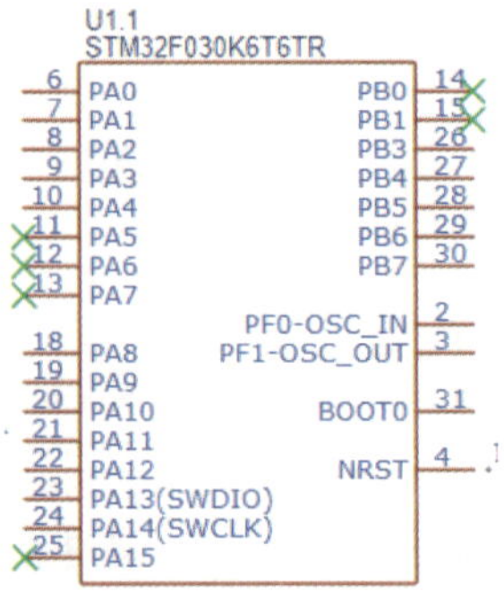

图 6-29 悬空引脚非连接标志

按照上述电气连接方式完成所有元件导线的连接后，可以对每个模块进行文本说明，完整的电子时钟电路设计原理图如图 6-30 所示。

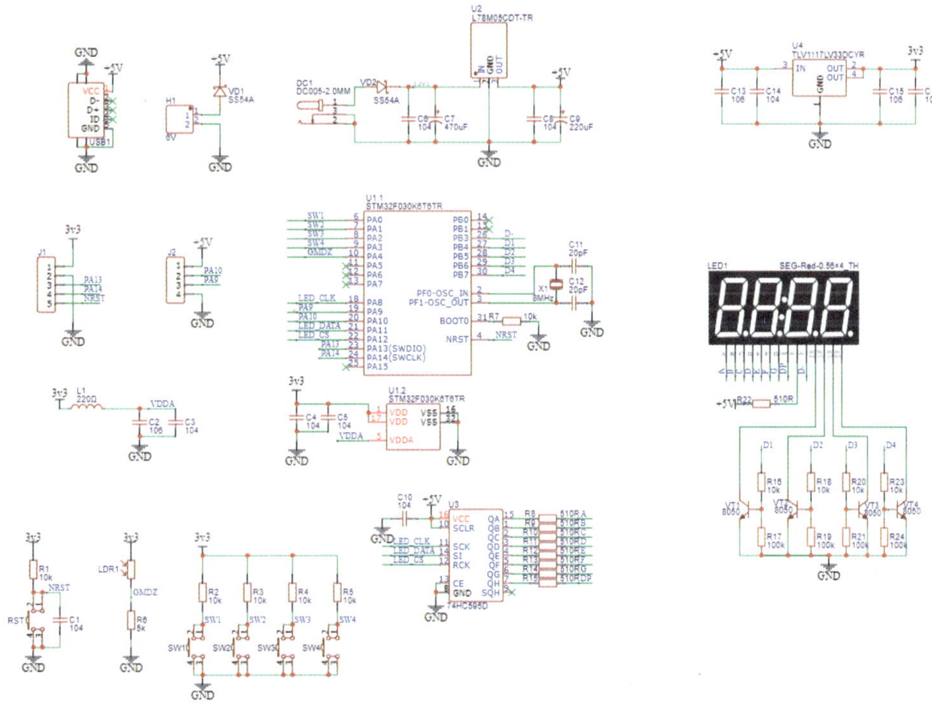

图 6-30　电子时钟电路原理图

七、原理图检查

原理图设计完成后，需要对原理图的电气连接性进行检查。最常见的检查项目有元件的 PCB 封装和网络的连接，单击原理图设计界面左侧的“设计管理器”按钮，可见检查元件及网络列表，如图 6-31 所示。

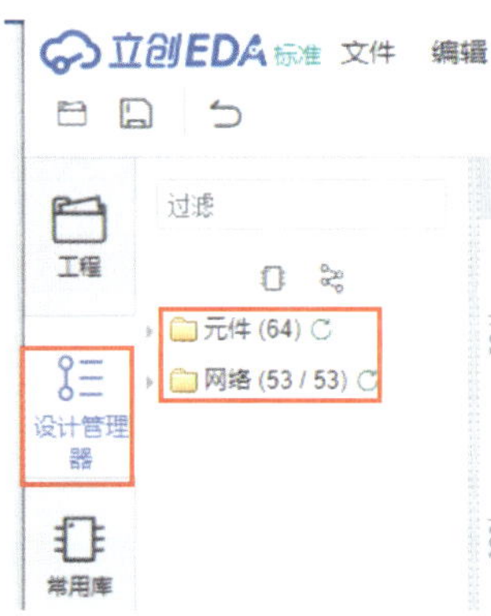

图 6-31　检查元件及网络

点击元件列表，可检查元件是否都有 PCB 封装（元件编号后面的括号内为 PCB

封装名称），如图 6-32 所示。

图 6-32　检查元件

在元件列表中单击某一元件，系统将自动在原理图中定位该元件的位置。例如，若要定位 U1，单击元件 U1 就可以实现，如图 6-33 所示，同时单击元件引脚可以定位该引脚，如图 6-34 所示。

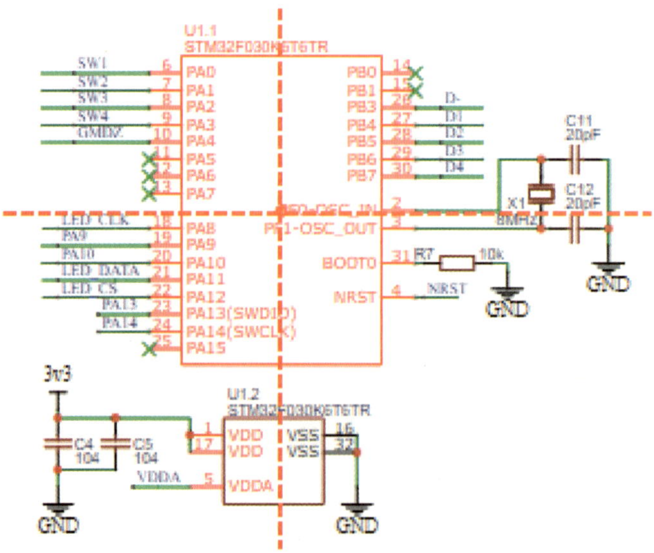

图 6-33　定位元件

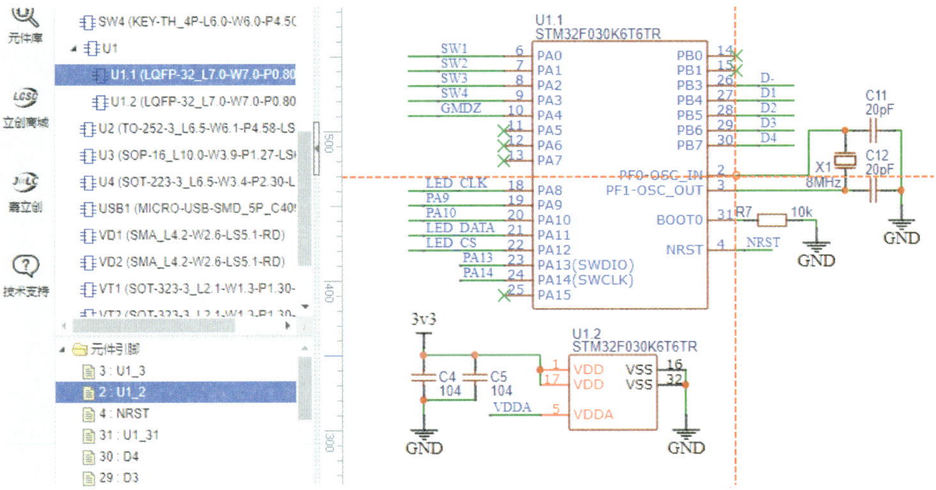

图 6-34　元件引脚

点击网络列表可查看网络连接情况，如果存在网络没有连接，则会在列表中的网络名称前显示警告标志 ⚠ ，如图 6-35 所示。把带有警告标志的网络进行连接，该显示就可恢复正常。

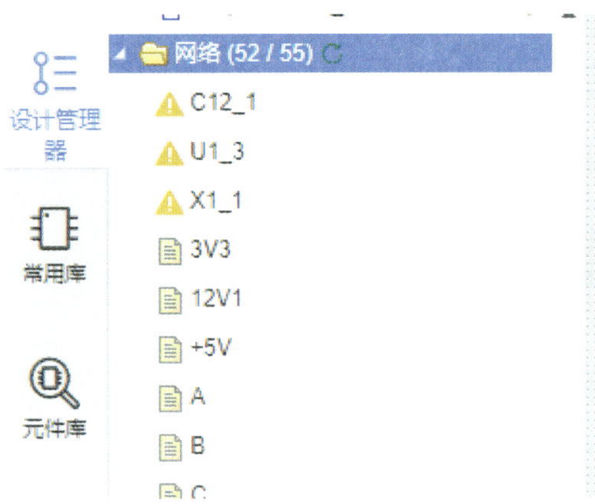

图 6-35　网络检查

【任务评价】

原理图绘制评价表如表 6-2 所示。

表 6-2 电子时钟电路原理图设计评价

项目名称：________________________________

姓名：_________ 班级：_________ 学号：_________

<table>
<tr><th>评价内容</th><th colspan="2">评价标准</th><th>评价要求</th><th>分值</th><th>得分</th></tr>
<tr><td>考勤纪律
（10%）</td><td colspan="2">无迟到、早退、旷课情况；
遵守课堂各项纪律</td><td>迟到、早退一次扣 1 分；
旷课一次扣 2 分；
影响上课秩序一次扣 2 分</td><td>100</td><td></td></tr>
<tr><td>职业规则
（10%）</td><td colspan="2">爱护公共设施、爱护个人及公共环境卫生、不得带饮料及食品进机房</td><td>视具体情况扣分</td><td>100</td><td></td></tr>
<tr><td rowspan="8">实施步骤
（80%）</td><td>1. 新建文件</td><td>按要求新建工程文件，保存到指定路径；
按要求新建原理图文件，保存到指定路径</td><td>无操作失误</td><td>10</td><td></td></tr>
<tr><td>2. 画布属性设置</td><td>按要求设置画布属性</td><td>与要求不符不给分</td><td>10</td><td></td></tr>
<tr><td>3. 常用库元件调用</td><td>能正确调用元件；
按样图放置元件；
对元件属性进行修改</td><td>每错一处扣 1 分</td><td>10</td><td></td></tr>
<tr><td>4. 元件库使用</td><td>能在库进行元件搜索；
能对元件属性进行修改；
按照样图放置元件；
能对库中元件进行编辑</td><td>每错一处扣 1 分</td><td>20</td><td></td></tr>
<tr><td>5. 放置连线</td><td>按照样图正确绘制连线</td><td>每错一处扣 1 分</td><td>20</td><td></td></tr>
<tr><td>6. 放置网络标签</td><td>按照样图正确修改网络标签属性并放置网络标签</td><td>与要求不符不给分</td><td>10</td><td></td></tr>
<tr><td>7. 原理图检查</td><td>查看原理图中所有元件封装是否符合要求；
查看网络是否完整</td><td>每错一处扣 1 分</td><td>10</td><td></td></tr>
<tr><td>8. 保存文件</td><td>文件上传至 D 盘：\××班级提交资料\</td><td>与要求不符不给分</td><td>10</td><td></td></tr>
<tr><td colspan="4">合　计</td><td>100</td><td></td></tr>
</table>

【任务小结】

电子时钟电路原理图设计任务总结如图 6-36 所示。

图 6-36　任务小结

【任务拓展】

绘制 EC1515B 电子钟（见图 6-37）原理图。要求采用 A4 画布，横向放置，背景色为灰色，栅格、网格尺寸为默认值，如图 6-38 所示。

图 6-37　电子钟

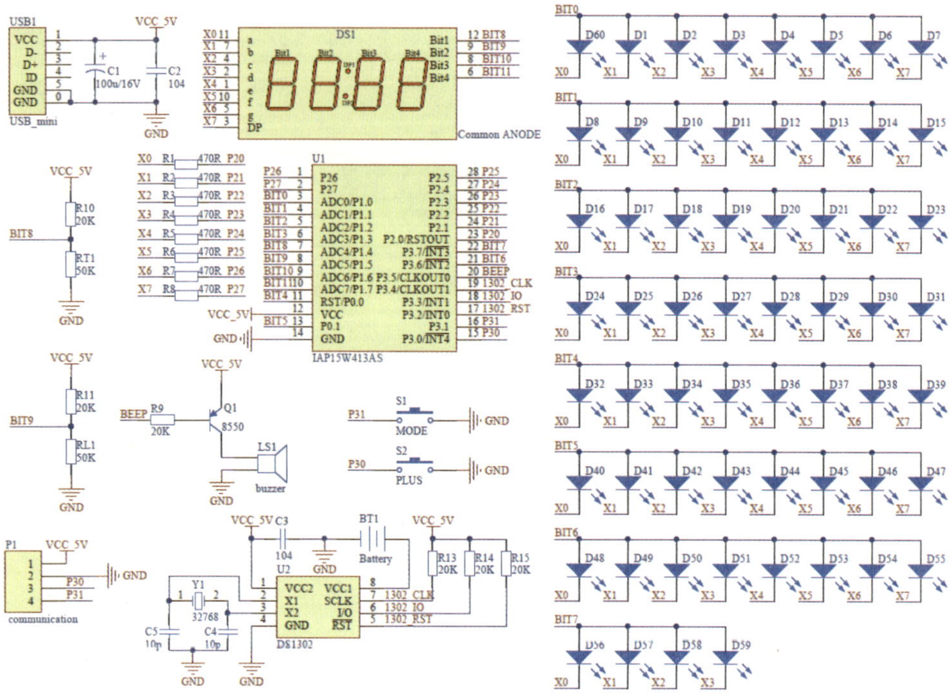

图 6-38　EC1515B 电子钟原理图

任务二　电子时钟原理图库设计

【任务目标】

视频：电子时钟原理图库设计

1. 知识目标

（1）了解创建原理图库的流程。

（2）掌握原理图库设计的步骤。

2. 能力目标

（1）掌握创建原理图库文件步骤。

（2）掌握制作原理图符号方法。

（3）掌握添加属性信息的步骤。

（4）掌握添加 PCB 封装的方法。

【任务实施】

一、原理图库设计

规范化的元件库对于硬件电路的设计开发非常重要，立创 EDA 已经提供了丰富的元件库资源，但由于元件种类众多，仍然有些元件可能不包含在库中。因此，考虑到个性化的设计需求，有必要建立自己专属的元件库。鉴于此，本任务将以电子时钟电路原理图中的 4 位 0.8 英寸共阴数码管元件为例（见图 6-39），讲解元件库的制作方法。

图 6-39　4 位 0.8 英寸共阴数码管

原理图库的设计包括：新建原理图库、新建元件、绘制元件符号、添加引脚（设置极性）、添加元件属性信息以及添加 PCB 封装等操作步骤，如图 6-40 所示。

（1）新建原理图库文件。用鼠标单击：“文件”→“新建”→“符号”打开空白的库文件，进入原理图库编辑器并保存。

（2）新建元件。在原理图库编辑器，新建电路图中所需的元件。

（3）绘制元件符号。在原理图库编辑器，对画布的属性如网格大小、栅格大小等属性进行设置，然后根据元器件的实际情况绘制边框。

（4）添加引脚。在边框绘制好后，在绘图工具中点击引脚标志添加引脚，并对引脚的属性进行设置。

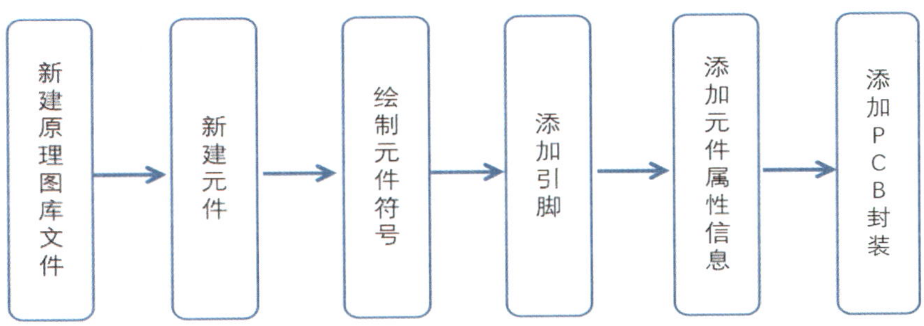

图 6-40　原理图库设计流程图

（5）添加元件属性信息。在“自定义属性”面板中对绘制元件的名称、封装和编号等信息进行设置。

（6）添加 PCB 封装。单击“自定义属性”面板中“封装”对应的文本框，打开“封装管理器”对话框搜索所需封装类型进行封装添加即可。

二、新建原理图库

如图 6-41 所示，单击工具栏中的“文件”按钮，在下拉菜单中执行“新建”“符号”命令。

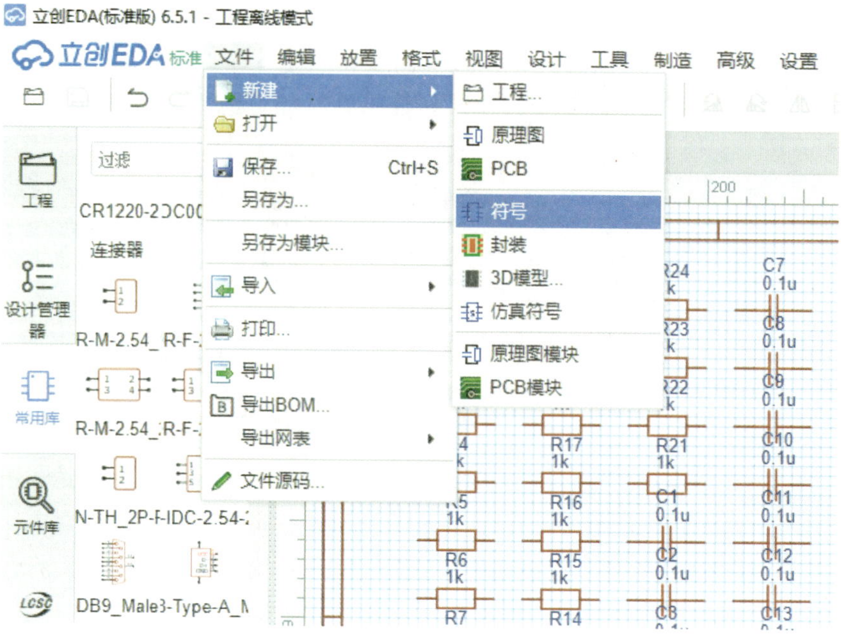

图 6-41　新建符号

单击符号命令即可打开一个空白的原理图库文件，如图 6-42 所示。

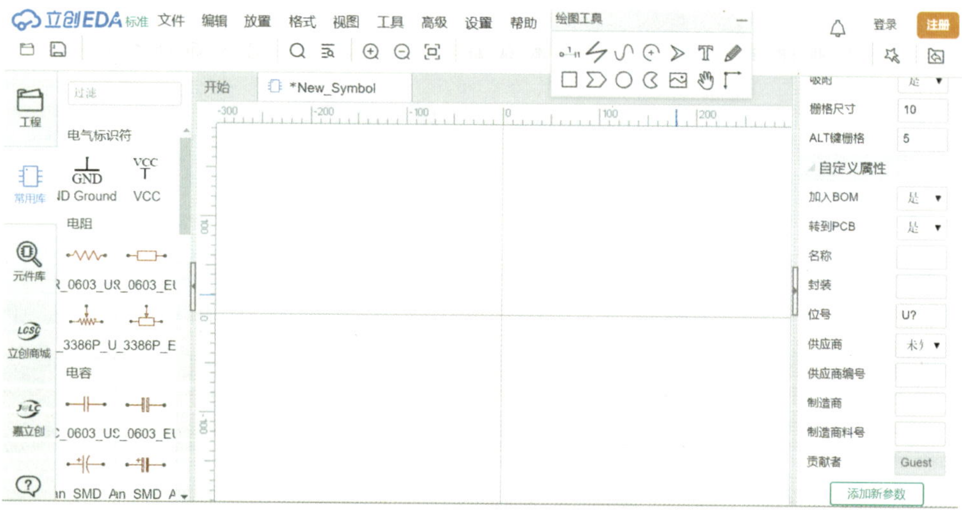

图 6-42　原理图库设计界面

三、制作 4 位 0.8 英寸共阴数码管原理图符号

1. 绘制元件符号

首先，在原理图库设计界面右侧的“画布属性”面板中将网格大小和栅格尺寸设置为 10，将“ALT 键栅格”设置为 5，如图 6-43 所示。单击画图工具中的线条（L）按钮并长按“Alt”键，绘制原理图符号边框，如图 6-44 所示。

图 6-43　原理图库画布设置

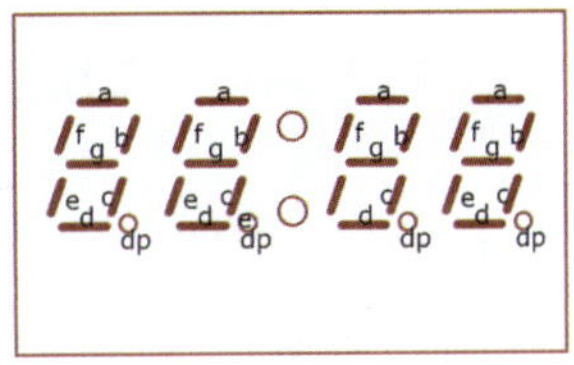

图 6-44　符号边框

2. 添加引脚

单击绘图工具中的管脚（P）按钮，添加原理图符号的引脚，注意，引脚的端点应朝外，因为它是用于连接导线的连接点。

编辑引脚属性：单击选中引脚 1，在“引脚属性”面板中将“显示名字”和“显示编号”设置为“是”；设置引脚长度为 10；因为引脚的长度改变了，所以通过设置“起点 x”为-100 来调整引脚的位置。以同样的方法编辑其他引脚的属性，最终 4 位 0.8 英寸共阴数码管的原理图符号外形如图 6-45 所示。

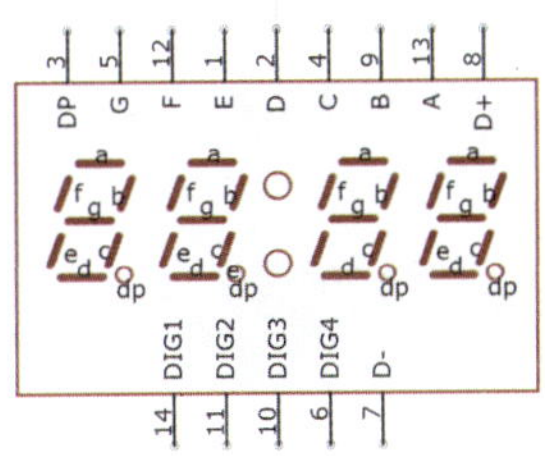

图 6-45　4 位 0.8 英寸共阴数码管原理图符号

设置元件原点：点击顶部菜单的“放置”→“设置画布原点”→“从图形中心格点”，一键设置原点到图形中心，如图 6-46 所示。

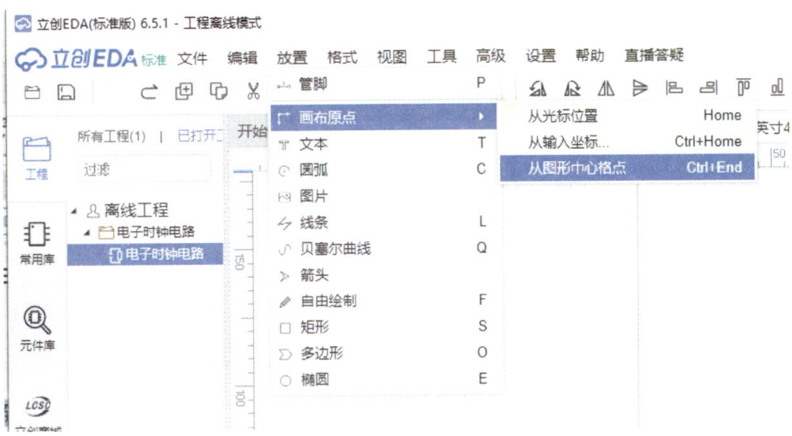

图 6-46　设置元件原点

设置原点在图形中央有利于复制粘贴的时候使鼠标在图形中央，旋转的时候可以围绕中心。原点不能在总图形外部区域设置，必须设置在图形区域内部。

3. 添加属性信息

在该界面右下“自定义属性”面板中可以设置符号的名称、封装和编号等信息，如图 6-47 所示。

图 6-47　设置 4 位 0.8 英寸共阴数码管位号

4. 添加封装

添加封装的方法是：单击“自定义属性”，面板中“封装”对应的文本框，打开“封装管理器”对话框，如图 6-48 所示，在右侧“搜索″框中用封装的关键词进行搜索，在“库别″中选择封装库，在搜索结果中单击选中一个封装后可以查看“封装焊盘信息”，根据实际需求选择其中一个，然后单击“更新”按钮即可分配封装。更新成功后单击“取消”按钮，关闭对话框。

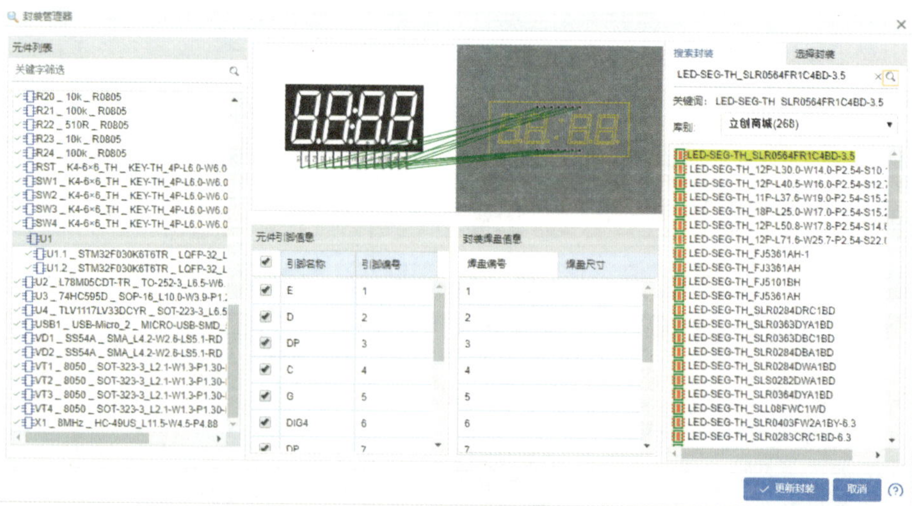

图 6-48　添加封装

在“文件”下拉菜单中单击“保存”命令，打开“保存为原理图库文件”对话框，单击“保存”按钮。

【任务评价】

电子时钟电路原理图库设计任务评价如表 6-3 所示。

表 6-3　电子时钟电路原理图库设计评价

项目名称：________________

姓名：________　　班级：________　　学号：________

评价内容	评价标准		评价要求	分值	得分
考勤纪律（10%）	无迟到、早退、旷课情况； 遵守课堂各项纪律		迟到、早退一次扣 1 分； 旷课一次扣 2 分； 影响上课秩序一次扣 2 分	100	
职业规则（10%）	爱护公共设施、爱护个人及公共环境卫生、不得带饮料及食品进机房		视具体情况扣分	100	
实施步骤（80%）	1. 新建文件	按要求新建工程文件，保存到指定路径； 按要求新建原理图文件，保存到指定路径	无操作失误	10	
	2. 画布属性设置	按要求设置画布指定属性	与要求不符不给分	10	
	3. 新建元件	能正确新建元件	每错一处扣 1 分	10	
	4. 绘制元件符号	能用绘图工具进行边框绘制	每错一处扣 1 分	20	
	5. 添加引脚	根据样图正确添加引脚，并对其引脚进行属性修改	每错一处扣 1 分	20	
	6. 添加元件属性	根据要求正确添加元件属性	与要求不符不给分	10	
	7. 添加 PCB 封装	根据要求添加封装	每错一处扣 1 分	10	
	8. 查看制作效果	元件调用到原理图文件中能正确使用	与要求不符不给分	10	
合　计				100	

【任务小结】

电子时钟电路原理图库设计总结如图 6-49 所示。

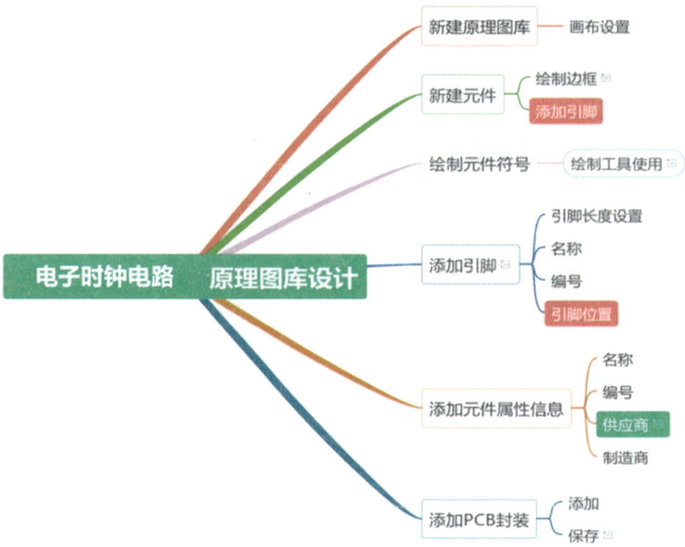

图 6-49　任务小结

【任务拓展】

绘制如图 6-50 所示的原理图符号。

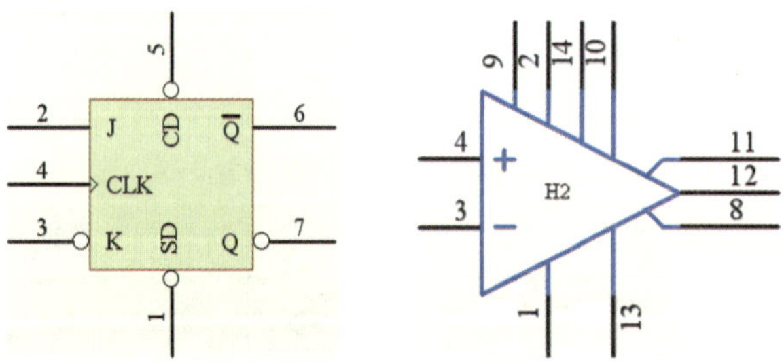

图 6-50　原理图符号样图

任务三　电子时钟 PCB 封装库设计

【任务目标】

1. 知识目标

（1）掌握创建 PCB 封装库的流程。

（2）掌握制作封装符号的方法。

视频：电子时钟 PCB 封装库设计

2. **能力目标**

（1）掌握创建 PCB 库文件的方法。

（2）掌握制作封装符号的步骤。

（3）掌握对封装符号进行添加属性信息的方法。

【任务实施】

一、PCB 封装库设计

PCB 封装库简称 PCB 库，由一系列元件的 PCB 封装组成。元件的 PCB 封装在电路板上通常表现为由一组焊盘、丝印层上的边框及芯片的说明文字组成。焊盘是 PCB 封装中最重要的组成部分之一，用于连接元件的引脚。丝印层上的边框和说明文字起指示作用，指明 PCB 封装所对应的芯片，方便电路板的焊接。

尽管立创 EDA 软件提供了大量的 PCB 封装，但是现有的 PCB 封装未必符合设计者的需求。因此，设计者有必要掌握设计 PCB 封装的技能，并能够建立个人的 PCB 库来满足个性需求。鉴于此，本任务将以电子时钟电路原理图中的 4 位 0.8 英寸共阴数码管元件为例（见图 6-51），重点讲解 PCB 库的制作。

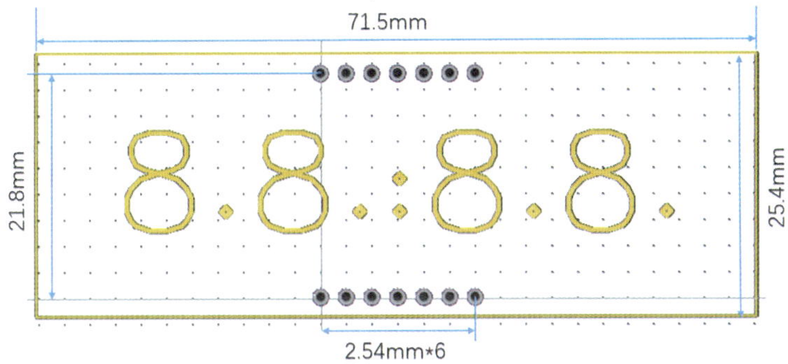

图 6-51　4 位 0.8 英寸共阴数码管元件封装图

PCB 封装库设计步骤包括：新建 PCB 库、添加焊盘、添加丝印、添加属性信息、保存 PCB 封装，如图 6-52 所示。

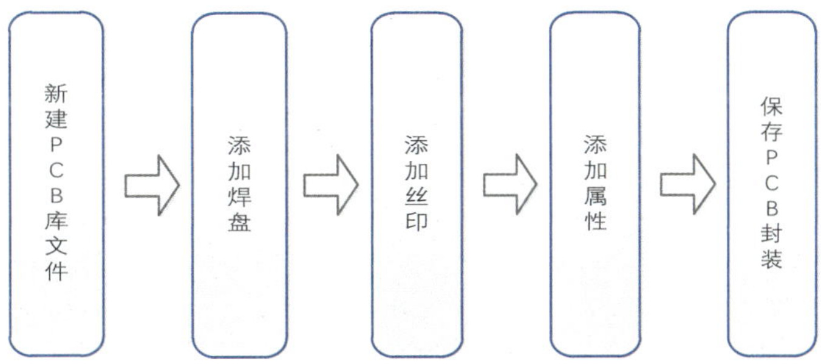

图 6-52　PCB 库设计流程图

（1）新建 PCB 文件。用鼠标单击：“文件”→“新建”→“封装”打开空白的库文件，进入 PCB 库编辑器并保存。

（2）添加焊盘。在 PCB 库编辑器画布属性中，对焊盘的单位进行设置，然后在画布中放置焊盘。放置完成后对其属性如编号、层、形状等属性进行设置。

（3）添加丝印。放置完焊盘后，将层切换到“顶层丝印层”进行丝印添加。

（4）添加属性。在“自定义属性”面板中输入封装名称、编号等信息。

（5）保存 PCB 封装。在“文件”的下拉菜单中单击“保存”命令，打开对话框进行保存。

二、新建 PCB 库

单击主界面工具栏中的“文件”按钮，如图 6-53 所示，在下拉菜单中执行“新建”→“封装”命令。

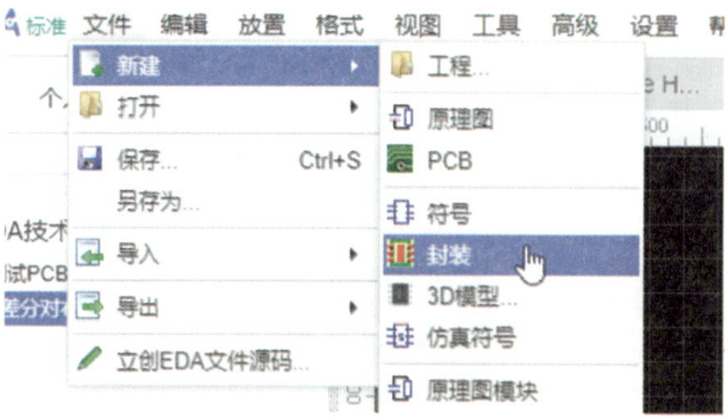

图 6-53　新建封装

点击“封装”命令，即可打开一个空白的 PCB 库文件，如图 6-54 所示。

图 6-54　PCB 库设计界面

三、制作4位0.8英寸共阴数码管元件封装

1. 添加焊盘

在主界面右边的“画布属性”面板中设置单位为mm，如图6-55所示。单击封装工具中焊盘（P）的 按钮，如图6-56所示，在画布上单击，放置焊盘1，如图6-57所示。

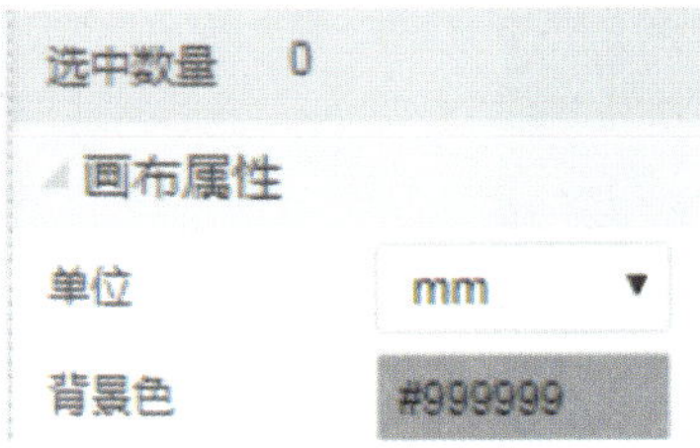

图6-55　PCB库画布设置

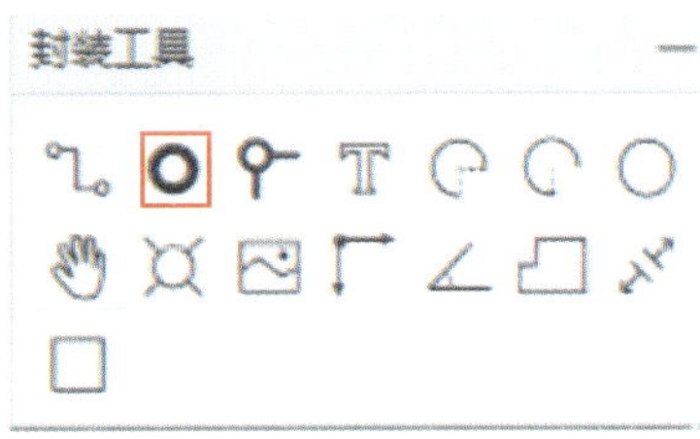

图6-56　PCB库画封装工具

图6-57　放置焊盘1

单击选中焊盘1，在“焊盘属性”面板中设置层、形状、宽、高均采用默认值，将焊盘1的中心坐标设为（0，0），如图6-58所示。设置完成的效果如图6-59所示。注意：绘制PCB封装时，建议将焊盘的大小设置为比元件实际引脚面积稍大。

图6-58　焊盘属性设置

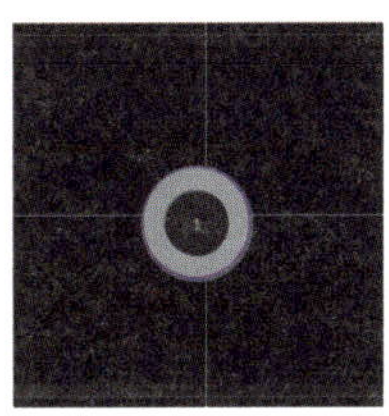

图6-59　焊盘设置效果

其余焊盘采用复制粘贴的方式完成，具体操作为单击焊盘 1，按快捷键“Ctrl+C”复制，再按“Ctrl+V”粘贴，单击放置在画布上即可。接着在“焊盘属性”面板中将“编号”改为相应的号码即可完成，完成效果如图 6-60 所示。

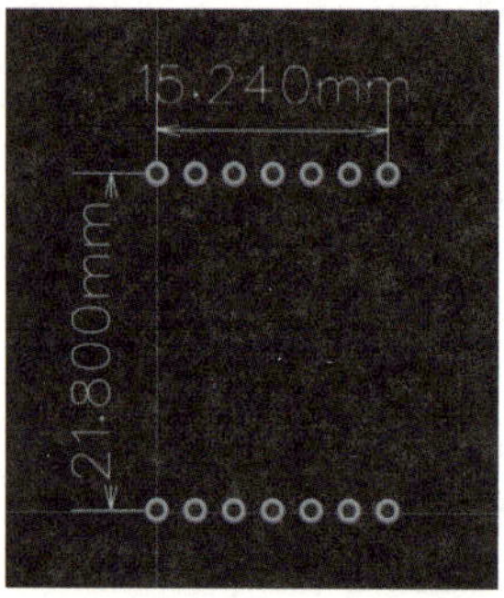

图 6-60　添加焊盘后效果图

2. 添加丝印

放置完焊盘后，需要添加丝印，用于表示元件外形以及标示元件在电路板上的位置。在“层与元素”面板中将 PCB 工作层切换到“顶层丝印”层，如图 6-61 所示。

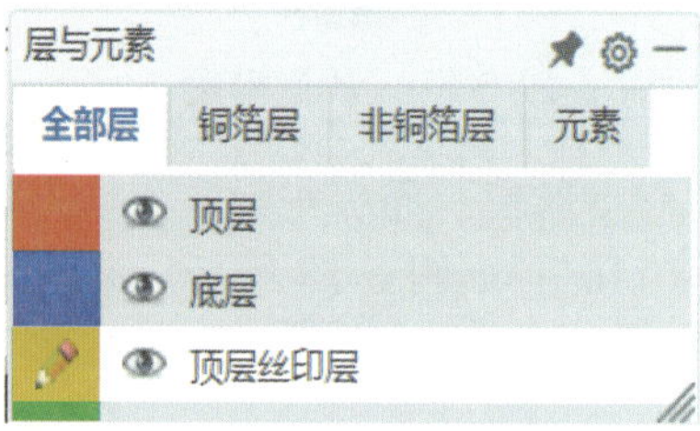

图 6-61　PCB 工作层切换到“顶层丝印”层

其次，设置栅格尺寸为 0.1 mm，线宽为 0.2 mm，拐角为 90°，如图 6-62 所示。

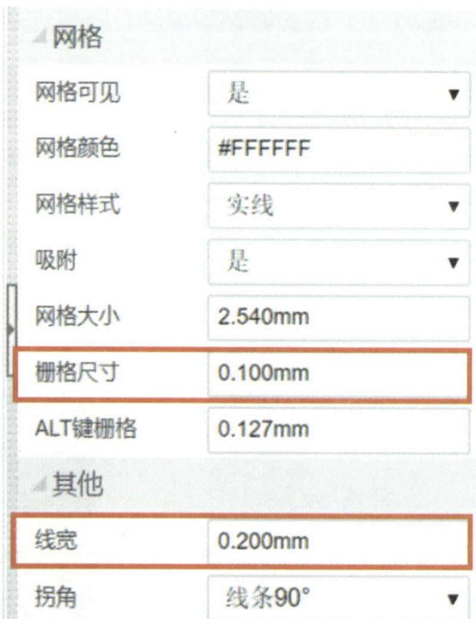

图 6-62　设置丝印参数

最后，单击封装工具中电线（W）按钮进行丝印绘制，绘制完成后效果如图6-63所示。

图 6-63　封装完成效果图

3. 添加属性

在“自定义属性”面板中输入封装名称“0.8 英寸数码管 4 位时钟”，编号为 U?，如图 6-64 所示。

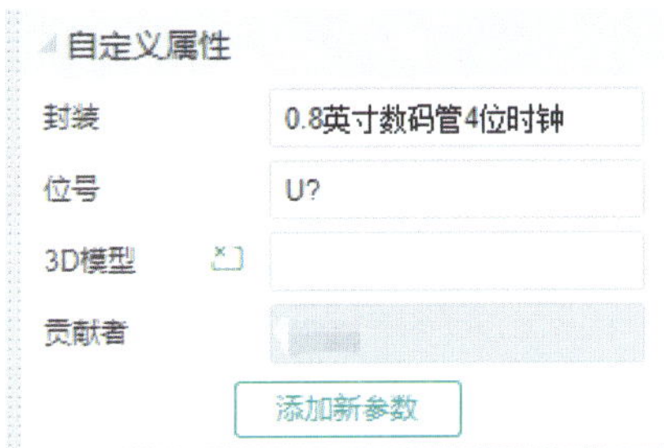

图 6-64　属性设置

4. 保存封装

在“文件”的下拉菜单中单击“保存”命令，打开“保存为封装”对话框，单击“保存”按钮，如图 6-65 所示。

图 6-65　保存封装

至此，PCB 封装制作完毕。在“元件库”→“封装”→“工作区”中进行查看，如图 6-66 所示。

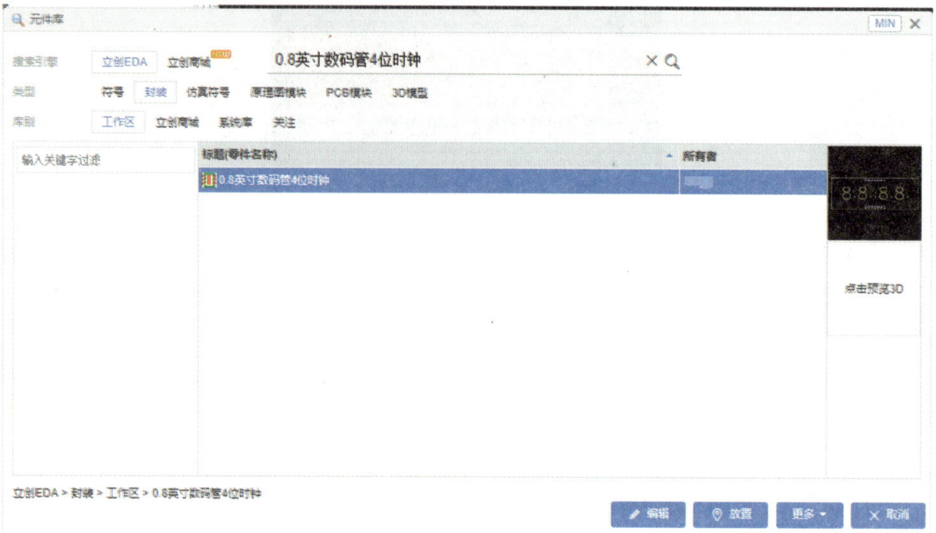

图 6-66　查看 PCB 封装

【任务评价】

电子时钟电路 PCB 封装库设计评价表如表 6-4 所示。

表 6-4　电子时钟电路 PCB 封装库设计评价

项目名称：________________

姓名：________　　　　　　班级：________　　　　　　学号：________

评价内容	评价标准		评价要求	分值	得分
考勤纪律（10%）	无迟到、早退、旷课情况；遵守课堂各项纪律		迟到、早退一次扣 1 分；旷课一次扣 2 分；影响上课秩序一次扣 2 分	100	
职业规则（10%）	爱护公共设施、爱护个人及公共环境卫生、不得带饮料及食品进机房		视具体情况扣分	100	
实施步骤（80%）	1. 新建 PCB 库	按照要求新建 PCB 库文件，并保存到指定路径	无操作失误	10	
	2. 画布属性设置	按要求对画布的指定属性进行设置	与要求不符不给分	10	
	3. 添加焊盘	根据要求添加焊盘	每错一处扣 1 分	20	
	4. 添加丝印	能正确使用封装工具；能准确添加丝印	每错一处扣 1 分	20	
	5. 添加属性	按照样图正确添加属性信息	每错一处扣 1 分	20	
	6. 保存 PCB 元件封装	将 PCB 元件封装文件保存到相应工程目录	与要求不符不给分	10	
	7. 查看制作效果	元件调用到 PBC 文件中能正确使用	与要求不符不给分	10	
合计				100	

【任务小结】

PCB 封装库设计任务总结如图 6-67 所示。

图 6-67　任务小结

【任务拓展】

制作下列元件封装，如图 6-68 所示。

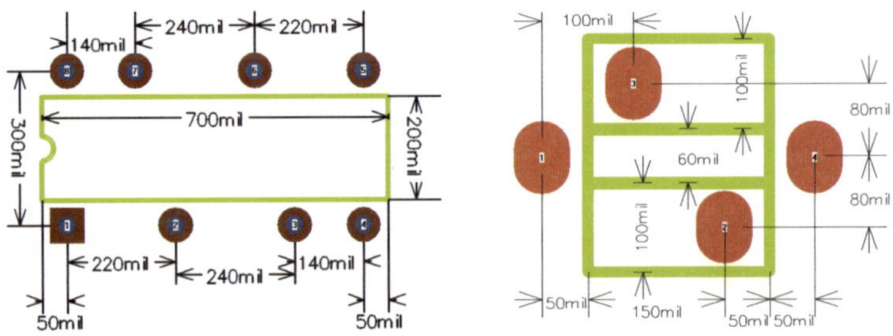

图 6-68　PCB 封装

任务四　电子时钟 PCB 设计

【任务目标】

视频：电子时钟 PCB 设计

1. 知识目标

（1）了解立创 EDA 进行 PCB 设计的流程。

（2）掌握将原理图导入 PCB 文件的方法。

（3）掌握边框、定位孔设计方法和 PCB 规则设置。

2. 能力目标

（1）掌握创建 PCB 文件的方法。

（2）掌握元件布局操作的步骤。

（3）掌握 PCB 布线操作的步骤。

（4）掌握根据要求完成电子时钟电路 PCB 设计的方法。

【任务实施】

一、电子时钟电路 PCB 设计流程

电子时钟电路的 PCB 设计包括新建 PCB 文件、将原理图导入 PCB 文件、在 PCB 设计环境中设置 PCB 设计规则、设计印制板图的边框和定位孔等，具体流程如图 6-69 所示。

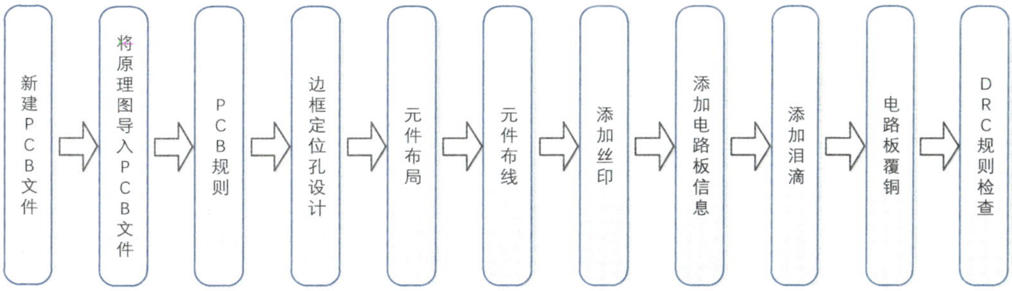

图 6-69　电子时钟电路 PCB 设计流程

（1）新建 PCB 文件。在电子时钟电路工程文件，新建一个电子时钟电路 PCB 文件，进入 PCB 编辑器。

（2）将原理图导入 PCB 文件。将电子时钟电路原理图导入到电子时钟电路 PCB 编辑器中。

（3）PCB 规则设置。在 PCB 的设计环境中设置 PCB 的设计规则

（4）边框、定位孔设计。在 PCB 编辑器中设计电子时钟电路 PCB 板的边框和定位孔。

（5）元件布局。在边框和定位孔设计好后，按照元件布局的原则对元件进行合理的布局。

（6）元件布线。在合理的布局后选择布线工具，根据布线原则以及布线注意事项在正确的层进行布线操作。

（7）添加丝印。为了方便电路板的焊接、调试、安装和维修在布线完成以后在电路板上进行丝印添加。添加时要注意丝印字符布置原则。

（8）添加电路板信息。在电路板中添加电路板信息方便对电路板进行版本管理。

（9）添加泪滴。在电路板设计过程中，常常需要在导线和焊盘或过孔的连接处补泪滴，这样做一来可以避免在电路板受到撞击时免于断裂，二来避免 PCB 在生产过程中蚀刻不均或是过孔偏位导致的裂缝。

（10）电路板覆铜。覆铜可以提高电源效率，与地线相连的覆铜可以减少环路面积。

（11）DRC 规则检查。根据设计规则对 PCB 设计进行检查。在 PCB 设计环境下，单击“设计管理器”刷新“DRC 错误”，一旦检查出错误，错误信息将会出现在目录下。

二、新建电子时钟电路 PCB 文件

如图 6-70 所示，选中电子时钟电路工程文件夹并单击右键，在右键快捷菜单中选择“新建 PCB”命令。

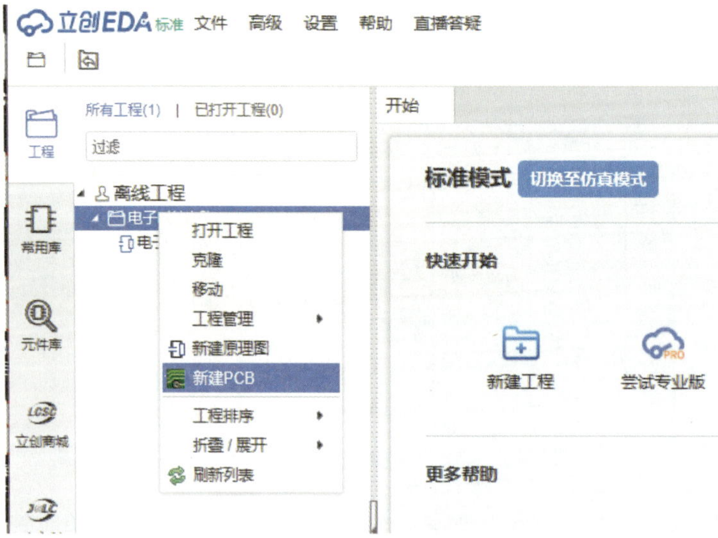

图 6-70　新建 PCB 文件

三、定义 PCB 边框大小

在新建对话框中按照图 6-71 所示设置单位、铜箔层、边框、宽、高等参数，最后点击“应用”按钮。设置边框效果如图 6-72 所示。

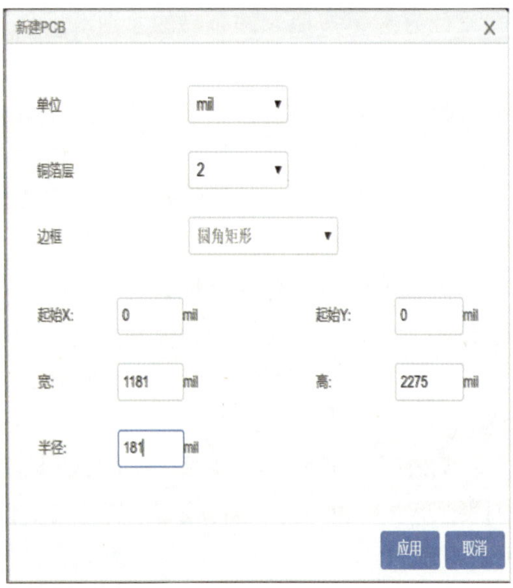

图 6-71　新建 PCB 文件图

图 6-72　PCB 边框效果

如果需要重新定义边框，则单击主菜单中“工具”→“边框设置”，如图 6-73 所示。

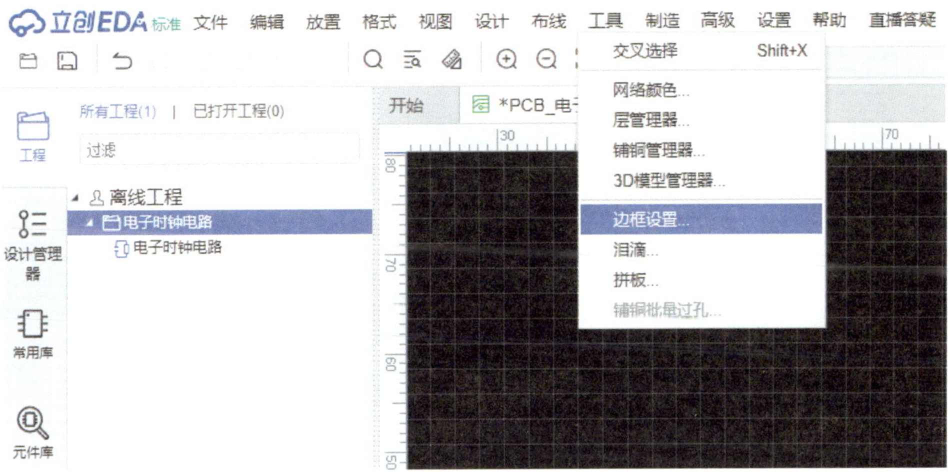

图 6-73　重新定义 PCB 边框（一）

然后在弹出的“边框设置”对话框中重新设置所需参数即可，如图 6-74 所示。

图 6-74　重新定义 PCB 边框（二）

四、原理图转 PCB 印制电路板

在 PCB 设计环境中，单击主菜单中“设计”→“原理图转 PCB”就可以将元件从原理图导入 PCB 中，如图 6-75 所示。

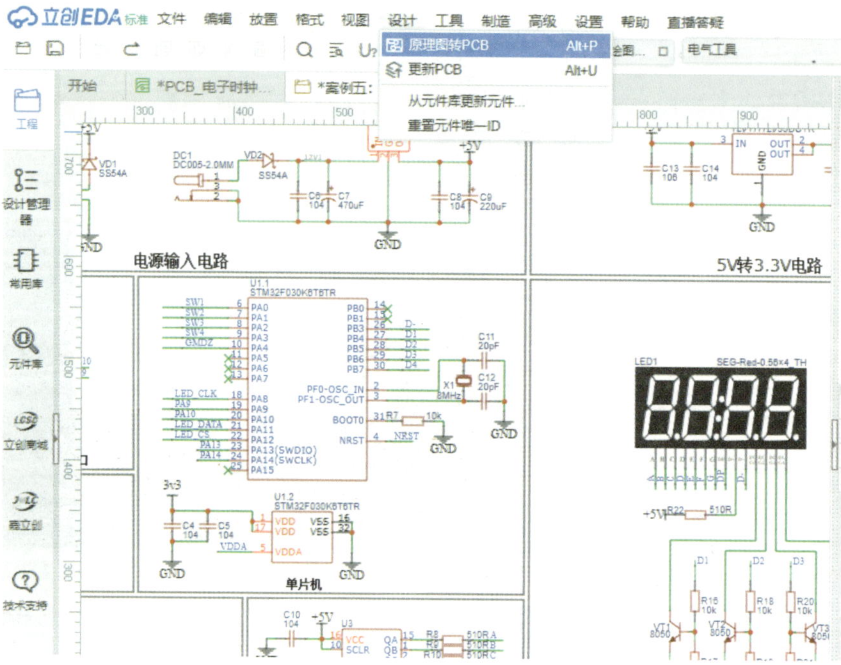

图 6-75 原理图转 PCB

当所有元件由原理图导入印制板图后，可得到图 6-76 所示效果。

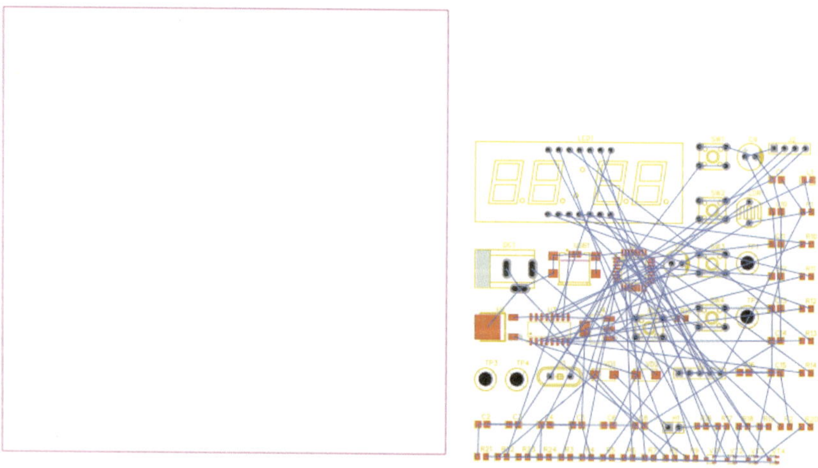

图 6-76 原理图转 PCB 效果图

五、绘制定位孔

在 PCB 的实物中，电路板的 4 个顶角需要各安放一个定位孔。单击 PCB 工具中的圆（C）◯按钮，在 PCB 上绘制一个圆，然后单击选中该圆，在 PCB 板设计界面右侧的“圆属性”面板中设置圆的参数，如图 6-77 所示。属性设置完成后的圆如图 6-78 所示。

图 6-77　绘制定位孔（1）

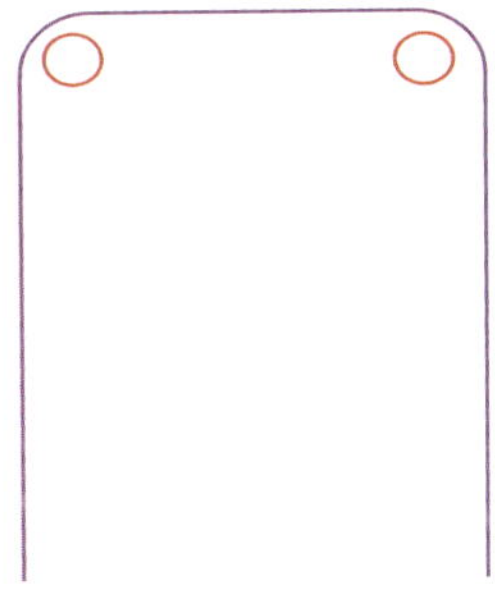

图 6-78　绘制定位孔（2）

继续单击选中该圆，在单击鼠标右键，在右键快捷菜单中选择“转为槽孔”命令，如图 6-79 所示。转成槽孔之后的圆如图 6-80 所示。

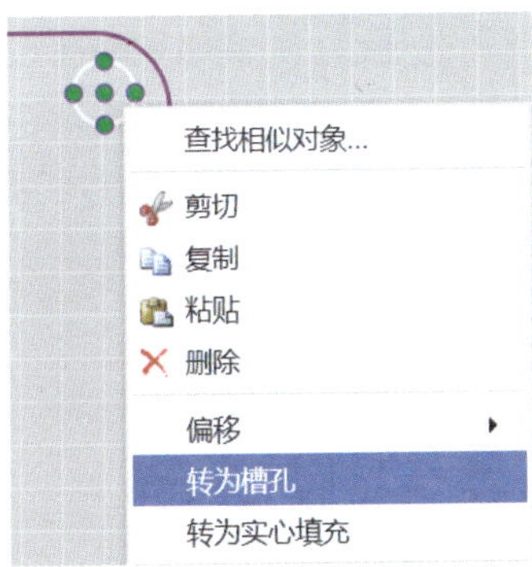

图 6-79　转为槽孔

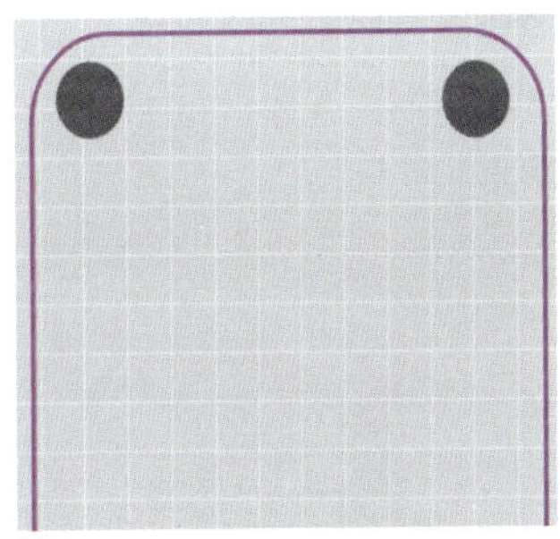

图 6-80　转为槽孔效果图

按照同样的方法设置其他方位的槽孔，4 个槽孔全会绘制完成的效果如图 6-81 所示。

图 6-81　4 个定位孔完成效果图

单击主菜单中的“视图”按钮，在下拉菜单中选择“3D 预览”命令，如图 6-82 所示。

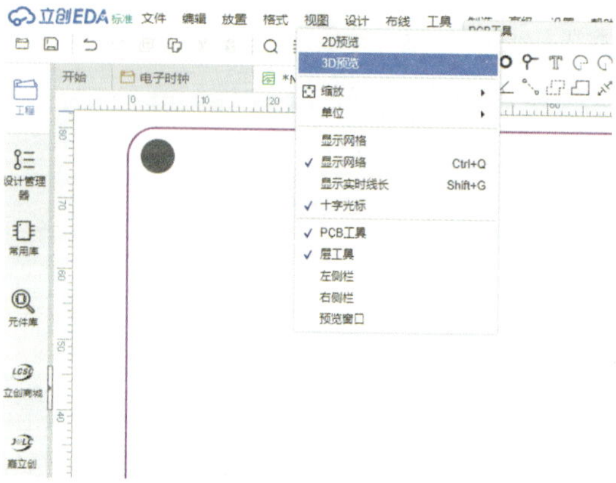

图 6-82　3D 预览命令

在设计 PCB 时，常常会在定位孔的外侧增加一个丝印圈，为的是提醒设计者在进行 PCB 布线时不要距离定位孔太近，以避免 PCB 打样钻孔时将布线切掉。

在层与元素面板中选择顶层丝印层；然后单击 PCB 工具中按圆（C）◯按钮，在 PCB 中绘制一个圆，单击选中该圆，在 PCB 设计界面右侧的“圆属性”面板中设置圆的参数，如图 6-83 所示。通过同样的方式或是通过复制、粘贴的方式完成其他丝印圈的放置，如图 6-84 所示。

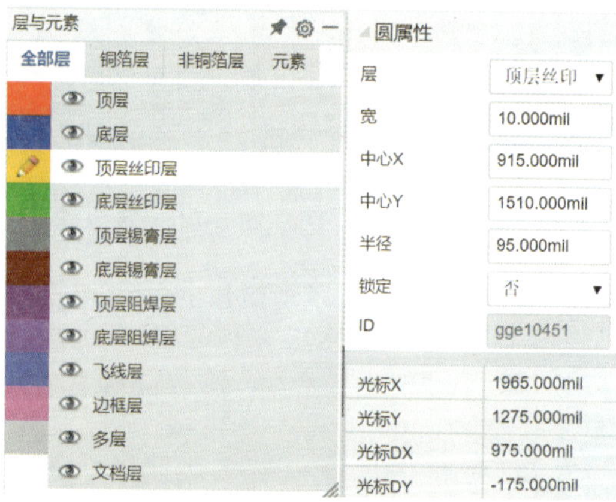

图 6-83　设置定位孔丝印圈属性

图 6-84　定位孔丝印圈效果图

六、元件的布局

布局是将元件按照一定的规则在 PCB 中摆放的过程。布局合理，后继的布线操作才会相对容易。

1. 布局原则

布局一般要遵循以下原则：

（1）布线最短原则。例如，集成电路的去耦电容应尽量放置在相应的 VCC 和 GND 引脚之间，且距离集成电路尽可能近，使之与 VCC 和 GND 之间形成的回路最短。

（2）将同一功能模块集中原则。即实现同一功能的相关电路模块中的元件就近集中布局。

（3）“先大后小，先难后易”原则。即重要的单元电路、核心元件应优先布局。

（4）布局应参考原理图，根据电路的主信号流向规律放置主要元件。

（5）元件的排列要便于调试和维修，即小元件周围不能放置大元件，需调试的元件周围要有足够的空间。

（6）同类型插件元件在 X 轴或 Y 轴方向上应朝同一个方向放置。同一种类型的有极性分立元件也要尽量在 X 轴或 Y 轴方向上保持一致，以便于生产和检验。

（7）布局时，位于电路边缘的元件，离电路板边缘一般不小于 2 mm，如果空间容许，建议距离设置为 5 mm。

（8）布局晶振时，应尽量靠近集成电路，且与晶振相连的电容要紧邻晶振。

2. 布局基本操作

进行元件布局时，应掌握以下基本操作：

（1）交叉选择：用于切换原理图符号和 PCB 封装之间的对应位置。在原理图中选中一个元件，单击主菜单中的“工具”按钮，在下拉菜单中选择“交叉选择”命令，如图 6-85 所示。或是使用快捷键“Shift+X”，即可切换至 PCB 封装并高亮显示该元件的 PCB 封装。

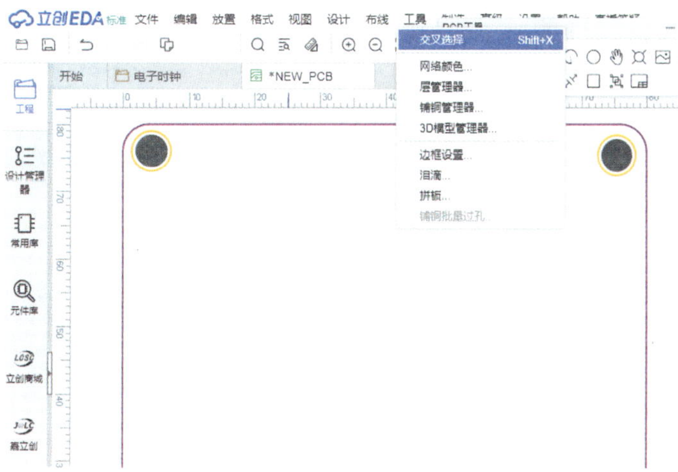

图 6-85　交叉选择

注意，在使用该功能之前，应确保 PCB 已经保存；如果没有打开 PCB，编辑器会自动打开；若工程内含有多个 PCB 文件且都尚未打开，则编辑器会自动打开第一个。

（2）布局传递：在原理图中，同一模块电路中的元件一目了然，但是当原理图中的元件被更新到 PCB 之后，具有相同封装的元件会被放置在同一列，无法区分各模块电路中的元件，为此，立创 EDA 提供了“布局传递”功能。布局传递是将元件在原理图中的布局位置传递到 PCB 中的元件封装布局位置。

（3）元件复选：按下“Ctrl”键，同时单击元件，即可实现多个元件的复选。

（4）元件对齐：首先选中需要对齐的元件，然后单击工具栏中的“格式”按钮，在下拉菜单中选择所需要的对齐操作即可实现元件的对齐摆放，如图 6-86 所示。

（5）元件旋转：单击选中待旋转的元件，然后单击工具栏中的“格式”按钮，在下拉菜单中选择需要的操作即可实现元件的旋转，如图 6-87 所示。也可选中元件，按空格键实现元件旋转。注意，PCB 封装不支持镜像操作。

图 6-86　元件对齐

图 6-87　元件旋转

电子时钟电路布局完成后的效果如图 6-88 所示。

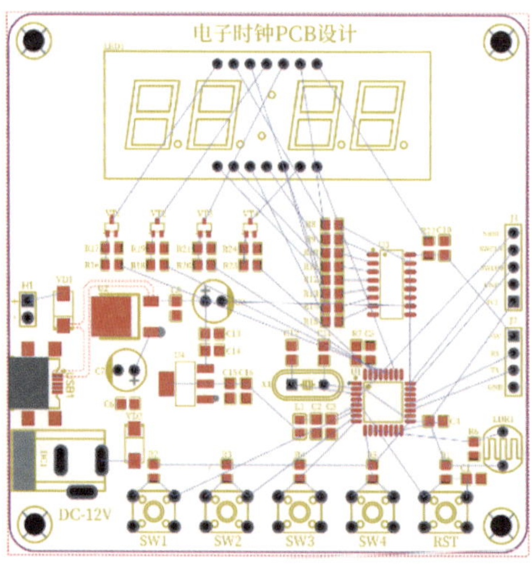

图 6-88　电子时钟布局完成效果图

图 6-88 所示的电子时钟电路 PCB 布局完成效果图中有飞线，这些飞线会影响视觉效果，可以把飞线隐藏，如图 6-89 所示。

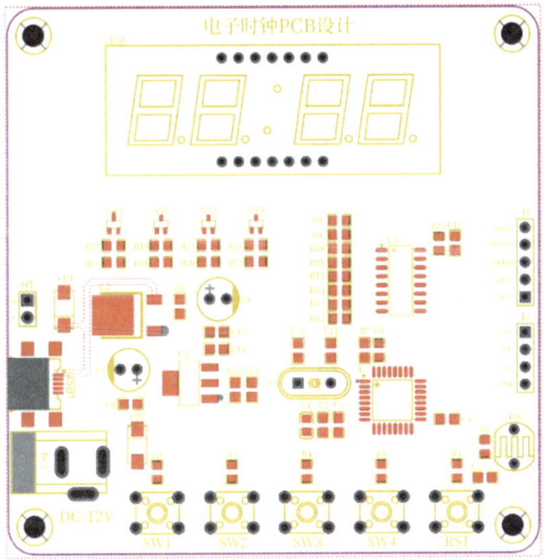

图 6-89　电子时钟布局完成效果图（隐藏飞线）

七、元件的布线

1. 布线基本操作

（1）关闭飞线。飞线是基于相同网络产生的，当两个焊盘的网络相同时，将会出现飞线，表示这两个焊盘可以通过导线连接。如果需要关闭某条网络的飞线（即隐藏飞线），可以在设计管理器中取消勾选该网络，待布线完成后再打开，这样可以减少飞线对布线的干扰。如图 6-90、图 6-91 所示。

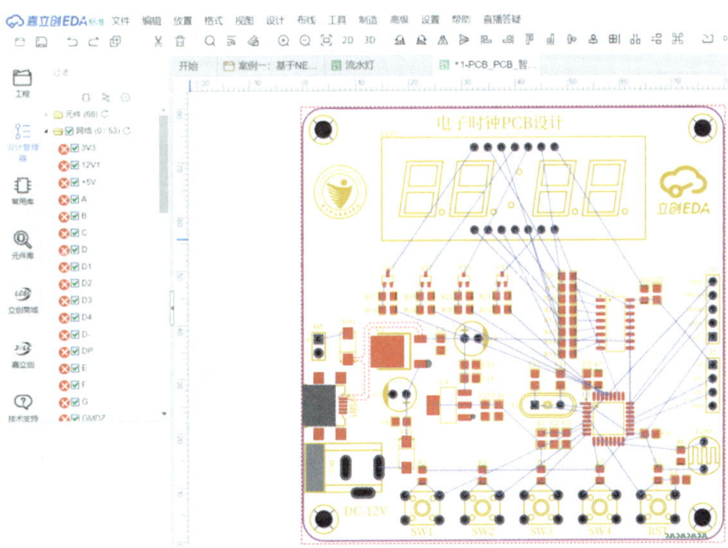

图 6-90　关闭飞线前效果图

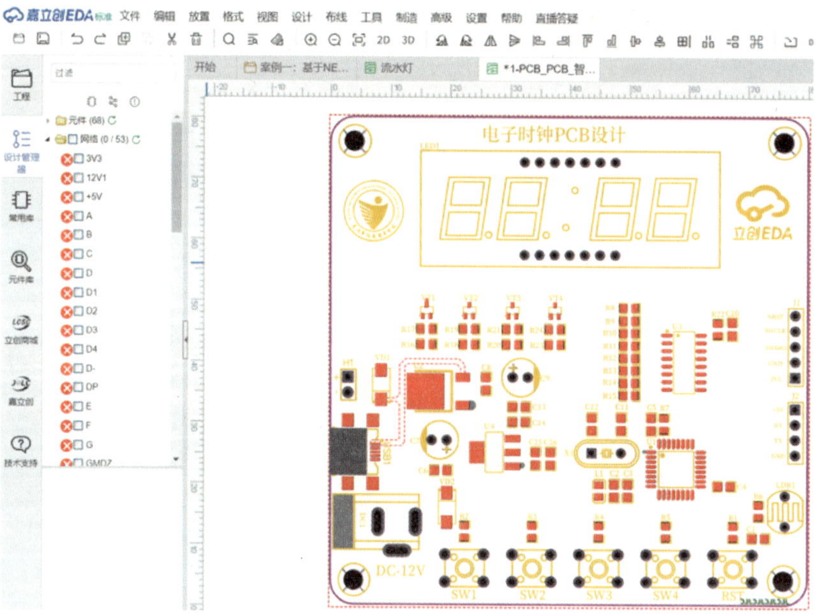

图 6-91　关闭飞线后效果图

（2）选择布线工具。单击 PCB 工具中的 按钮，或按快捷键“W”，在画布上单击“开始绘制”，再次单击“确认”布线。单击鼠标右键可取消布线，再次单击鼠标右键即可退出布线模式。布线时要选择正确的层，铜箔层和非铜箔层都可用该布线工具绘制导线。

（3）修改导线属性。首先选择待修改属性的一段导线，然后在 PCB 设计环境右侧的“导线属性”面板中修改即可，如图 6-92 所示。

图 6-92　修改导线属性

（4）切换布线活动层。在顶层绘制一段导线，单击确认布线，然后按 B 键，可以自动添加过孔，并自动切换到底层继续布线。按“T”键可由底层切换至顶层。

（5）调节导线线宽。在布线过程中，按“+”“-”键可以调节当前导线的线宽，线宽以 2 mil 的幅度递增或递减。也可以按 Tab 键修改线宽的参数。如果在布完一段导线后，要增大下一段导线的线宽，则先按“L”键，再按“+”键调整。

（6）移动导线线段。单击选中一段导线，拖动即可调节其位置。

（7）切换布线角度。在布线过程中，按“L”键可以切换布线角度。布线角度有 4 种：90°布线、45°布线、任意角度布线和弧形布线。按空格键可以切换当前布线的角度。

（8）高亮显示网络。单击选中待高亮显示的网络的其中一段导线，按“H”键可以高亮显示该网络的所有导线，再次按“H”键，可以取消高亮显示。

（9）删除导线。在布线的过程中，要撤销上一段布线可以通过按“Delete”键实现；要删除导线的某一线段，可以按下“shit”键，同时双击要删除的线段，或者选中要该线段，然后单击鼠标右键，在右键快捷菜单中选择“删除线段”命令即可实现。

（10）布线冲突。在 PCB 设计过程中，需要打开布线冲突中的“阻挡”功能，如图 6-93 所示。这样在布线过程中，不同网络之间将不相连。

（11）布线吸附。在布线过程中，需要打开“吸附”功能，如图 6-94 所示，这样布线时将自动吸附在焊盘的中心位置。

图 6-93　布线冲突

图 6-94　布线吸附

2. 布线注意事项

（1）电源主干线原则上要加粗（尤其是电路板的电源输入输出线）。

（2）PCB 布线不要距离定位孔和电路板边框太近，否则在进行 PCB 钻孔加工时，导线很容易被切掉一部分甚至被切断，如图 6-95 所示。

图 6-95　布线吸附

（3）同一层禁止 90°拐角布线，不同层之间允近过孔 90°布线。此外，布线时尽可能遵守一层水平布线、另一层垂直布线的原则。

（4）高频信号线不要加粗，尽可能布线在同一层。

（5）根据布线规则，手持式智能电子时钟电路布线完成效果如图 6-96 所示。

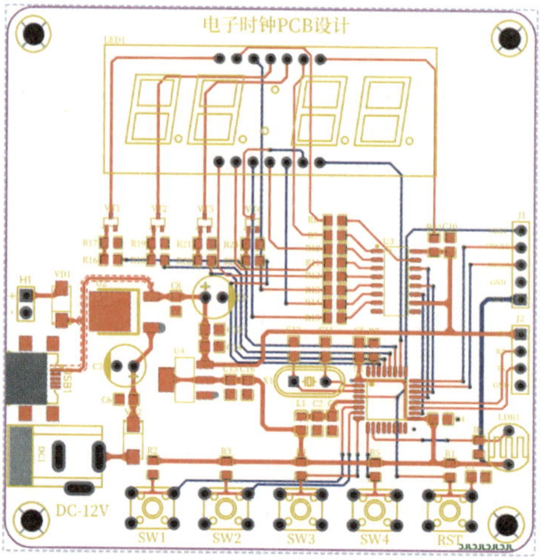

图 6-96　电子时钟布线效果图

八、丝　印

丝印是指印刷在电路板表面的图案和文字，丝印字符布置原则是“不出歧义，见缝插针，美观大方”。添加丝印就是在 PCB 的上下表面印刷上所需要的图案和文字等，主要是为了方便电路板的焊接、调试、安装和维修等。

（一）添加丝印

1. 在顶层丝印层添加丝印

在“层与元素”面板中选择“顶层丝印层”，如图 6-97 所示。

单击 PCB 工具中的 T 按钮，这时指针处会出现 TEXT 字符，接着按“Tab”键，在弹出的“属性”文本框中输入要添加的丝印文本，如图 6-98 所示，然后单击“确定”按钮。

图 6-97　选择顶层丝印层

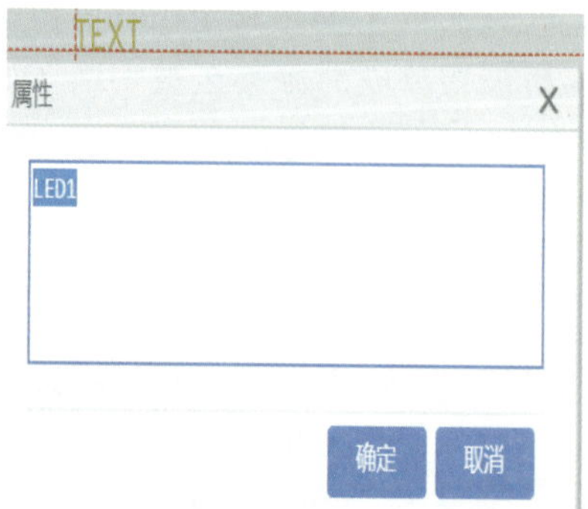

图 6-98　输入丝印文本

这时指针处的 TEXT 文本变成 LED1，单击放置在 PCB 相应的位置上。然后，单击选中丝印 LED1，在 PCB 设计环境右侧的“文本属性”面板中修改文本的线宽、高等参数，如图 6-99 所示。

2. 在底层丝印层添加丝印

在“层与元素”面板中选择“底层丝印层”，其余操作与在顶层丝印层添加丝印相似，也可在“文本属性”面板中的“层”下拉菜单中选择“底层丝印”，将顶层丝印切换为底层丝印。顶层丝印和底层丝印效果图如图 6-100 所示，两者呈镜像关系。

图 6-99　修改文本丝印属性

图 6-100　顶层丝印和底层丝印

（二）丝印方向

丝印的摆放方向应遵守“从左到右，从上到下”的原则。也就是说，如果丝印是横排的，则首字母须位于左侧；如果丝印是竖排的，则首字母须位于上方。

九、添加电路板信息

为了便于产品管理，可在电路板上添加电路板名称。下面详细介绍如何添加电路板名称。

在“层与元素”面板中选择“顶层丝印层”，单击 PCB 工具中的“T”按钮，然后按“Tab”键，在弹出的“属性”。文本框中输入“项目六：电子时钟”。也可以设置文本属性，然后放置在合适的位置，如图 6-101 所示。

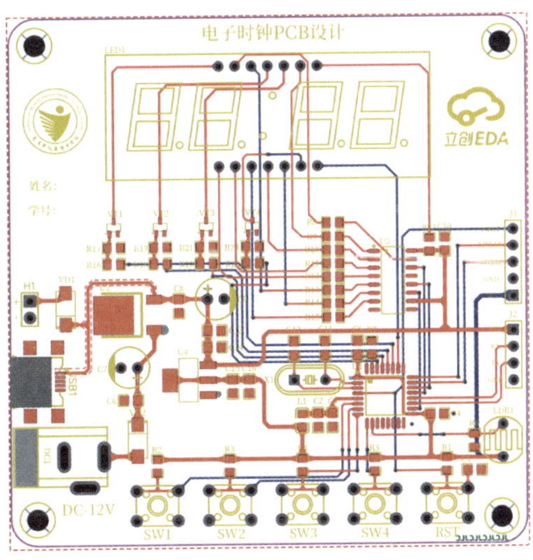

图 6-101　电路板名称设置

十、覆　铜

覆铜是指将电路板上没有布线的部分用固体铜填充，又称为灌铜，一般与电路的一个网络相连。大多数情况与 GND 网络相连，对大面积的 GND 或电源网络覆铜将起到屏蔽作用，可提高电路的抗干扰能力。此外，覆铜还可以提高电源效率，与地线相连的覆铜可以减小环路面积。

对于电子时钟电路项目，将覆铜网络设置为 GND。以顶层覆铜为例，首先在“层与元素”面板中选择“顶层”，单击 PCB 工具中的 按钮，或按 E 键开始绘制覆铜。在 PCB 边框外部沿着绘制一个比边框略大的矩形框，结束绘制时单击鼠标右键，系统将自动填充，如图 6-102 所示。

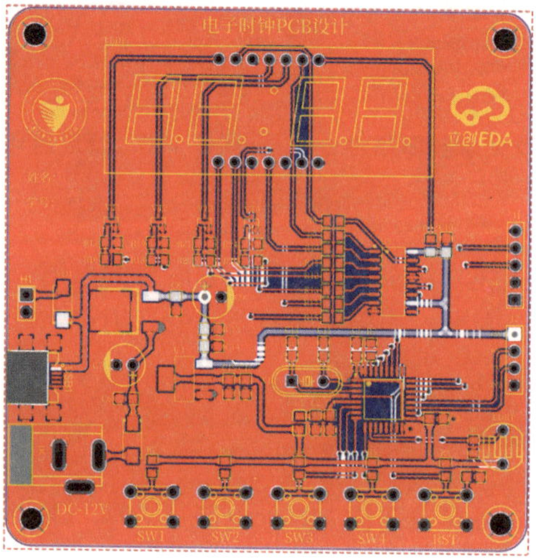

图 6-102　顶层覆铜

完成顶层覆铜后，按照同样的方法给底层进行覆铜，底层覆铜后如图 6-103 所示。

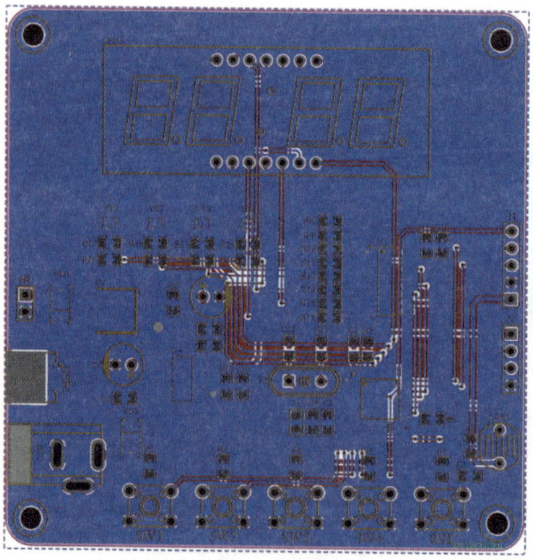

图 6-103　底层覆铜

选中覆铜线框，可在 PCB 设计环境右侧的“覆铜属性”面板中修改属性，如图 6-104 所示。如果对 PCB 做了修改，或者修改了覆铜属性，则可通过单击“重建覆铜区”按钮或按快捷键“Shift+B”重建所有覆铜区，无须重新绘制覆铜区。如果要清除所有覆铜区，可按快捷键“Shift+M”。

图 6-104　覆铜属性

十一、DRC 规则检查

DRC 规则检查是根据设计者设置的规则对 PCB 设计进行检查。在 PCB 设计环境下，单击打开“设计管理器”，然后刷新“DRC 错误”，如图 6-105 所示。一旦检查出 PCB 有违反规则的地方，错误信息将会显示在“DRC 错误”目录下。

图 6-105　DRC 规则检查

【任务评价】

电子时钟电路 PCB 设计评价表如表 6-5 所示。

表 6-5　电子时钟电路 PCB 设计评价

项目名称：____________________

姓名：________　　班级：________　　学号：________

<table>
<tr><th>评价内容</th><th colspan="2">评价标准</th><th>评价要求</th><th>分值</th><th>得分</th></tr>
<tr><td>考勤纪律（10%）</td><td colspan="2">无迟到、早退、旷课情况；
遵守课堂各项纪律</td><td>迟到、早退一次扣 1 分；
旷课一次扣 2 分；
影响上课秩序一次扣 2 分</td><td>100</td><td></td></tr>
<tr><td>职业规则（10%）</td><td colspan="2">爱护公共设施、爱护个人及公共环境卫生、不得带饮料及食品进机房</td><td>视具体情况扣分</td><td>100</td><td></td></tr>
<tr><td rowspan="10">实施步骤（80%）</td><td>1.新建 PCB 文件</td><td>在 PCB 工程中新建 PCB 文件并保存</td><td>无操作失误</td><td>5</td><td></td></tr>
<tr><td>2.将原理图导入 PCB 文件</td><td>能把原理图直接转换成 PCB 文件</td><td>无操作失误</td><td>5</td><td></td></tr>
<tr><td>3.PCB 规则设置</td><td>能按要求设置PCB边框参数；
完成间距设置、线宽设置、孔外径设置、孔内径设置、线长设置</td><td>每错一处扣 2 分，扣完为止</td><td>10</td><td></td></tr>
<tr><td>4.定位孔设计</td><td>能准确绘制定位孔</td><td>与要求不符不给分</td><td>20</td><td></td></tr>
<tr><td>5.元件布局</td><td>能按要求及原则进行 PCB 元件布局</td><td>无操作失误</td><td>10</td><td></td></tr>
<tr><td>6.元件布线</td><td>能按要求及原则进行 PCB 布线</td><td>无操作失误</td><td>10</td><td></td></tr>
<tr><td>7.添加丝印</td><td>能按要求添加丝印</td><td>每错一处扣 1 分，扣完为止</td><td>10</td><td></td></tr>
<tr><td>8.添加电路板信息</td><td>能按要求添加电路板信息</td><td>每错一处扣 1 分，扣完为止</td><td>10</td><td></td></tr>
<tr><td>9.电路板覆铜</td><td>能按要求进行双面或单面覆铜</td><td>无操作失误</td><td>10</td><td></td></tr>
<tr><td>10.DRC 规则检查</td><td>DRC 规则检查无误</td><td>无操作失误</td><td>10</td><td></td></tr>
<tr><td colspan="4">合　计</td><td>100</td><td></td></tr>
</table>

【任务小结】

电子时钟电路 PCB 印制板设计总结如图 6-106 所示。

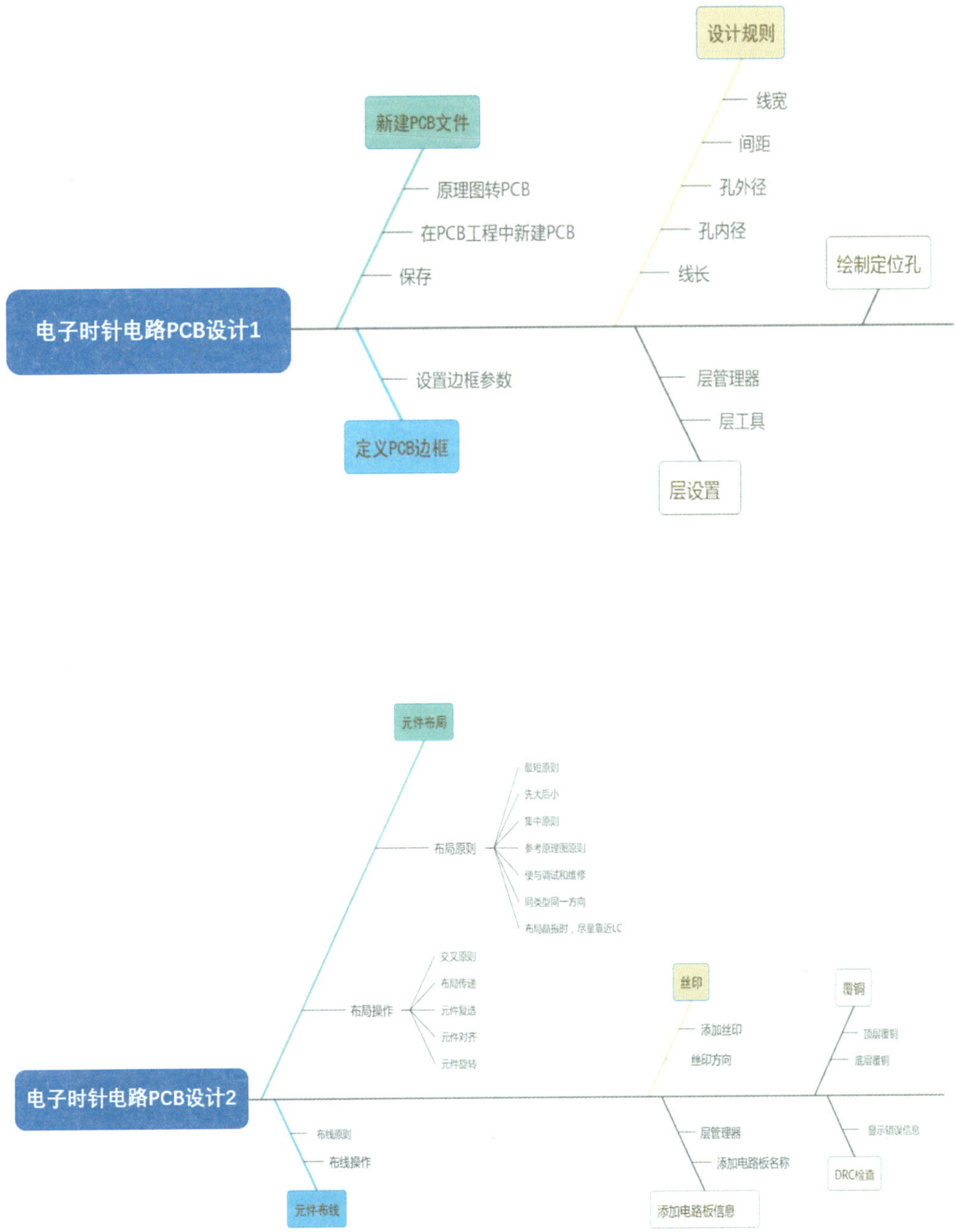

图 6-106　电子时钟电路 PCB 印制板设计总结

【任务拓展】

单片机智能防盗报警器印制电路板设计

单片机智能防盗报警电路采用 AT89C2051 单片机、稳压管、蜂鸣器、晶振、二极管、电阻、电容等元件构成。

下面提供电路的参考元件清单（见表 6-6）及印制电路板 2D、3D 预览图（见图 6-107、图 6-108），请根据相关要求绘制电路原理图及 PCB 图。

表 6-6　数模转换（D/A）电路元件清单

编号	元件名称	位号	封装	数量
1	10uF	C1	CAP-TH_BD6.3-P2.50-D1.0-FD	1
2	22pF	C2,C3	CAP-TH_L5.0-W3.0-P5.00-D1.0	2
3	0.1uF	C4.C7	RAD-0.1	2
4	100uF	C5	CAP-TH_BD4.0-P1.50-D0.8-FD	1
5	0.47uF	C6	RAD-0.1	1
6	1N4148	D1	DO-35_BD2.0-L4.2-P8.20-D0.5-RD	1
7	稳压管+5V	D2	DO-35_BD1.9-L3.9-P7.90-D0.5-FD	1
8	1N4004	D3	DO-41_BD2.4-L4.7-P8.70-D0.9-FD	1
9	Buzzer	LS	BUz-TH_BD12.0-P7.60-D0.6-FD	1
10	HDR-F-2.54_1X4	P	HDR-F-2.54_1X4	1
11	10k	R1.R3	R_AXIAL-0.4	2
12	1M	R2.R5	RES-TH_BD2.2-L6.5-P10.50-D0.6	2
13	180	R4	RES-TH_BD2.2-L6.5-P10.50-D0.6	1
14	AT89C2051	U1	DIP-20_L25.5-W10.0-P2.54-LS7.6-BL	1
15	12MHz	Y	HC-49uS_L11.5-W4.5-P4.88	1
16	11.0592MHz	YD	HC-49US_L11.5-W4.5-P4.88	1

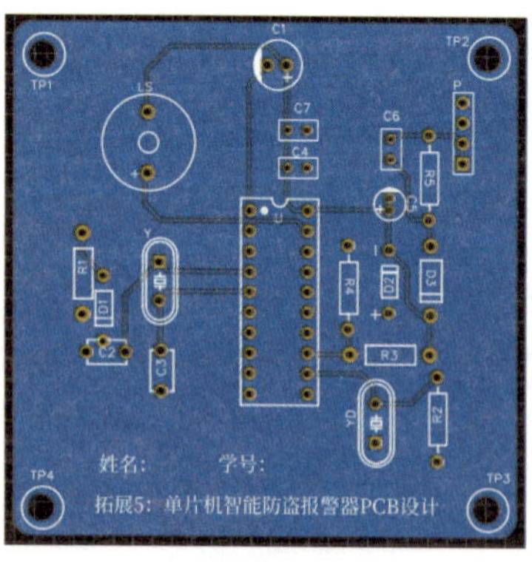

图 6-107　数模转换（D/A）电路印制板 2D 预览

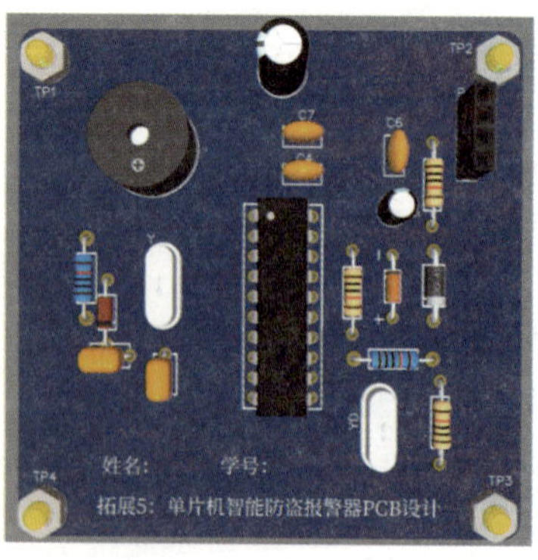

图 6-108　数模转换（D/A）电路印制板 3D 预览

1. 原理图设计

建立名为的单片机智能防盗报警器原理图文件，并设置原理图图纸尺寸为A4。

2. PCB 设计

绘制要求：元件布局合理，布线完整，外形尺寸合适。

说明：① 使用单面板或双面板；② 外形尺寸根据需要调整；③ 合适信号线宽度。

3. 扫码观看参考案例

二维动画：单片机智能防盗报警器

【项目评价】

总结项目实施情况，填写表 6-7 所示的项目评价表。

表 6-7　项目小结评价表

项目名称：____________________

姓名：________　　班级：________　　学号：________

<table>
<tr><td colspan="5">一、项目小结及自评（100 分）</td></tr>
<tr><td rowspan="3">完成哪些任务</td><td colspan="4"></td></tr>
<tr><td colspan="4"></td></tr>
<tr><td colspan="4"></td></tr>
<tr><td>遇到的难点</td><td colspan="4"></td></tr>
<tr><td>解决的方法</td><td colspan="4"></td></tr>
<tr><td colspan="2">收获了哪些知识与技能</td><td colspan="3"></td></tr>
<tr><td colspan="2">体会到哪些职业素质（团队协作精神，勤奋敬业精神、钻研创新精神等）</td><td colspan="3"></td></tr>
<tr><td colspan="5">二、小组互评（100 分）</td></tr>
<tr><td>语言沟通能力</td><td colspan="4"></td></tr>
<tr><td>团队合作精神</td><td colspan="4"></td></tr>
<tr><td colspan="5">三、师评（100 分）</td></tr>
<tr><td>按时完成情况</td><td colspan="4"></td></tr>
<tr><td>项目完成质量</td><td colspan="4"></td></tr>
<tr><td>解决问题的能力</td><td colspan="4"></td></tr>
<tr><td>任务创新点</td><td colspan="4"></td></tr>
<tr><td rowspan="2">项目综合评价</td><td>自评（35%）</td><td>互评（15%）</td><td>师评（50%）</td><td>项目综合得分</td></tr>
<tr><td></td><td></td><td></td><td></td></tr>
</table>

【知识链接】

如何导出生产文件

设计好电路板后，接下来就是制作电路板。制作电路板包括 PCB 打样、元件采购和焊接（或贴片）三个环节，每个环节都需要相应的生产文件。那么如何导出生产文件呢？

生产文件一般由 PCB 源文件、Gerber 文件和 SMT 文件组成，而 SMT 文件又由 BOM、丝印文件和坐标文件组成，如图 6-109 所示。

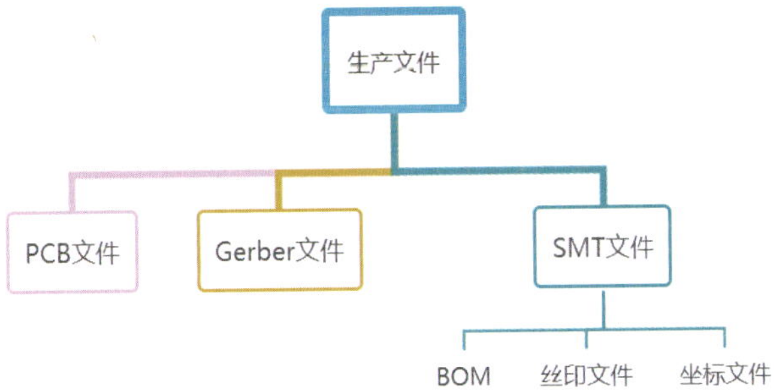

图 6-109 生成文件结构

一、Gerber 文件的导出

Gerber 文件是一种符合 EIA 标准的，由 GerberScientific 公司定义为用于驱动光绘机的文件。该文件把 PCB 中的布线数据转换为 1:1 高精度胶片的光绘数据，能被光绘机用于生产。PCB 打样厂用 Gerber 文件来制作 PCB。下面以电子时钟电路项目为例来介绍 Gerber 文件导出方法。

打开电子时钟电路 PCB，单击工具栏中的“文件”按钮，在下拉菜单中单击“生成 PCB 制板文件（Gerber）”命令，如图 6-110 所示。

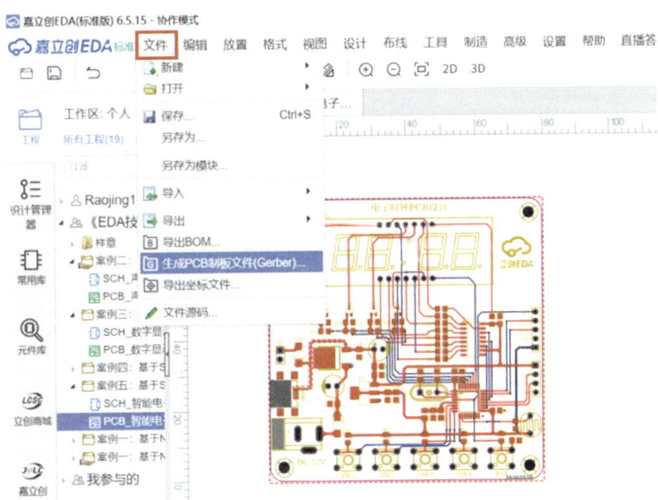

图 6-110 Gerber 文件导出（一）

在弹出的“注意”对话框中单击“是，检查 DRC”按钮，如图 6-111 所示。注意在生成 Gerber 文件之前，务必进行 DRC 检查，查看“设计管理器”中 DRC 的错误项，以避免生成有缺陷的 Gerber 文件。

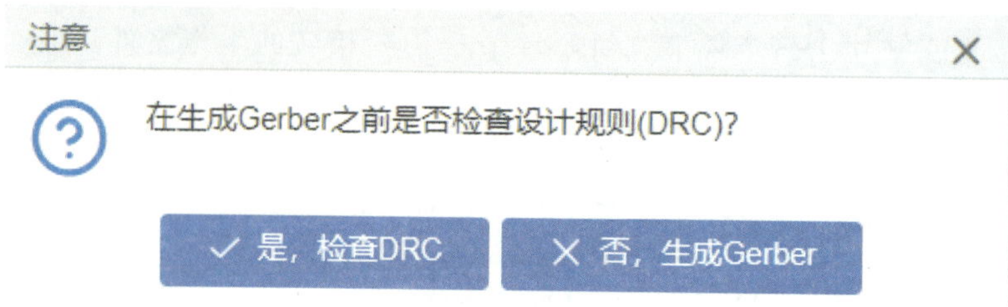

图 6-111 Gerber 文件导出（二）

在弹出的“生成 PCB 制板文件 Gerber”对话框中，单击“生成 Gerber”按钮，下载 Gerber 文件，如图 6-112 所示，然后保存导出的 Gerber 文件压缩包。

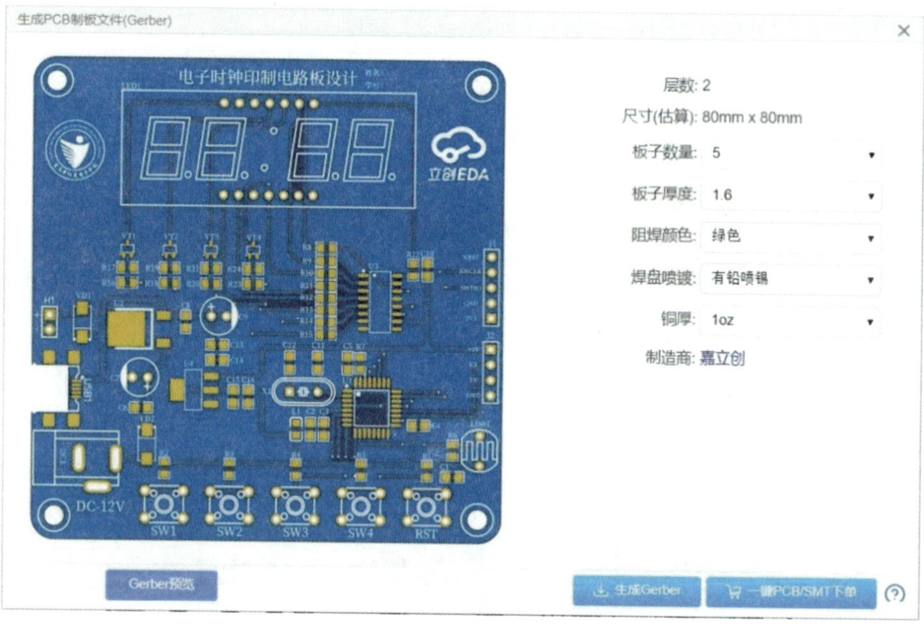

图 6-112 Gerber 文件导出（三）

生成后的 Gerber 文件是一个压缩包，解压后你可以看到有如下文件：

（1）Gerber_BoardOutline.GKO：边框文件。PCB 板厂根据该文件进行切割板形状。立创 EDA 绘制的槽，实心填充的非镀铜通孔在生成 Gerber 后在边框文件进行体现。

（2）Gerber_TopLayer.GTL：PCB 顶层。顶层铜箔层。

（3）Gerber_BottomLayer.GBL：PCB 底层。底层铜箔层。

（4）Gerber_TopSilkLayer.GTO：顶层丝印层。

（5）Gerber_BottomSilkLayer.GBO*：底层丝印层。

（6）Gerber_TopSolderMaskLayer.GTS：顶层阻焊层。也可以称之为开窗层，默认板子盖油，在该层绘制的元素对应到顶层的区域则不盖油。

（7）Gerber_BottomSolderMaskLayer.GBS：底层阻焊。也可以称之为开窗层，默认板子盖油，在该层绘制的元素对应到底层的区域则不盖油。

（8）Drill_PTH_Through：金属化钻孔层。这个文件显示的是内壁需要金属化的钻孔位置。

（9）Gerber_TopPasteMaskLayer.GTP：顶层助焊层。开钢网用。

二、BOM 的导出

BOM（Bill of Materials）,即物料清单，包括元件的详细信息（如元件名称、编号、封装等）。通过 BOM 可以查看电路板上元件的各类信息，便于设计者采购元件和焊接电路板。下面介绍 BOM 的导出方法。

打开电子时钟电路原理图，单击工具栏中“文件”，在下拉菜单中单击“导出 BOM”命令，如图 6-113 所示。

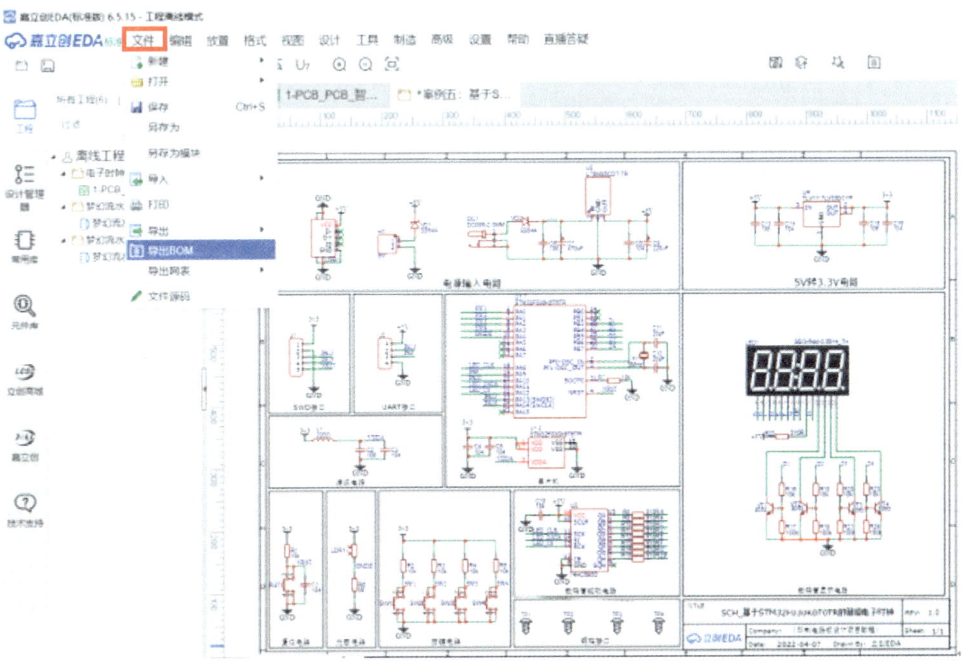

图 6-113　导出 BOM（一）

在弹出的“导出 BOM″对话框中，单击“导出 BOM”按钮，下载 BOM 文件，如图 6-114 所示，然后保存 BOM。导出的 BOM 表打开后如图 6-115 所示。为了方便使用，常常需要将 BOM 打印出来。

编号	元件名称	位号	封装	数量	制造商料号	制造商	供应商	供应商编号		价格
1	104	C1,C3,C4,...	C0805	9	CC0805KRX7R9BB104	YAGEO	LCSC	C49678	分配立创编号	0.0263
2	106	C2,C13,C15	C0805	3	CL21A106KBYQNNE	SAMSUN...	LCSC	C2932476	分配立创编号	0.7668
3	470uF	C7	CAP-TH_BD6....	1	470uF 16V 6.3*12	ValuePro	LCSC	C43809	分配立创编号	0.1667
4	220uF	C9	CAP-TH_BD6....	1	220uF 10V 6.3*7	ValuePro	LCSC	C43331	分配立创编号	0.1042
5	20pF	C11,C12	C0805	2	CL21C200JBANNNC	SAMSUNG	LCSC	C1798	分配立创编号	0.0729
6	DC005-2....	DC1	DC-IN-TH_DC...	1	DC005	SHOU HA...	LCSC	C431533	分配立创编号	0.2769
7	6V	H1	HDR-TH_2P-P...	1	RE-H022TD-1190(LF...	JST Sales ...	LCSC	C160332	分配立创编号	0.5413
8	HDR-M-2....	J1	HDR-M-2.54_...	1	MTP125-1105S1	MINTRON(...	LCSC	C358687	分配立创编号	0.1804
9	HDR-M-2....	J2	HDR-M-2.54_...	1	B-2100S04P-A110	Ckmtw	LCSC	C124378	分配立创编号	0.254
10	220Ω	L1	L0805	1	BLM21PG221SN1D	MuRata	LCSC	C85840	分配立创编号	0.1121
11	MG-52B	LDR1	RES-TH_L7.0-...	1	GL7537	JCHL(She...	LCSC	C559383	分配立创编号	1.0853
12	SEG-Red-...	LED1	LED-SEG-TH_...	1	SLR0564FR1C4BD-3.5	SUNLIGH...	LCSC	C225949	分配立创编号	4.88
13	10k	R1,R2,R3,...	R0805	10	0805W8F1002T5E	UniOhm	LCSC	C17414	分配立创编号	0.0049

图 6-114　导出 BOM（二）

ID	Name	Designator	Footprint	Quantity	Manufacturer Part	Manufacturer	Supplier	Supplier Part	Price
1	DC005-2.0MM	DC1	DC-IN-TH_DC005	1	DC005	SHOU HAN(首韩)	LCSC	C431533	0.2769
2	L78M05CDT-TR	U2	TO-252-3_L6.5-W6.1-P4.58-LS9	1	L78M05CDT-TR	ST	LCSC	C55509	0.998
3	TLV1117LV33DCYR	U4	SOT-223-3_L6.5-W3.4-P2.30-LS	1	TLV1117LV33DCYR	TI	LCSC	C15578	1.4098
4	6V	H1	HDR-TH_2P-P2.54-V-M-1	1	RE-H022TD-1190(LF)(SN)	JST Sales America	LCSC	C160332	0.5413
5	USB-Micro_2	USB1	MICRO-USB-SMD_5P_C40957	1	920-F52A2021S10101	ValuePro	LCSC	C40957	0.5281
6	HDR-M-2.54_1x5	J1	HDR-M-2.54_1X5	1	MTP125-1105S1	MINTRON(明硕)	LCSC	C358687	0.1804
7	HDR-M-2.54_1x4	J2	HDR-M-2.54_1X4	1	B-2100S04P-A110	Ckmtw	LCSC	C124378	0.254
8	104	C1,C3,C4,C5,C6,C8,(	C0805	9	CC0805KRX7R9BB104	YAGEO	LCSC	C49678	0.0263
9	106	C2,C13,C15	C0805	3	CL21A106KBYQNNE	SAMSUNG(三星)	LCSC	C2932476	0.7668
10	20pF	C11,C12	C0805	2	CL21C200JBANNNC	SAMSUNG	LCSC	C1798	0.0729
11	SEG-Red-0.56×4_TH	LED1	LED-SEG-TH_SLR0564FR1C4BD-	1	SLR0564FR1C4BD-3.5	SUNLIGHT(光华)	LCSC	C225949	4.88
12	10k	R1,R2,R3,R4,R5,R7,R	R0805	10	0805W8F1002T5E	UniOhm	LCSC	C17414	0.0049
13	5k	R6	R0805	1	TC0525B5001T5E	UniOhm	LCSC	C78980	0.3252
14	510R	R8,R9,R10,R11,R12,I	R0805	9	0805W8J0511T5E	UniOhm	LCSC	C25317	0.0088
15	100k	R17,R19,R21,R24	R0805	4	0805W8F1003T5E	Uniroyal Elec	LCSC	C149504	0.0105
16	K4-6×6_TH	RST,SW1,SW2,SW3,S	KEY-TH_4P-L6.0-W6.0-P4.50-LS	5	TS668CJ	SHOU HAN(首韩)	LCSC	C557624	0.1071
17	M3x10+6	TP1,TP2,TP3,TP4	M3X10-6	4	M3x10+6	Shuntian(顺天五金)	LCSC	C551322	0.2318
18	8MHz	X1	HC-49US_L11.5-W4.5-P4.88	1	B08000J065	ZheJiang East Crysta	LCSC	C258976	0.4538
19	74HC595D	U3	SOP-16_L10.0-W3.9-P1.27-LS6.(	1	SM74HC595D	MINGWEI	LCSC	C93838	0.4569
20	470uF	C7	CAP-TH_BD6.3-P2.50-D1.0-FD	1	470uF 16V 6.3*12	ValuePro	LCSC	C43809	0.1667

图 6-115　导出 BOM 表（部分）

三、丝印文件的导出

PCB 丝印文件包括顶层丝印层文件和底层丝印文件，在将电路板和物料发送给贴片厂进行贴片加工时，需要将 PCB 丝印文件和坐标文件一起发送。下面介绍丝印文件的导出方法。

打开电子时钟电路 PCB，单击工具栏中的“文件”按钮，在下拉菜单中执行“导出”→“PDF”命令，如图 6-116 所示。

在弹出的“导出文档”对话框中，选择“分离层”，在“导出”列中勾选“顶层丝印”和“底层丝印”，同时在“镜像”列中勾选“底层丝印”，颜色为“白底照图”，如图 6-117 所示。单击“导出”按钮，保存丝印文件压缩包。

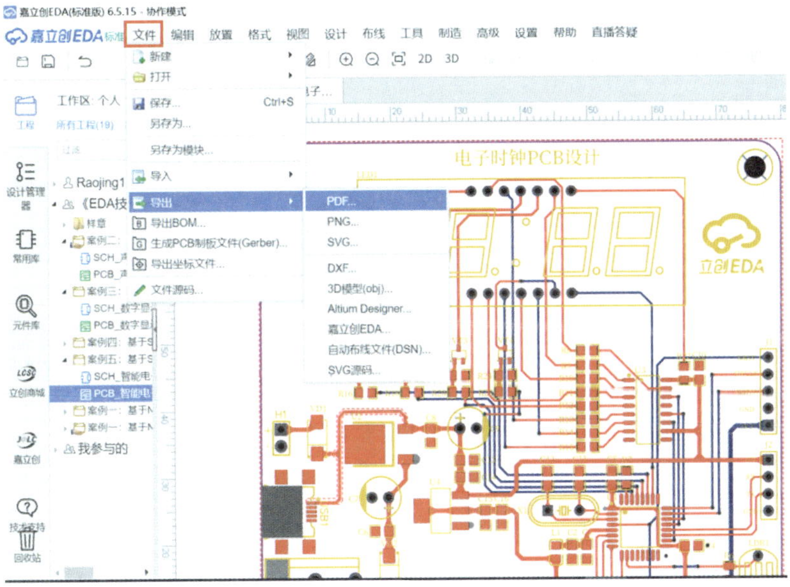

图 6-116　导出丝印文件（一）

图 6-117　导出丝印文件（二）

导出的电子时钟电路板的顶层丝印如图 6-118 所示。

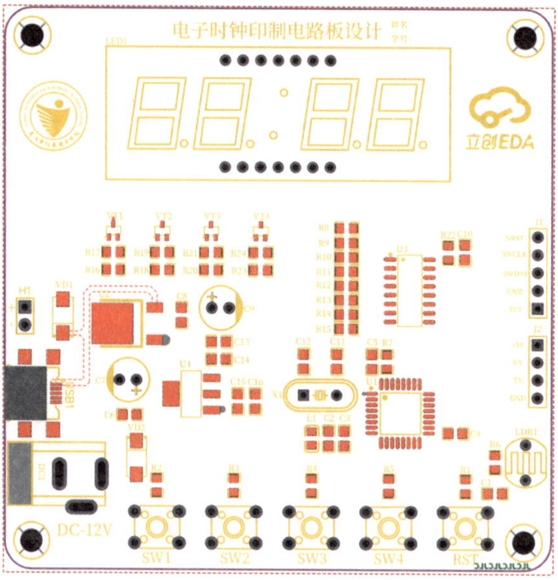

图 6-118　电子时钟电路顶层丝印

四、坐标文件的导出

打开电子时钟电路 PCB，单击工具栏中的“文件”按钮，在下拉菜单中执行“导出坐标文件”命令，如图 6-119 所示。然后保存坐标文件即可。

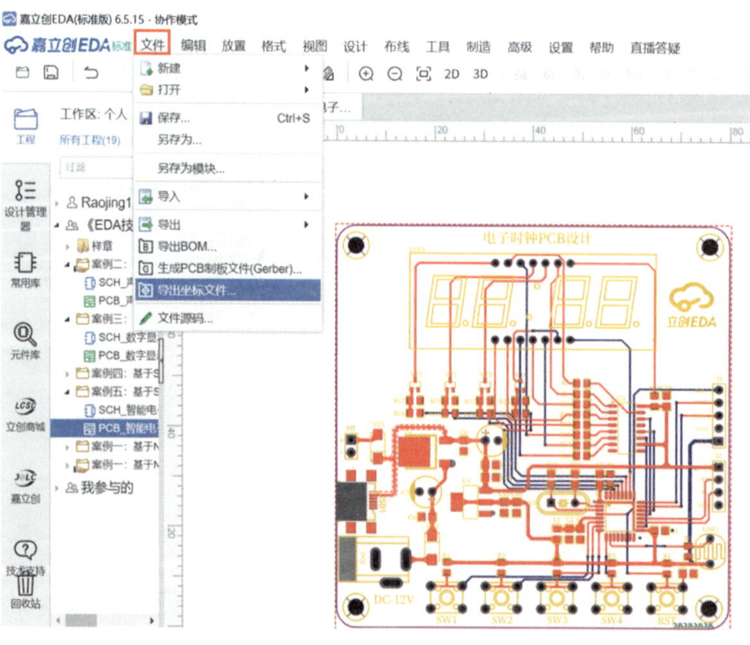

图 6-119　导出坐标文件

导出的坐标文件为 CSV 格式，如图 6-120 所示。

Designator	Footprint	Mid X	Mid Y	Ref X	Ref Y	Pad X	Pad Y	Layer	Rotation	Comment
C1	C0805	71.78mm	11.03mm	71.78mm	11.03mm	72.81mm	11.03mm	T	180	104
C2	C0805	47.5mm	18.75mm	47.5mm	18.75mm	47.5mm	17.72mm	T	90	106
C3	C0805	49.78mm	18.75mm	49.78mm	18.75mm	49.78mm	17.72mm	T	90	104
C4	C0805	66mm	19.55mm	66mm	19.55mm	67.03mm	19.55mm	T	180	104
C5	C0805	53.74mm	29.72mm	53.74mm	29.72mm	53.74mm	30.75mm	T	270	104
C6	C0805	18.47mm	22mm	18.47mm	22mm	17.44mm	22mm	T	0	104
C7	CAP-TH_BD6.3-P2.50-D1.0-FD	18.23mm	27mm	18.23mm	27mm	19.5mm	27mm	T	180	470uF
C8	C0805	26mm	36.26mm	26mm	36.26mm	26mm	35.23mm	T	90	104
C9	CAP-TH_BD6.3-P2.50-D1.0-FD	31.74mm	37.29mm	31.74mm	37.29mm	30.47mm	37.29mm	T	0	220uF
C10	C0805	67.31mm	45.35mm	67.31mm	45.35mm	67.31mm	44.32mm	T	90	104
C11	C0805	48.67mm	29.72mm	48.67mm	29.72mm	48.67mm	28.69mm	T	90	20pF
C12	C0805	43.79mm	29.72mm	43.79mm	29.72mm	43.79mm	28.69mm	T	90	20pF
C13	C0805	31.5mm	32.5mm	31.5mm	32.5mm	32.53mm	32.5mm	T	180	106
C14	C0805	31.5mm	30mm	31.5mm	30mm	32.53mm	30mm	T	180	104
C15	C0805	34.29mm	23.97mm	34.29mm	23.97mm	34.29mm	22.94mm	T	90	106
C16	C0805	36.83mm	23.97mm	36.83mm	23.97mm	36.83mm	22.94mm	T	90	104
DC1	DC-IN-TH_DC005	11.2mm	11.17mm	11.2mm	11.17mm	14.3mm	13.52mm	T	0	DC005-2.0MM
H1	HDR-TH_2P-P2.54-V-M-1	3mm	36mm	3mm	36mm	3mm	37.27mm	T	270	6V
J1	HDR-M-2.54_1X5	77.93mm	42.5mm	77.93mm	42.5mm	77.93mm	37.42mm	T	90	HDR-M-2.54_1x5
J2	HDR-M-2.54_1X4	77.93mm	28.45mm	77.93mm	28.45mm	77.93mm	32.26mm	T	270	HDR-M-2.54_1x4
L1	L0805	45mm	18.75mm	45mm	18.75mm	45mm	17.78mm	T	90	220Ω
LDR1	RES-TH_L7.0-W5.9-P5.00-D0.5	76.25mm	15.47mm	76.25mm	15.47mm	76.25mm	12.97mm	T	0	MG-52B

图 6-120　电子时钟电路坐标文件（部分）

【素养链接】

港珠澳大桥的背后英雄

攻克技术，为国家节省 15 亿，成就大国工程

港珠澳大桥的建设既体现了我们国家经济、技术、社会的巨大进步，也反映了粤港澳一家亲的亲密关系，更为粤港澳经济一体化、未来经济超常规发展提供了良好的基础设施硬件条件（见图 6-121）。

图 6-121　港珠澳大桥

港珠澳大桥建设计划的提出是在 2005 年，当时我国桥梁建设的科技水平一定无法

与现在比拟，建造大桥面临着三个最主要的困难：首先，大桥需要修建一个外海沉管隧道，但是之前全中国所有的沉管隧道加起来还不到 4 千米，港珠澳大桥的沉管隧道就将近 6 千米，技术上的不成熟就成为了最大的困难；其次，这次的环境也与以往完全不同，我们是第一次在外海修建，可以说是从零探索；最后，因为这座大桥的施工难度太大，导致很多前来应标的公司都没有胆量接下这个难题，所以资金的短缺也成为了很大的一个问题。在这样资金和技术都欠缺的情况下，港珠澳大桥的修建任务落到了总工程师林鸣的身上，林鸣就是这座大桥背后的男人。

建造过程面临重重挫折，最终我们选择自主攻关

2007 年，林鸣带着团队开始为隧道的建设做考察，当时世界上只有两座桥梁有超过 3 千米的隧道，一座是欧洲的厄勒海峡隧道，一座是韩国的巨加跨海大桥。韩国当时正在进行相同的项目，但是他们的安装是由荷兰专家完成的，林鸣带领自己的团队来到韩国，希望可以参观一下他们的施工和装备，但是遭到了韩国人的拒绝。没办法，他们只能乘船经过大桥然后拍摄了一些照片。

韩国人的冷漠，让林鸣下定决心要找欧洲最先进的、最有经验的公司来合作完成，于是他们来到了荷兰，希望荷兰方面可以在技术上为我们提供帮助，但是荷兰竟然开出了 15 亿人民币的天价。

林鸣团队与荷兰方面进行了多场谈判，试图将价格缩减到三亿人民币，但最终双方的谈判以失败告终。与荷兰方面合作的道路行不通，我们最终只剩下了唯一一条路，那就是自主攻关，自己研发，自主修建。

没有可供参考的模板，其他国家也拒绝为我们提供帮助，林鸣的团队几乎是在一张白纸上零基础探索，但是他依然坚信我们一定可以完成这一世界难题，一旦攻克这一难题，我们将拥有最核心的技术，也不用再受制于人。

国外的工程师、媒体也在密切地关注着中国大桥的修建，甚至对中国工程师能否胜任提出质疑。2013 年 5 月，经过 96 个小时不间断地攻克，海底隧道的第一节成功安装，这是大桥修建跨越性的一步，这一步代表着中国工程师依靠自己的力量完全可以建造海底隧道。当然第一节是成功也是开始，因为后面的安装不能简单地复制，要面对更加艰难的海域环境，施工的风险更大。

在安装过程中，有过多次的失败，工人们顶着巨大的压力有时甚至面临着生命危险。10 年来，林鸣坚守在修建现场，瘦了 40 斤的他显得面容憔悴。2017 年 5 月，最后一节沉管安装完成，这一刻船上响起了一片欢呼，世界上最大的沉管隧道顺利建成，中国包括世界的目光都聚焦在了这座大桥身上，中国工程师用自己的智慧、中国工人用自己的坚守完成了这一巨大的工程。

2018 年 10 月大桥开通运营，2019 年港珠澳大桥获得了中国建设工程鲁班奖。14 年的时间，林鸣成就了这一史无前例的伟大工程，攻克了技术，为国家省下了 15 亿人民币。

桥梁承载前进的道路，“大国工匠”承担未来的方向

这十几年的时间，林鸣深深扎根在了海底隧道的修建工程中，作为一名工匠，林鸣一生修建了无数的桥梁，但是港珠澳大桥的成功一定是最有意义的。上大学之前的林鸣，当过农民，做过工人，在工厂里学习了很多基本功。在行业中，林鸣无疑是优秀的，他喜欢扎根基层，喜欢讲原理、勤动手，这也让他手下的很多工人受益匪浅。

港珠澳大桥的成功不是一个人的努力，是数以万计参与者的共同心血。高品质、高科技的工程彰显着中国的科技实力，展现着我们的团结一心和高要求。一开始我们也迷茫过、彷徨过，但是我们在逐渐敢于依靠自己的力量破解难题。桥梁承载着行人前进的道路，修建桥梁的“大国工匠”们承载着我们民族的未来。

港珠澳大桥的修建成功创下了多项世界之最，这是非常了不起的大国工程，是我国综合国力和民族凝聚力的体现。港珠澳大桥连接着香港、澳门、珠海三地，作为桥梁之中的“珠穆朗玛峰”，不仅是中国的奇迹，更是世界的奇迹。

综合训练一　计时器印制电路板设计

【总体任务与要求】

在 2 小时内，根据任务书的相关说明和工作要求，完成以下任务：

（1）按照要求完成计时器电路原理图和 PCB 图的绘制。

（2）所有文件导出在“D:\班级\学号+姓名”文件夹中。

（3）使用 Windows 自带“截图工具”将各所需截图任务粘贴到“学号+姓名.doc”文件中，并保存在“D:\班级\学号+姓名”目录里。

（4）职业素养贯穿训练全过程。

【任务书】

一、建立工程文件（1 分）

在嘉立创 EDA 软件中登录个人账户，新建工程文件，文件名：学号+姓名，将完成后文件导出保存至“D:\班级\学号+姓名”文件夹中，所包含的文件名如下：

原理图文件：SCH 学号+姓名.json

元件库文件：SCHLIB 学号+姓名.json

线路板文件：PCB 学号+姓名 json

封装库文件：PCBLIB 学号+姓名.json

二、绘制原理图（3 分）

1. 计时器功能说明

计时器主要由秒脉冲产生电路、分频电路、译码驱动电路和数码管组成。IC CD4013 触发器 Q 端输出周期为 1 秒的矩形波信号，送入 IC CD4518 进行分频计数，IC CD4518 有两个可互换二/十进制计数器，由两个相同的同步 4 级计数器组成。当 CA（CB）接地时，EA（EB）在下降沿脉冲作用下，进行递增计数，RA（RB）为清零端。LED1、LED2 作为“小时”显示，采用 24 进制，LE3、LED4 作为“分”显示，采用 60 进制；LED5、LED6 作为“秒”显示，采用 60 进制。时钟显示的校正是用秒脉冲信号快速校正，“秒”校正采用归“0”校正。按一下按钮 SW3 后即可复“0”。由于“60”进制也用清“0”方式，故采用 CD4071 或门输入。“分”校准和“时”校准，用开关 SW2、SW1 接通秒脉冲信号进行校正。

2. 数码管和 IC

CD4081 自行绘制，其他元器件可默认元件库的元器件符号，也可根据图纸适当调整。

LED1、LED2 作为“小时”显示，采用 24 进制，根据计时器功能描述，完成原理图连线。

三、绘制元器件（2 分）

1. 绘制数码管

绘制的数码管命名为“7-LED”，其引脚及尺寸大小（栅格大小为 10）如图 7-1 所示，完成后对“元件库\符号”完整界面截图。

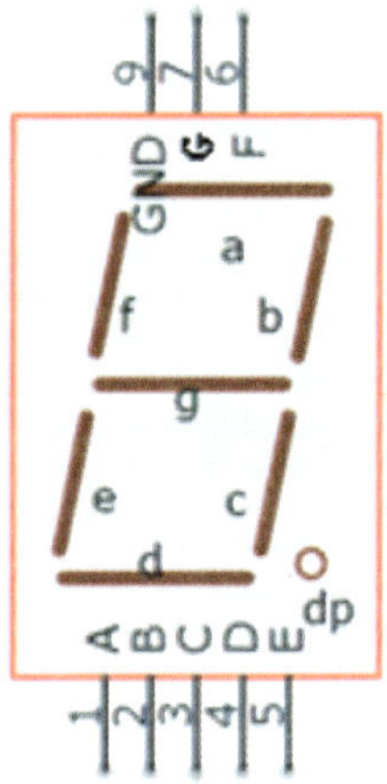

图 7-1　绘制数码管样式

2. 绘制 CD4081

绘制的 CD4081 命名为“CD4081”，其引脚及尺寸大小（栅格大小为 5、14 脚网络 VCC、7 脚网络 GND）如图 7-2 所示，完成后对“元件库\符号”完整界面截图。

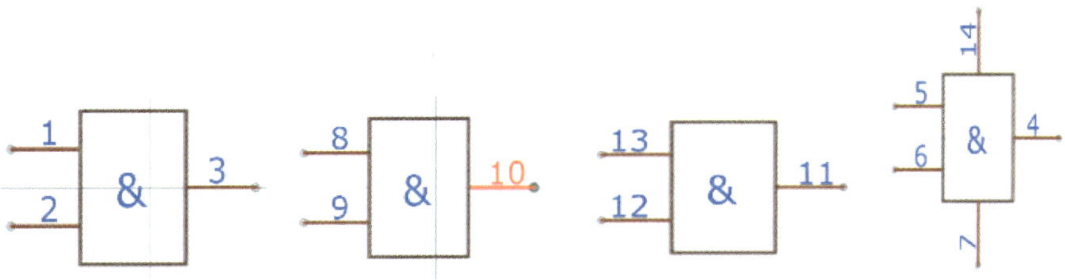

图 7-2　绘制 CD4081 样式

四、绘制封装图（2 分）

1. 绘制数码管封装

数码管封装参考样式如图 7-3 所示，贴片发光二极管封装参考元件库中 R0805 的封装，封装命名为“SMGLED-K”，完成后对绘制的数码管封装截图。6 个数码管的封装尺寸不能大于外壳显示框（说明：图中文字水印不需要绘制）。

图 7-3　数码管封装样式

2. 绘制波段开关封装

绘制波段开关封装,命名为“SW10”，并对绘制完成的波段开关封装截图。

五. PCB 布局设计（5 分）

1. 绘制边框

根据所提供的外壳尺寸图和 3D 模型图，绘制电路板边框图，完成后截图。截图包括边框的尺寸、边框的外形要求。

2. 插入图片

选择顶层丝印在 PCB 板上插入赛场提供的 LOGO 图片，图形要求反转，图片尺寸：8 mm×5.69 mm，对设置窗口截图。

3. PCB 布局

根据外壳尺寸和装配要求,除接线端子 P1 要求至于底层，其他元器件均在顶层；数码管和按键位置根据所提供的外壳尺寸图和 3D 模型图，合理的布局；接线端子 P1 需放置 VCC 和 GND 标识字符；在底层镜像放置赛位号，字体大小不限；完成后对 PCB 进行截图。

4. 导出 PCB 图

PCB 导出文档要求如图 7-4 所示，顶层和底层锡膏层、阻焊层不选，其他项全选，以 PDF 格式导出 PCB 图，命名为“×××PCB”保存在“D:\班级\学号+姓名”文件夹。

图 7-4　PCB 导出文档要求

六．PCB 布线设计（4 分）

（1）添加规则。“GND”线宽设置为 20 mil，间距设置为 8 mil，孔外径 20 mil，孔内径 12 mil，对设置窗口截图。

（2）覆铜完成布局布线后，对 PCB 板进行顶层和底层覆铜，并对完成覆铜的 PCB 窗口截图。

七．生产资料输出（3 分）

（1）DRC 检查 PCB 文件完成后，检查 DRC，要求 DRC 无错误，并对设计管理器界面截图。

（2）“V”割要求线路板生产时要求“V”割；按数量 2×2 方式拼版；行距和列距为：2 mm，不要求创建边界，对设置窗口截图。

（3）导出坐标文件以“×××坐标文件”命名，保存在“×××模块 C 提交资料”文件夹。要求：包含拼板后的元件坐标。

综合训练二　电动跑步机印制电路板设计

【总体任务与要求】

在 2 小时内，根据任务书的相关说明和工作要求，完成以下任务：

（1）按照要求完成电动跑步机部分电路原理图和 PCB 图的绘制。

（2）所有文件导出在“D:\班级\学号+姓名”文件夹中。

（3）使用 Windows 自带“截图工具”将各所需截图任务粘贴到“学号+姓名.doc”文件中，并保存在“D:\班级\学号+姓名”目录里。

（4）职业素养贯穿训练全过程。

【任务书】

一、建立工程文件（2 分）

在嘉立创 EDA 软件中登录个人账户，新建工程文件，文件名：学号+姓名，将完成后文件导出保存至“D:\班级\学号+姓名”文件夹中，所包含的文件名如下：

原理图文件：SCH 学号+姓名.json

元件库文件：SCHLIB 学号+姓名.json

线路板文件：PCB 学号+姓名.json

封装库文件：PCBLIB 学号+姓名.json

二、绘制原理图（3 分）

（1）绘制电动跑步机原理图。ST188 红外传感器和四位数码管自行绘制，其他元器件可默认元件库的元器件符号，也可根据图纸适当调整。

（2）完成方框内电路图的绘制，命名为“SCH 学号+姓名.json”，保存在“D:\班级\学号+姓名”文件夹。

三、绘制元器件（2 分）

1. 绘制红外传感器

绘制的红外传感器命名为“ST188”，其引脚及尺寸大小（栅格大小为 5）如图 8-1 所示，完成后对“元件库\符号”完整界面截图。

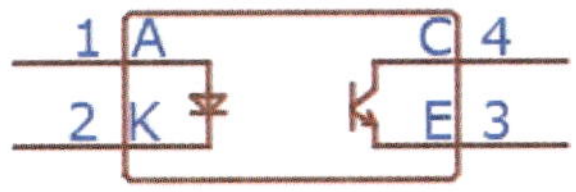

图 8-1　ST188

2. 绘制四位数码管

绘制的四位数码管命名为“5461BS”，其引脚及尺寸大小（栅格大小为 5）如图 8-2 所示，完成后对“元件库\符号”完整界面截图。

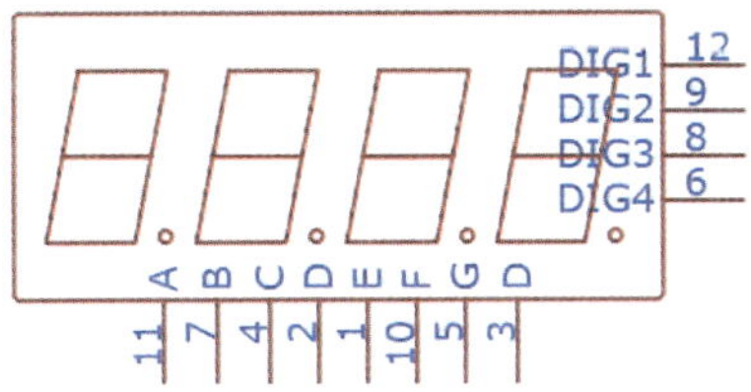

图 8-2　5461BS

四、绘制封装图（2 分）

1. 绘制解码器封装

绘制贴片元件 ST188 封装，命名为“ST188”，引脚及尺寸大小如图 8-3 所示，完成后对其封装截图。

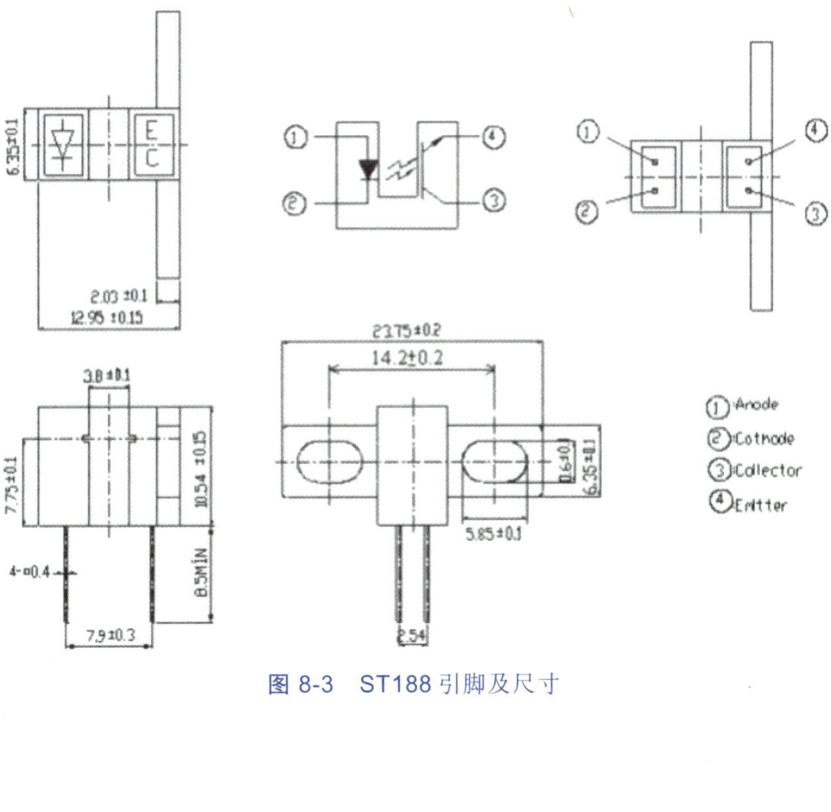

图 8-3　ST188 引脚及尺寸

2. 绘制四位数码管封装

绘制四位数码管封装，命名“5461”，引脚及尺寸大小如图 8-4 所示，完成后对其封装截图。

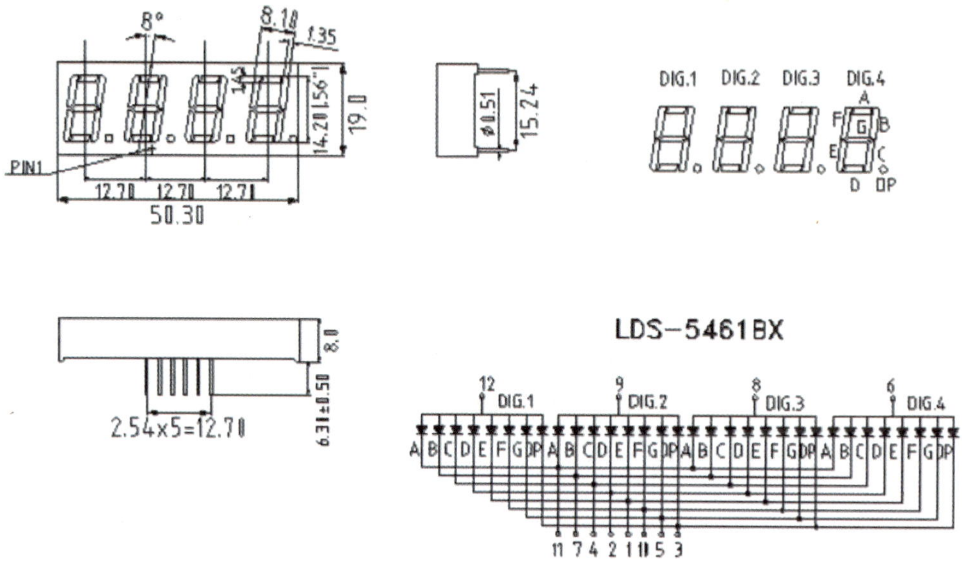

图 8-4　5461 引脚及尺寸

五、PCB 布线设计（5 分）

（1）PCB 大小：≤110 mm×85 mm。

（2）电源最小线宽 20 mil，GND 最小线宽 25 mil，其他线最小线宽 10 mil，安全间距 8 mil，过孔最小直径 27 mil，内径 20 mil，对设置窗口截图。

（3）字符最小高度 60 mil，线宽 10 mil，对设置窗口截图。

（4）安装孔直径 3.5 mm，距板边 4 mm。

（5）在文档层放置板尺寸和安装孔尺寸位置标识，对窗口截图。

（6）在底层阻焊层放置小写姓名首字母。

（7）电源接口旁放置电源正负标识。

（8）将产品 2D、3D 预览分别截图。

（9）完成布局布线后，对 PCB 板进行顶层和底层覆铜，并对完成覆铜的 PCB 窗口截图。

（10）PCB 文件完成后，检查 DRC，要求 DRC 无错误，并对设计管理器界面截图。

六、电动跑步机原理图

电动跑步机原理图如图 8-5 所示。

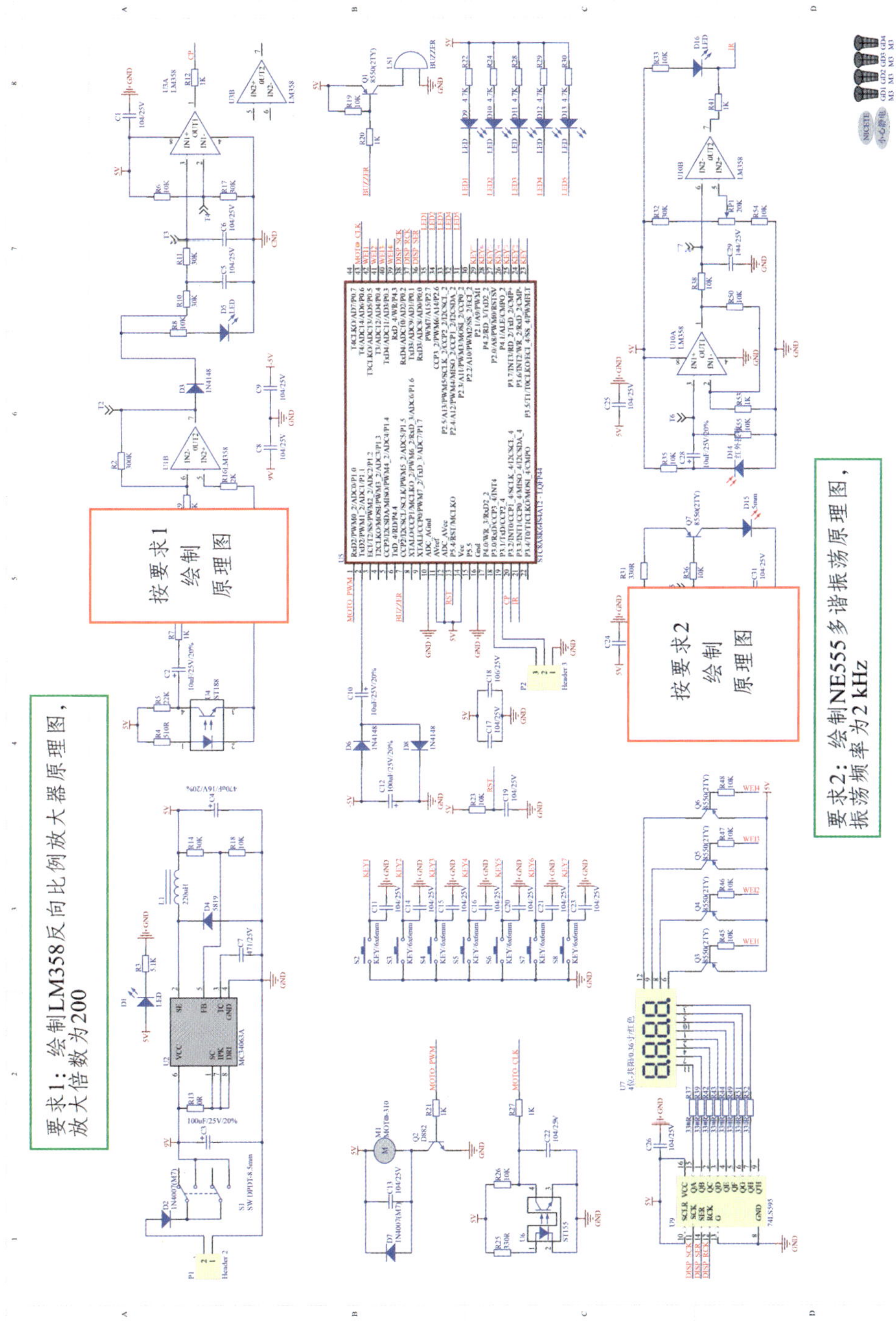
要求1：绘制LM358反向比例放大器原理图，
放大倍数为200
按要求1
绘制
原理图
按要求2
绘制
原理图
要求2：绘制NE555多谐振荡原理图，
振荡频率为2 kHz

图 8-5

参考文献

[1] 唐浒，韦然. 电路设计与制作实用教程——基于立创 EDA[M]. 北京：电子工业出版——2019.

[2] 钟世——张沛昌. 立创 EDA（专业版）电路设计与制作快速入门[M]. 北京：电子工业出版社，2022.

[3] 蔡跃. 职业教育活页式教材开发指导手册[M]. 上海：华东师范大学出版社，2020.

[4] 陆文莺. 高职新型活页式教材的核心内涵和双逻辑结构设计研究[J]. 教育与职，202，（9）：92-97.

[5] 唐嘉. 校企合作背景下新型活页式、工作手册式教材开发探析[J]. 包头职业技术学院学报，2020，21（4）：77-79+83.